普通高校本科计算机专业特色教材精选·算法与程序设计

数据结构（C语言描述）

董洁　卞鹏　孙雪洋　编著

清华大学出版社
北京

内容简介

本书系统地介绍了各种常用的数据结构与算法的基本理论和基本方法,共8章。其中第1章为绪论,引入数据、数据结构、抽象数据类型和算法等基本概念;第2~6章从抽象数据类型的角度讨论各种常用的数据结构及其应用,包括线性表、栈、队列、串、数组、广义表、树和二叉树以及图等;第7章和第8章分别讨论查找和排序的各种实现方法及其综合分析比较。通过介绍并探讨数据的组织、算法设计及其时间和空间效率的分析方法,培养读者针对具体问题的应用背景,选择合适的数据结构,设计并编写复杂程序的能力。

本书采用类C语言作为数据结构和算法的描述工具,尽量考虑C语言的特色,兼顾数据结构和算法的可读性,结构清晰,内容充实,语言精练,主要章节配有微课讲解视频的二维码,易于理解,强调系统性和实用性的结合。

本书可以供高等院校学生使用,也可以作为硕士研究生入学考试的参考书,还可以供各类学习数据结构的人员参考使用。

本书封面贴有清华大学出版社防伪标签,无标签者不得销售。
版权所有,侵权必究。举报: 010-62782989,beiqinquan@tup.tsinghua.edu.cn。

图书在版编目(CIP)数据

数据结构:C语言描述/董洁,卞鹏,孙雪洋编著. —北京:清华大学出版社,2019(2024.9重印)
普通高校本科计算机专业特色教材精选·算法与程序设计
ISBN 978-7-302-53205-7

Ⅰ. ①数… Ⅱ. ①董… ②卞… ③孙… Ⅲ. ①数据结构 ②C语言—程序设计 Ⅳ. ①TP311.12 ②TP312.8

中国版本图书馆CIP数据核字(2019)第129397号

责任编辑:	袁勤勇　杨　枫
封面设计:	傅瑞学
责任校对:	焦丽丽
责任印制:	杨　艳

出版发行:	清华大学出版社
网　　址:	https://www.tup.com.cn,https://www.wqxuetang.com
地　　址:	北京清华大学学研大厦A座　　邮　编:100084
社 总 机:	010-83470000　　邮　购:010-62786544
投稿与读者服务:	010-62776969,c-service@tup.tsinghua.edu.cn
质量反馈:	010-62772015,zhiliang@tup.tsinghua.edu.cn
课件下载:	https://www.tup.com.cn,010-83470236

印 装 者:	三河市人民印务有限公司
经　　销:	全国新华书店
开　　本:	185mm×260mm　　印　张:18.75　　字　数:428千字
版　　次:	2019年11月第1版　　　　　　　印　次:2024年9月第4次印刷
定　　价:	56.00元

产品编号: 080921-02

普通高校本科计算机专业 特色 教材精选

前 言

"数据结构"是计算机科学与技术专业的专业基础课，是十分重要的核心课程，同时是操作系统、数据库原理、编译原理、软件工程、人工智能等多门后续课程的基础。随着计算机应用范围的不断扩大，学习和使用计算机的人群已经不限于计算机专业，许多涉及信息处理的理工类、管理类专业也把"数据结构"作为一门必修的基础课，以便有效地使用计算机，充分发挥计算机的功能。因此，学好"数据结构"，对于计算机及其相关专业的学生，具有十分重要的意义。

数据结构主要分析研究的是计算机处理的数据对象的特性以及数据元素之间的关系，以便为应用涉及的数据选择适当的逻辑结构、存储结构和相应的算法，并初步掌握算法的时间和空间分析的技术，培养学生设计复杂程序的能力。作者长期以来一直选用严蔚敏教授编写的数据结构教材进行教学，该教材具有概念表述严谨、逻辑推理严密等许多优点，但课程内容涉及数据的组织原理和算法比较抽象，对地方院校的学生来说难度过大，编者将多年的教学经验做了系统的总结，根据学生的实际情况，应用型人才培养的需要以及"数据结构"课程的特点，将理论与实践相结合，采用算法配以图形展示和操作步骤描述等方法，把抽象的原理具体化，精心组织编写了本教材。从便于初学者学习的角度出发，对课程内容做层次化处理，以利于读者更好地学习和掌握课程内容，为后续课程的学习打下良好的基础。

全书中每一章开始都设有学习目标，并给出知识结构图，以供教学过程参考。采用类 C 语言作为数据和算法的描述语言。对于每一种基本数据结构，给出相关定义后，用规范化的 ADT(抽象数据类型)进行描述，使读者能从面向对象的角度理解和把握概念的本质；在对数据的存储结构和算法进行描述时，尽量考虑 C 语言的特色，同时兼顾数据结构和算法的可读性。对各种数据结构的定义和实现简洁、清晰，算法讲解更加细致，按"基本思想、算法步骤、C 语言描述、算法分析"四级模式精心组织教学内容，将用文字描述的算法步骤与用类 C 语言表述的算法描述一一对应。部分算法给出了对应的程序设计代码，便于学生深入理解和上机实践，锻炼学生的实际应用能力。

全书共8章，第1章为绪论，引入数据、数据结构、抽象数据类型、算法、算法复杂度等基本概念，是全书的基础；第2~6章从抽象数据类型的角度，分别讨论不同的数据结构；第7章和第8章分别讨论两种重要的常用操作。其中第2章讨论线性表，介绍了线性表的基本概念、两种存储结构，不同存储结构下的操作实现以及一些简单应用，并给出了部分算法的程序实现；第3章讨论栈与队列，介绍了栈与队列的基本概念、特点，不同存储结构下的操作实现，以及递归等实际应用的算法实现；第4章讨论串、数组和广义表，介绍了串的概念、串的存储及模式匹配算法；数组及其元素的存取、压缩存储和基于压缩存储的算法；广义表的基本概念及其存储方式；第5章讨论树，介绍了树和二叉树的概念、各种存储结构，以及遍历、线索化二叉树、树、森林与二叉树的转换、Huffman树的概念与实现；第6章讨论图，介绍了图的相关概念、图的存储方式，以及图的不同遍历方法、最小生成树、拓扑排序、关键路径和最短路径的概念与实现；第7章是查找，介绍了查找的概念与分类、各种查找方法的实现及复杂度分析；第8章是排序，介绍了排序的概念、排序的分类，重点介绍了各种内部排序方法的实现。

本书受到辽宁省教育厅精品资源共享课的资助，获得沈阳建筑大学、沈阳科技学院、辽宁科技学院、沈阳理工大学、沈阳城市学院等多个院校老师的大力支持，其中第1~3章由董洁、孙雪洋编写，第4~6章由卞鹏、曹科研、刘也凡编写，第7章由董洁、赵明编写，第8章由董洁、李筠、朱元华编写，由董洁、刘前对全文进行通审和定稿。

本书各章节主要内容分别配有微课讲解视频，其中第1~3章由董洁录制，第4、5章由赵明、董洁录制，第6章由董洁、孙焕良录制，第7章由董洁、任义录制，全部视频由卞鹏剪辑完成。

本书可作为高等院校计算机科学与技术、软件工程、信息工程、信息与计算科学、信息管理与信息系统等专业的教材、参考书或考研辅导用书，也可供其他相关理工类专业或工程技术人员参考。对于计算机、信息类专业，可讲授64学时，对于非信息类专业，可适当删减，讲授48学时。

由于作者水平有限，书中难免有和疏漏之处，恳请广大读者指正。

编　者

2019年3月

目录

第1章 绪论 …………………………………………………………… 1

  1.1 概述 ………………………………………………………………… 2
      1.1.1 数据结构的研究内容 ………………………………………… 2
      1.1.2 数据结构的发展过程 ………………………………………… 4
  1.2 基本概念和术语 …………………………………………………… 4
      1.2.1 数据、数据元素、数据项和数据对象 ………………………… 4
      1.2.2 逻辑结构和存储结构 ………………………………………… 4
      1.2.3 数据类型和抽象数据类型 …………………………………… 8
  1.3 算法和算法分析 …………………………………………………… 12
      1.3.1 算法的定义及特性 …………………………………………… 12
      1.3.2 算法与数据结构、程序的关系 ……………………………… 13
      1.3.3 评价算法的基本标准 ………………………………………… 13
      1.3.4 算法时间的度量 ……………………………………………… 13
      1.3.5 算法的空间复杂度 …………………………………………… 17
  小结 ……………………………………………………………………… 19
  习题 ……………………………………………………………………… 19

第2章 线性表 ………………………………………………………… 23

  2.1 线性表的概念 ……………………………………………………… 24
      2.1.1 线性表的定义和特点 ………………………………………… 24
      2.1.2 线性表的类型定义 …………………………………………… 24
  2.2 线性表的顺序表示和实现 ………………………………………… 28
      2.2.1 线性表的顺序存储表示 ……………………………………… 28
      2.2.2 顺序表的结构定义 …………………………………………… 29
      2.2.3 顺序表基本操作的实现 ……………………………………… 30

2.3 线性表的链式表示和实现 36
2.3.1 单链表的定义和表示 36
2.3.2 单链表基本操作的实现 39
2.3.3 循环链表 48
2.3.4 双向链表 49
2.3.5 静态链表 52
2.4 线性表的应用 53
2.5 线性表典型算法的实现 57
小结 60
习题 61

第3章 栈和队列 63
3.1 栈 64
3.1.1 栈的定义和特点 64
3.1.2 栈的类型定义 64
3.1.3 顺序栈的表示和实现 65
3.1.4 链栈的表示和实现 69
3.2 栈与递归 71
3.2.1 采用递归算法解决的问题 71
3.2.2 递归过程与递归工作栈 74
3.3 队列 75
3.3.1 队列及其特点 75
3.3.2 队列的类型定义 76
3.3.3 队列的顺序表示和实现 77
3.3.4 队列的链式表示和实现 80
3.4 栈和队列的应用 84
3.4.1 数制的转换 84
3.4.2 括号匹配的检验 85
3.4.3 表达式求值 86
3.4.4 队列的应用 89
小结 90
习题 90

第4章 串、数组和广义表 93
4.1 串的定义与操作 94
4.1.1 串的定义与相关概念 94
4.1.2 串的抽象数据类型定义 95

4.2 串的表示和实现 · 96
    4.2.1 定长顺序存储表示 · 96
    4.2.2 堆分配存储表示 · 99
    4.2.3 串的链式存储表示 · 100
4.3 串的模式匹配 · 102
    4.3.1 简单的模式匹配算法 · 102
    4.3.2 KMP算法 · 104
4.4 数组 · 107
    4.4.1 数组的类型定义 · 107
    4.4.2 数组的顺序存储 · 109
    4.4.3 特殊矩阵的压缩存储 · 111
4.5 广义表 · 118
    4.5.1 广义表的定义 · 118
    4.5.2 广义表的存储结构 · 119
小结 · 121
习题 · 122

第5章 树和二叉树 · 125

5.1 树的基本概念 · 126
    5.1.1 树的定义 · 126
    5.1.2 树的基本术语 · 127
    5.1.3 树的抽象类型定义 · 129
5.2 二叉树基本概念 · 130
    5.2.1 二叉树的定义 · 130
    5.2.2 二叉树的抽象数据类型定义 · 131
5.3 二叉树的性质和存储结构 · 133
    5.3.1 二叉树的性质 · 133
    5.3.2 二叉树的存储结构 · 135
5.4 遍历二叉树和线索二叉树 · 137
    5.4.1 遍历二叉树 · 138
    5.4.2 线索二叉树 · 147
5.5 树和森林 · 152
    5.5.1 树的存储结构 · 152
    5.5.2 森林(树)与二叉树的转换 · 155
    5.5.3 树和森林的遍历 · 157
5.6 哈夫曼树与哈夫曼编码 · 159
    5.6.1 哈夫曼树的基本概念 · 159

  5.6.2 哈夫曼树的构造算法 ································ 160
  5.6.3 哈夫曼编码 ································ 164
小结 ································ 168
习题 ································ 169

第 6 章 图 ································ 173

6.1 图的概述 ································ 174
  6.1.1 图的定义及基本术语 ································ 174
  6.1.2 图的类型定义 ································ 177
6.2 图的存储结构 ································ 178
  6.2.1 邻接矩阵 ································ 179
  6.2.2 邻接表 ································ 182
6.3 图的遍历 ································ 185
  6.3.1 深度优先遍历 ································ 186
  6.3.2 广度优先遍历 ································ 188
6.4 最小生成树 ································ 190
  6.4.1 生成树和最小生成树的概念 ································ 190
  6.4.2 Prim算法 ································ 191
  6.4.3 Kruskal算法 ································ 194
6.5 最短路径 ································ 195
  6.5.1 单源最短路径 ································ 195
  6.5.2 任意一对顶点间的最短路径 ································ 200
6.6 拓扑排序与关键路径 ································ 204
  6.6.1 拓扑排序 ································ 204
  6.6.2 关键路径 ································ 207
小结 ································ 212
习题 ································ 214

第 7 章 查找 ································ 217

7.1 查找的基本概念 ································ 218
7.2 静态查找表 ································ 219
  7.2.1 顺序查找 ································ 219
  7.2.2 折半查找 ································ 221
  7.2.3 分块查找 ································ 225
7.3 动态查找表 ································ 227
  7.3.1 二叉排序树 ································ 227
  7.3.2 平衡二叉树 ································ 234

    7.3.3　B树 ·· 237
    7.3.4　B＋树 ··· 238
  7.4　哈希表 ··· 239
    7.4.1　哈希表概述 ·· 240
    7.4.2　哈希函数的构造方法 ·· 240
    7.4.3　处理冲突的方法 ··· 243
    7.4.4　哈希表的查找 ··· 246
  小结 ··· 251
  习题 ··· 251

第 8 章　排序 ··· 255
  8.1　概述 ··· 256
    8.1.1　排序的基本概念 ··· 256
    8.1.2　内部排序方法的分类 ·· 257
    8.1.3　排序记录的存储结构 ·· 257
    8.1.4　排序算法效率的评价指标 ··· 258
  8.2　插入排序 ··· 259
    8.2.1　直接插入排序 ·· 259
    8.2.2　折半插入排序 ·· 261
    8.2.3　希尔排序 ·· 263
  8.3　交换排序 ··· 265
    8.3.1　冒泡排序 ·· 265
    8.3.2　快速排序 ·· 268
  8.4　选择排序 ··· 271
    8.4.1　简单选择排序 ·· 271
    8.4.2　堆排序 ··· 273
  8.5　归并排序 ··· 278
  8.6　基数排序 ··· 280
    8.6.1　多关键字的排序 ·· 280
    8.6.2　链式基数排序 ·· 281
  8.7　内部排序方法比较 ·· 285
  小结 ··· 286
  习题 ··· 286

参考文献 ··· 289

第 1 章 绪 论

学习目标

1. 掌握数据、数据对象、数据结构等基本概念,深刻理解数据结构包含的内容。
2. 掌握抽象数据类型的相关概念,理解抽象数据类型与数据类型的差异。
3. 掌握算法的含义及其时间复杂度的计算。

知识结构图

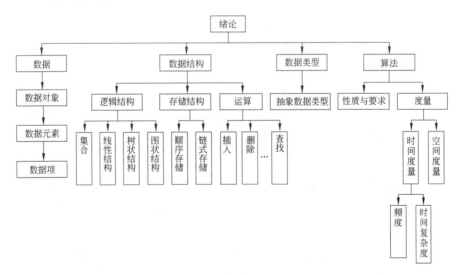

现在,计算机已经广泛而深入地应用到了人类社会的各个领域,计算机处理的对象也由单纯的数值对象发展到字符、声音、图像等各种各样具有不同结构的数据,为了有效地组织和管理数据,设计出高质量的程序,只有深入分析和研究数据对象自身的特性,以及各数据对象之间的关系,才能对它们进行有效的处理,设计出高效的算法。如何合理地组织数据、高效地处理数据,是"数据结构"主要研究的问题。本章简要介绍有关数据结构的基本概念和算法分析方法。

1.1 概　　述

1.1.1 数据结构的研究内容

1. 数值计算解决问题的方法

最初用计算机解决的是数值计算问题，一般需要经过以下几个步骤：

（1）建立实际问题的数学模型，也就是求解问题的公式或者方程，同时包括涉及的对象和对象间的关系；

（2）设计解决此数学模型的算法；

（3）使用某种程序设计语言编写程序；

（4）上机调试，直到得到最终结果。

例如，已知半径求圆面积。这是一个数值计算问题，涉及的数据对象为半径 r、面积 area，数学模型是 $area=\pi r^2$，解决问题的基本步骤就是输入半径 r，根据公式计算，最后输出结果。可以选用某种程序设计语言，例如 C 语言、Java 语言编写出相应的程序，并且上机调试，直到能求出正确的解。

2. 非数值计算问题的实例

在实际的计算机应用中，绝大多数问题是非数值计算问题，无法直接用数学方程求解，下面通过 3 个实例加以说明。

【例 1-1】 学生学籍管理系统。

高等院校的学籍管理系统中存储了学生的信息，包括学号、姓名、性别、专业和籍贯等，如表 1-1 所示。每个学生的基本信息按照学号的顺序，依次存放在"学生基本信息表"中，形成了学生基本信息的线性序列，呈现出线性关系。

表 1-1 学生基本信息表

学号	姓名	性别	专业	籍贯
160414201	王阳	男	计算机科学与技术	广东
160414202	关伟	男	计算机科学与技术	辽宁
160414203	刘鹏	男	计算机科学与技术	吉林
160414204	冯瑞雪	女	计算机科学与技术	河北

诸如此类的线性表结构还有图书管理系统、酒店管理系统等。在这类问题中，计算机处理的对象是各种表，数据元素之间存在着简单的一对一线性关系，因此这类问题的数学模型就是各种线性表，施加于对象上的操作有查找、插入和删除等。这类数学模型称为"线性"的数据结构。

【例 1-2】 人机对弈问题。

计算机之所以能和人对弈是因为已经在计算机中存储了对弈的策略。由于对弈的过程是在一定规则下随机进行的,为使计算机能灵活对弈,必须把对弈过程中所有可能发生的情况及相应的对策都加以考虑。此时,把计算机操作的对象——对弈过程中可能出现的棋盘状态称为格局。格局之间的关系由不同的对弈规则决定,这个关系往往是一种层次结构:从一个格局可以派生出若干新的格局。从这个新格局又可以派生出多个更新的格局,将对弈开始到结束整个过程可能派生的所有格局表示出来,就像一棵倒挂的"树",从初始状态(根)到某一最终格局(叶子)的一条路径,就是一次具体的对弈过程,如图1-1所示。

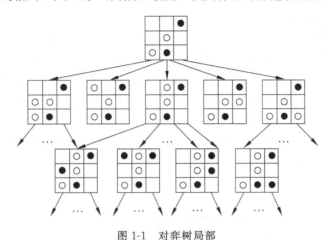

图 1-1　对弈树局部

人机对弈问题的数学模型就是如何用树结构表示棋盘和棋子等,算法是博弈的规则和策略。诸如此类的树结构还有计算机的文件系统、一个单位的组织机构等。在这类问题中,计算机处理的对象是树结构,元素之间是一对多的层次关系,施加于对象上的操作有查找、插入和删除等,这类数学模型称为"树"的数据结构。

【例1-3】　交通导游图问题。

在计算机网络中有许多交通查询系统。一般只需要按照提示,输入起点和终点,并选取交通方式(自驾、公交)就能显示出相应的自驾路线或详细的换乘方式。有些系统还可以根据不同的要求给出多种不同的方案。

以设计一个高校的校内导游系统为例,假设校内的标志性建筑有7个,用A~G字母表示,字母间的连线表示两个景点之间的路径,连线上的权值表示景点间的距离,如图1-2所示。如何选取一条路径,能够游玩所有的景点并使得行走的路线最短,这类问题就是最短路径问题,最短路径问题的数学模型就是图结构。

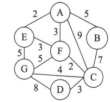

图 1-2　最短路径问题

以图结构作为数学模型的应用有很多,如教学计划、交通运输、网络布线、通信网等,在这类问题中,元素之间是多对多的网状关系,施加于对象上的操作依然有查找、插入和删除,此外还有求关键路径、最小生成树、最短路径等。

3. 数据结构的研究范畴

从上面3个实例可以看出,非数值计算问题的数学模型不再是数学方程,而是诸如线性表、树和图等数据结构。因此,简单地说,数据结构是一门研究非数值计算的程序设计问题中的操作对象,以及这些对象之间的关系和操作的学科。具体的内容在后面的课程中将会进一步讲解。

1.1.2 数据结构的发展过程

"数据结构"是从 1968 年才开始在国外作为一门独立的课程。1968 年美国唐·欧·克努特(Donald Ervin Knuth)教授开创了数据结构的最初体系,他所著的《计算机程序设计艺术》第一卷《基本算法》是第一本较系统地阐述数据的逻辑结构和存储结构及其操作的著作。"数据结构"在计算机科学中是一门综合性的专业基础课,数据结构是介于数学、计算机硬件和计算机软件三者之间的一门核心课程。数据结构这一门课的内容不仅是一般程序设计(特别是非数值性程序设计)的基础,而且是设计和实现编译程序、操作系统、数据库系统及其他系统程序的重要基础。

有关"数据结构"的研究仍不断发展:一方面,面向各专门领域中特殊问题的数据结构正在研究和发展;另一方面,从抽象数据类型的观点来讨论数据结构,已成为一种新的趋势,越来越被人们所重视。

1.2 基本概念和术语

1.2.1 数据、数据元素、数据项和数据对象

数据(data)是客观事物的符号表示,是所有能输入到计算机中并被计算机程序处理的符号的总称。计算机能处理多种形式的数据,例如,科学计算软件处理的是整数、实数等数值数据;文字处理软件处理的是字符数据;多媒体软件处理的是图形、图像、声音、动画等多媒体数据。

数据元素(data element)是数据的基本单位,在计算机中通常作为一个整体进行考虑和处理。在有些情况下,数据元素也称为元素、记录、结点等。数据元素用于完整地描述一个对象,如学生信息表中的学生记录,人机对弈棋盘的一个格局(状态),以及交通旅游图中的一个顶点或顶点间的关系等。

数据项(data item)是组成数据元素的、有独立含义的、不可分割的最小单位。例如,学生基本信息表中的学号、姓名、籍贯等都是数据项。一个数据元素可以由若干数据项组成。

数据对象(data object)是性质相同的数据元素的集合,是数据的一个子集。例如,整数数据对象是集合 N={0,±1,±2,…},字符数据对象是集合 C={'A','B',…,'Z','a','b',…,'z'},学生基本信息表也是一个数据对象。数据对象可以是有限的,也可以是无限的。数据元素则是数据对象集合中的数据成员。

1.2.2 逻辑结构和存储结构

利用计算机解决实际问题时涉及两个方面的内容:信息的表示和信息的处理。在大

多数情况下,信息以及信息中的各个元素往往不是孤立的,而是存在着一定的结构关系。同时,这些信息的表示方法又直接关系到处理信息的程序的效率。数据结构就是指相互之间存在一种或多种特定关系的数据元素的集合,或者简称为带结构的数据对象,它研究这些数据在计算机中的存储方式以及处理这些数据的方法。数据结构包括逻辑结构和存储结构两个层次。

1. 逻辑结构

1) 逻辑结构含义

数据的逻辑结构是指从逻辑关系上描述数据,是数据元素之间逻辑关系的整体。它与数据的存储无关,是独立于计算机的。因此,数据的逻辑结构可以看作是从具体问题抽象出来的数学模型。

2) 逻辑结构种类

根据数据元素间关系的不同特性,通常有下列 4 类基本的逻辑结构,如图 1-3 所示。

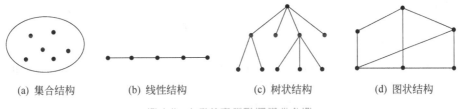

图 1-3 4 类基本逻辑结构关系图

(1) 集合结构。在集合中,数据元素间的关系是属于同一个集合,别无其他关系。集合是元素关系极为松散的一种结构。

(2) 线性结构。在线性结构中,数据元素的直接前驱和直接后继之间存在着一对一的关系。

(3) 树状结构。在树状结构中,数据元素的前驱和后继之间存在着一对多的关系。

(4) 图状结构。在图状结构中,数据元素的前驱和后继之间存在着多对多的关系,图状结构也称作网状结构。

其中集合结构、树状结构和图状结构都属于非线性结构。

3) 逻辑结构的表示

数据的逻辑结构有两个要素:一个是数据元素的集合,另一个是关系的集合。因此在形式上,数据结构通常可以采用二元组来表示,定义形式如下:

$$\text{Data\_Structure} = (D, R)$$

其中,D 是数据元素的有限集,R 是 D 上关系的有限集。

【例 1-4】 设数据的逻辑结构定义为 T=(D,R) 其中:

D={a,b,c,d,e,f,g}

R={(a,b),(a,c),(b,e),(b,f),(b,g),(c,d)}

请画出该结构的逻辑图。

【问题分析】 本题主要考查数据结构中逻辑结构的概念,D 是数据元素的集合,每个元素分别用小圆圈表示;R 是元素间关系的集合,当元素间的关系用<x,y>表示时,表示元素间的关系具有方向性,用带箭头的短线表示,当元素间的关系用(x,y)表示时,表示元素间的关系为无序,直接用短线表示。

【解】 逻辑结构图如图 1-4 所示。

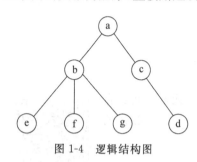

图 1-4 逻辑结构图

2. 存储结构

1) 存储结构含义

为解决实际问题,上述逻辑结构的信息应该在计算机中标识(又称映像)出来,此时体现的是数据结构在计算机中的实现方法,数据对象在计算机中的存储表示称为数据的存储结构,也称为物理结构。把数据对象存储到计算机时,通常要求既要存储各数据元素的数据,又要存储数据元素之间的逻辑关系,数据元素在计算机内用结点来表示。

2) 存储结构种类

数据元素在计算机中有两种基本的存储结构,分别是顺序存储结构和链式存储结构。

(1) 顺序存储结构。

顺序存储结构是借助数据元素在存储器中的相对位置来表示数据之间的逻辑关系,由此得到的存储结构称为顺序存储结构。顺序存储结构是一种最基本的存储方式,特别是线性结构。如果采用顺序存储方法,那么逻辑相邻的数据元素,物理位置也相邻。顺序存储结构通常借助于程序设计语言中的数组实现。

对于前面的"学生基本信息表",假定每个结点(学生记录)占用 50 个存储单元,数据从 0 号单元开始由低地址向高地址方向存储,对应的顺序存储结构如表 1-2 所示。

表 1-2 顺序存储结构

地址	学 号	姓名	性别	专 业	籍 贯
0	160414201	王阳	男	计算机科学与技术	广东
50	160414202	关伟	男	计算机科学与技术	辽宁
100	160414203	刘鹏	男	计算机科学与技术	吉林
150	160414204	冯瑞雪	女	计算机科学与技术	河北

(2) 链式存储结构。

顺序存储结构要求所有的元素依次存放在一片连续的存储空间中,而链式存储结构无须占用一整块存储空间,它是借助指示元素存储地址的指针来表示数据元素之间的逻辑关系,因此除了存储数据所必需的空间外,需要附设空间开辟一个指针字段,用于存放后继元素的存储地址,由此得到的存储结构称为链式存储结构。在链式存储结构中,即使逻辑相邻的元素也不要求其物理位置相邻。显然,链式存储结构通常借助于程序设计语言中的指针类型实现。

假定前面的"学生基本信息表"中,每个结点(学生记录)依然占用 50 个存储单元,但顺序乱了,为了表示出之前的逻辑关系,需要在每个结点中附加一个数据项存储"下一个结点地址",即后继指针字段,用于存放后继结点的地址,因此,每个结点分成了两部分,一部分存放结点的数据信息,与顺序存储结构的数据元素相同,另一部分存放后继结点的首地址,而且为了找到第一个结点,需要设置头指针,指向第一个结点,最后一个结点的后继地址为 NULL。如表 1-3 所示,其中头指针为 3150。

表 1-3 "学生基本信息表"的链式存储结构

地址	学号	姓名	性别	专业	籍贯	后继结点的首地址
2000	160414203	刘鹏	男	计算机科学与技术	吉林	2900
2250	160414202	关伟	男	计算机科学与技术	辽宁	2000
2900	160414204	冯瑞雪	女	计算机科学与技术	河北	NULL
3150	160414201	王阳	男	计算机科学与技术	广东	2250

为了更清晰地反映链式存储结构,可采用更直观的图示来表示,表 1-3 的"学生基本信息表"的链式存储结构可用如图 1-5 所示的方式表示。

图 1-5 链式存储结构示意图

3. 数据的运算

通常情况下,不同类型的应用有不同的解决方法,精心选择数据的组织形式可以带来更高的运行或者存储效率。数据的运算通常也称为数据的操作,是定义在数据的逻辑结构上的,但运算的具体实现要借助于存储结构,如同上一节所描述的。常用的运算如下。

(1) 查找:也称为检索,即在数据结构里查找满足一定条件的结点。
(2) 插入:往数据结构里增加新的结点。
(3) 删除:把指定的结点从数据结构里去掉。
(4) 更新:改变指定结点的一个或多个字段的值。

插入、删除、更新运算都包含着查找运算,以确定插入、删除、更新的确切位置。

4. 数据结构包含的三方面内容的关系

数据的逻辑结构、数据的存储结构及数据的运算这 3 个方面构成一个数据结构的整体。数据的逻辑结构属于用户视图,是面向问题的,反映了数据内部的构成方式;数据的存储结构属于具体实现的视图,是面向计算机的,是数据及其关系在计算机内的存储表示。一种数据的逻辑结构可以用多种存储结构来存储,例如,线性表若采用顺序存储方式,可以称为顺序表;若采用链式存储方式,可以称为链表。

基于逻辑结构和基于存储结构都可以进行算法设计,但二者的侧重点不同。通常,算法的设计取决于数据的逻辑结构,算法的实现取决于数据的存储结构。基于逻辑结构的算法设计确定了解题的思路和步骤,它不随存储结构的变化而改变,同样的问题,当存储结构不同时实现的策略就不同。例如,在某一应用中需要查找第 i 个元素,基于逻辑结构的设计,通常是说明此步骤需要进行查找操作即可,而基于物理结构的设计需要依据实际的物理结构(顺序还是链式)设计相应的实现算法。显然,在能够随机存取的数组中查找第 i 个元素和必须依靠指针指示的逻辑关系进行查找的链式方式上,二者的实现有很大的差别。采用不同的存储结构,其数据处理的效率往往是不同的。在实际应用中,应根据需要选择合适的存储结构。

1.2.3 数据类型和抽象数据类型

1. 数据类型

数据类型(data type)是高级程序设计语言中的一个基本概念,在程序设计语言中,每一个数据元素都属于某种数据类型,前面提到过的顺序存储结构可以借助程序设计语言的数组类型描述,链式存储结构可以借助指针类型描述,所以数据类型和数据结构的概念密切相关。

数据类型是一个值的集合和定义在这个值集上的一组操作的总称。用数据类型可以描述计算机程序操作对象的特性。例如,任何一个常量、变量或表达式都要定义或确定一个数据类型。确定数据类型,其实就是确定在程序执行期间变量或表达式所代表的数据可能的取值范围、数据元素之间的关系以及在这些值上允许进行的操作。每一种语言都要定义自己的数据类型,一般有整型、实型、字符型等。例如,C 语言中的有符号整型类型,在微型计算机中占两个字节,表示范围是 $-2^{15} \sim 2^{15}-1$(即 $-32\,768 \sim 32\,767$),对整型数据允许进行的操作有加、减、乘、除、取模等 5 种算术运算。程序设计语言允许用户直接使用的数据类型由具体语言决定,数据类型反映了程序设计语言的数据描述和处理能力。C 语言除了提供整型、实型、字符型等基本类型数据外,还允许用户自定义各种类型数据,例如数组、结构体和指针等。可以这样认为,数据类型是在程序设计中已经实现了的数据结构。

2. 抽象数据类型

1)抽象数据类型含义

现实中的数据类型不足以直接表达数据结构中的所有元素类型,因而提出了抽象数据类型,抽象数据类型(Abstract Data Type,ADT)是指一个数学模型以及定义在该模型上的一组操作。在程序设计过程中,抽象数据类型的实现总是借助于编程语言所提供的数据类型。

抽象数据类型包含了一般数据类型的特征，但含义要比一般数据类型更宽广、更抽象。一般程序设计语言中的数据类型由语言系统内部预先定义，直接提供给用户定义和使用，而抽象数据类型的定义通常由用户根据数据的逻辑特性来确定，不必考虑数据在计算机存储器中的表示和实现。正因如此，抽象数据类型具有很好的通用性和可移植性，用抽象数据类型描述的数据结构适合用任何一种语言来实现它，尤其是面向对象语言。

2）抽象数据类型的内容

抽象数据类型包括 3 部分：数据对象、数据对象上关系的集合以及数据对象基本操作的集合。格式如下：

```
ADT 抽象数据类型名{
    数据对象：<数据对象的定义>
    数据关系：<数据关系的定义>
    基本操作：<基本操作的定义>
}ADT 抽象数据类型名
```

其中，数据对象和数据关系的定义采用数学符号和自然语言描述，基本操作的定义格式为：

```
基本操作(参数表)
    初始条件：<初始条件描述>
    操作结果：<操作结果描述>
```

基本操作的参数表有两种类型的参数：①赋值参数只为操作提供输入值；②引用参数以"&"打头，除可提供输入值外，还将返回操作结果。"初始条件"描述了操作执行之前数据结构和参数应满足的条件，若初始条件为空，则省略。"操作结果"说明了操作正常完成之后，数据结构的变化状况和应返回的结果。

抽象数据类型的表示和实现需要通过高级编程语言中已实现的数据类型来完成，即利用相关程序设计语言中的数据类型来说明新的类型，用已实现的一些操作的组合来实现新的操作。对一个抽象数据类型进行定义时，必须给出它的名字及各运算的运算符名（函数名），并且规定相关参数的性质。一旦定义了一个抽象数据类型及其具体实现，在程序设计中就可以像使用数据类型那样，方便地使用抽象数据类型了。

3）抽象数据类型表示与实现

在使用 ADT 描述程序处理的实体时，关心的是数据对象本身的特征、所能实现的与数据对象相关的功能以及它和外部用户的接口（即外界使用它的方法），不需要了解它的存储方式，这样使我们更容易描述现实世界。所以可以有多种方法进行描述，如自然语言、伪代码语言、数学语言、程序设计语言等。本书在描述抽象数据类型及相关算法实现时，主要采用介于 C 语言和伪代码之间的类 C 语言讲述，部分抽象操作直接采用伪代码描述。

（1）伪代码。

伪代码(Pseudocode)是一种算法描述语言，它介于自然语言与编程语言之间。使用伪代码描述的目的是为了使人们更容易理解所描述的算法，而且可以容易地以任何一种编程语言（Pascal，Delphi，C，C++，Java 等）实现，而不是直接让计算机执行。可以使用任何一种熟悉的文字（中文，英文等）来表述算法，关键是要把算法的意思表达出来，而不拘泥于具体的实现。因此，利用伪代码描述算法时必须结构清晰、代码简单、可读性好。

（2）类 C 语言。

类 C 语言就是与 C 语言相似，可以看作是由伪代码和 C 语言组合而成的一种描述工具，它采用了 C 语言的核心部分，并对其进行了某些扩充，增加了语言的描述功能。这使得数据结构和算法的描述和讨论更简明、清晰，很容易就能转换成能上机执行的 C 或 C++ 程序。

下面对类 C 语言及本书的一些约定做个简要说明。

① 数据元素的类型抽象为 ElemType，相关数据对象的集合类型抽象为 ElemSet，具体类型在实现时由用户根据具体问题而定；

② 数据结构的表示用 typedef 定义；

③ 用 &x 表示引用参数 x，用以返回操作结果；

④ 函数类型 Status 用以表示函数的返回值为函数的执行状态，如 ERROR、OK，或 TRUE、FALSE 等，若无须返回值时，直接置成 void；

⑤ 函数中辅助变量可以不说明，由用户实现时自行定义；

⑥ 以注释的形式表示算法的功能、参数表中各参数的定义和输入输出属性、各种变量的作用、入口初值和应满足的条件等，注释可以采用单行注释形式"//…"或者多行注释形式"/*…*/"；

⑦ 输入、输出语句中省略格式串，如 Scanf(变量1,变量2,…,变量 n)、printf(表达式1,表达式2,…,表达式 n)。

⑧ 常用的若干预定义的常量和类型：

```
#define TRUE 1
#define FALSE 0
#define ERROR 0
#define INFEASIBLE -1
#define OVERFLOW -2
typedef int Status;
```

此外，除了对赋值语句进行了一些扩展，如允许连续赋值和数组分段赋值等，大部分语句结构还保持 C 语言的规范，这里就不一一列举说明了。

【例 1-5】 用抽象数据类型定义复数运算，其数据对象是两个任意实数构成的集合，该集合内的两个元素之间的关系描述为第一个实数是复数的实部，第二个实数是复数的虚部。

【问题分析】 抽象数据类型的定义就是按照抽象数据类型包含的 3 方面内容进行对应解答，按照数学知识，复数由实部和虚部两部分组成，数据类型为实数，并且实部和虚部是不能变换顺序的，所以数据间的关系是有序的，同时应该按照数学中复数的计算规则设计抽象数据类型的基本运算。

【解】

```
ADT Complex{
    数据对象：D={e1,e2 | e1,e2∈R,R是实数集}
    数据关系：R={<e1,e2> | e1是复数的实部,e2是复数的虚部}
    基本运算：
        Create(&C,x,y)
            运算结果：构造复数C,其实部和虚部分别被赋予参数x和y的值。
        GetReal(C)
            初始条件：复数C已存在。
            运算结果：返回复数C的实部值x。
        GetImage(C)
            初始条件：复数C已存在。
            运算结果：返回复数C的虚部值y。
        Add(C1, C2)
            初始条件：复数C1和C2已存在。
            运算结果：返回C1和C2的和。
        Sub(C1, C2)
            初始条件：复数C1和C2已存在。
            运算结果：返回C1和C2的差。
}ADT Complex
```

在后面的章节中，每定义一个新的数据结构，都先用这种定义方式给出其抽象数据类型的定义。为了对抽象数据类型有一个完整、正确的理解，给出复数的存储表示和相应操作的具体实现过程。其中，复数的存储表示部分如下：

```
typedef struct                      //复数类型
{
    float Realpart;                 //实部
    float Imagepart;                //虚部
}Complex;
```

抽象数据类型复数的实现部分：

```
void Create(&Complex C,float x, float y)
{   //构造一个复数
    C.Realpart=x;
    C.Imaaepart=y;
}

float GetReal(Complex c)
{   //取复数C=x+yi的实部
    return C.Realpart;
}
```

```
float GetImage(Complex C)
{   //取复数 C=x+yi 的虚部
    return C.Imagepart;
}

Complex Add(Complex C1,Complex C2)
{   //求两个复数 C1 和 C2 的和 sum
    Complex sum;
    sum.Realpart=C1.Realpart+C2.Realpart;
    sum.Imagepart=C1.Imagepart+C2.Imagepart;
    return sum;
}

Complex Sub(Complex C1,Complex C2)
{   //求两个复数 C1 和 C2 的差 difference
    Complex difference;
    difference.Realpart=C1.Realpart-C2.Realpart;
    difference.Imagepart=C1.Imagepart-C2.Imagepart;
    return difference;
}
```

1.3 算法和算法分析

1.3.1 算法的定义及特性

算法(algorithm)是对特定问题求解步骤的一种描述,它是指令的有限序列,其中每一条指令表示一个或多个操作。算法通常具有下列 5 个重要特性。

(1) 有穷性。一个算法必须总是在执行有穷步后结束,且每一步都必须在有穷时间内完成。

(2) 确定性。对于每种情况下所应执行的操作,在算法中都有确切的规定,不会产生二义性,使算法的执行者或阅读者都能明确其含义以及如何执行。在任何条件下,算法只有唯一的一条执行路径,即对于相同的输入只能得出相同的输出。

(3) 可行性。算法中的所有操作都可以通过执行有限次的已经实现的基本操作来实现。也就是说算法所实现的每个操作都应该是基本的、可以付诸实施的。

(4) 输入。一个算法有零个或多个输入。作为算法加工的对象,这里所说的零个输入是指必须在算法内部确定初始条件。当用函数描述算法时,输入往往是通过形参表示的,在它们被调用时,从主调函数获得输入值。

(5) 输出。一个算法有一个或多个输出,它们是算法进行信息加工后得到的结果,无输出的算法没有任何意义。当用函数描述算法时,输出多用返回值或引用类型的形参表示。

1.3.2 算法与数据结构、程序的关系

数据结构与算法之间存在着密切的联系,数据结构主要研究从具体问题中抽象出来的数学模型如何在计算机存储器中表示,而算法是研究数据处理的方法,研究如何在相应的数据结构上施加运算来完成所要求的任务。在"数据结构"中,将遇到大量的算法问题,因为算法联系着数据在处理过程中的组织方式,为了实现某种操作,常常需要设计算法,因而算法是研究数据结构的重要途径。有了合适的算法,用程序设计语言来实现并不是一件很困难的事。所以说,如果关于特定问题的数据表示及数据处理都实现了,实际也就完成了相应的程序设计。

算法的定义与程序有些相似,但二者又有一定的差别。算法和程序都是用来表达特定问题的解决方法;但算法是对解决问题方法步骤的描述,程序是算法在计算机中的具体实现;程序可以不满足算法的有穷性,例如操作系统程序,但算法一定要满足有穷性;一个算法即使用计算机语言来书写,也可以不必严谨的遵循计算机语言的语法规则。因此程序可以是算法,但算法不一定是程序。

1.3.3 评价算法的基本标准

通常设计一个"好"的算法应考虑达到以下目标。

(1) 正确性。输入合理的数据后,算法的执行结果应当满足解决具体问题时规定的要求,这是评价一个算法的基本标准。如果一个算法不正确,其他任何结果都是没有意义的。当然正确性对不同的问题或同一问题的不同场合,其含义或要求是不同的,一般可以从 4 个层次理解:①程序不含语法错误;②程序对于几组输入数据能够得出满足规格说明要求的结果;③程序对于精心选择的典型的、苛刻的、刁难性的几组输入数据能够得出满足规格说明要求的结果;④程序对于一切合法的输入数据都能产生满足规格说明要求的结果。实际上,要完全验证一个算法的正确性并不容易,也是不现实的。一般算法能满足前 3 个层次就算是一个正确的算法。

(2) 可读性。一个好的算法,首先应便于人们理解和相互交流,其次才是可被机器执行。可读性强的算法有助于人们对算法的理解,而难懂的算法容易隐藏错误,且难以调试和修改。

(3) 健壮性。当输入的数据非法时,好的算法能适当地做出正确反应或进行相应处理,而不会产生一些莫名其妙的输出结果。

(4) 高效性。高效性包括时间和空间两个方面。时间高效是指算法设计合理,执行效率高,可以用时间复杂度来度量;空间高效是指算法占用的存储容量合理,可以用空间复杂度来度量。一个好的算法,应该具有较高的时间效率和空间效率,也就是说,它能在更短的时间内,在占用更少的存储空间的条件下获得期望的结果。

1.3.4 算法时间的度量

通常,算法效率的度量受多种因素影响,主要如下:

(1) 与运行环境有关,也包括软件配置;

(2) 与计算机硬件有关,如 CPU 运行速度,内存大小;

(3) 与编译器有关,不同编译器编辑的文件长度不同,运行时间也不同;

(4) 编程语言、系统提供的标准函数库和动态链接库等。

衡量算法效率的方法主要有两类:事后统计法和事前分析估算法。事后统计法需要先将算法实现,然后测算其时间和空间开销,这种方法的缺陷很显然。算法效率分析的目的是看算法实际是否可行,并在同一问题存在多个算法时,可进行时间和空间性能上的比较,以便从中挑选出较优的算法。因此,通过测量结果来判断算法执行效率的优劣是不可行的。最好是通过比较算法的时间和空间复杂度来评价算法的优劣,因为算法的时间和空间复杂度与具体的运行环境和编译器版本等无关。所以通常采用事前分析估算法,通过计算算法的渐近复杂度来衡量算法的效率。

1. 问题规模

不考虑计算机的软硬件等环境因素,影响算法时间代价的最主要因素是问题规模。问题规模是算法求解问题输入量的多少,是问题大小的本质表示,一般用整数 n 表示。问题规模 n 对不同的问题含义不同,例如,在排序运算中 n 为参加排序的记录数,在矩阵运算中 n 为矩阵的阶数,在多项式运算中 n 为多项式的项数,在集合运算中 n 为集合中元素的个数,在树的有关运算中 n 为树的结点个数,在图的有关运算中 n 为图的顶点数或边数。显然,n 越大算法的执行时间越长。

2. 语句频度

一个算法的执行时间大致上等于其所有语句执行时间的总和,而语句的执行时间则为该条语句的重复执行次数和执行一次所需时间的乘积。

一条语句的重复执行次数称作语句频度(frequency count),设每条语句执行一次所需的时间均是单位时间,则一个算法的执行时间可用该算法中所有语句频度之和来度量。

【例 1-6】 下面为求两个 n 阶矩阵的乘积算法,分析每条语句执行的频度。

```
for(i=1;i<=n;i++)                                    //语句 1
    for(j=1;j<=n;j++)                                //语句 2
    {
        Mc[i][j]=0;                                  //语句 3
        for(k=1;k<=n;k++)                            //语句 4
            Mc[i][j]=Mc[i][j]+Ma[i][k]* Mb[k][j];    //语句 5
    }
```

【问题分析】 由 for 循环的执行过程可知,当满足循环条件时进入循环体,之后还要有一次判断,因为不满足循环条件而退出循环,因此很容易得到各语句的频度。

以语句 1 为例:循环变量的取值范围为 $1 \leq i \leq n+1$,其中当 $1 \leq i \leq n$ 时满足循环条件进入循环体,$i=n+1$ 时不满足循环条件退出循环体,所以共执行 $n+1$ 次。

对于语句 2:本身受外循环的限制,$1 \leq i \leq n$ 时会执行语句 2,但每次执行语句 2 的时候,对应的循环变量的取值范围为 $1\leqslant j\leqslant n+1$,所以总计语句执行的频度为 $n*(n+1)$。

其他语句频度的分析与此类似。

【解】

语句 1：频度为 $n+1$

语句 2：频度为 $n*(n+1)$

语句 3：频度为 n^2

语句 4：频度为 $n^2*(n+1)$

语句 5：频度为 n^3

该算法中所有语句频度之和,是矩阵阶数 n 的函数,用 $f(n)$ 表示。即

$$f(n) = 2n^3 + 3n^2 + 2n + 1$$

换句话说,上例算法的执行时间与 $f(n)$ 成正比。

3. 算法的时间复杂度定义

对于例 1-6 这种较简单的算法,可以直接计算出算法中所有语句的频度,但对于稍微复杂一些的算法,直接计算出所有语句的频度通常是比较困难的,即便能够计算出,也可能是个非常复杂的函数。实际上,一般也没有必要进行如此精确地计算,只要计算完成算法功能所必需操作(基本操作)的执行次数的数量级即可。

通常,算法的执行时间是随问题规模增长而增长的,因此对算法的评价通常只需考虑其随问题规模增长的趋势,只需要考虑当问题规模充分大时,算法中基本语句的执行次数在渐近意义下的阶。如例 1-6 矩阵的乘积算法,当 n 趋向无穷大时,显然有

$$\lim_{n\to\infty} f(n)/n^3 = \lim_{n\to\infty}(2n^3 + 3n^2 + 2n + 1)/n^3 = 2$$

即当 n 充分大时,$f(n)$ 和 n^3 之比是一个不等于零的常数。即 $f(n)$ 和 n^3 是同阶的,或者说 $f(n)$ 和 n^3 的数量级相同。在这里,用 O 来表示数量级,记作 $T(n)=O(f(n))=O(n^3)$。由此可以给出算法时间复杂度的定义。

一般情况下,算法中基本语句重复执行的次数是问题规模 n 的某个函数 $f(n)$,算法的时间量度记作

$$T(n) = O(f(n)) \tag{1-1}$$

它表示随问题规模 n 的增大,算法执行时间的增长率和 $f(n)$ 的增长率相同,称作算法的渐近时间复杂度,简称时间复杂度(time complexity)。

采用数量级的形式表示算法的时间后,因为只需要分析影响一个算法时间的主要部分即可,所以给求算法的 $T(n)$ 带来了方便,不必对每一步都进行详细分解、分析;同时,对主要部分的分析也可以简化。例如,例 1-6 中只要弄清楚三重循环内赋值操作的执行次数是 n^3,就可以求出该算法的时间复杂度为 $O(n^3)$ 了。

【例 1-7】 分析下面语句的频度和时间复杂度：

```
x++;
S=0;
```

【解】 两条语句频度均为 1,算法的时间复杂度为 $T(n)=O(1)$。

当算法的执行时间是一个与问题规模 n 无关的常数,算法的时间复杂度为 $T(n)=O(1)$,称为常量阶。实际上,如果算法的执行时间不随问题规模 n 的增加而增长,算法中语句频度就是某个常数。即使这个常数再大,算法的时间复杂度都是 $O(1)$。例如,对上面的程序做如下改动

```
for(i=0;i<10000;i++){x++;s=0;}
```

算法的时间复杂度仍然为 $O(1)$。

多数情况下,当有若干循环语句时,算法的时间复杂度是由最深层循环内的基本语句的频度 $f(n)$ 决定的。

【例 1-8】 分析下面语句的时间复杂度。

```
(1)    x=1;
(2)    for(i=1;i<=n;i++)
(3)      for(j=1;j<=i;j++)
(4)        for(k=1;k<=j;k++)
(5)          x++;
```

【问题分析】 显见,该程序段中频度最大的语句是(5),这条最深层循环内的基本语句的频度,依赖于各层循环变量的取值,由内向外可分析出语句(5)的执行次数为:

$$\sum_{i=1}^{n}\sum_{j=1}^{i}\sum_{k=1}^{j}1 = \sum_{i=1}^{n}\sum_{j=1}^{i}j = \sum_{i=1}^{n}i(i+1)/2$$
$$= [n(n+1)(2n+1)/6 + n(n+1)/2]/2$$

【解】 算法的时间复杂度为 $T(n)=O(n^3)$,称为立方阶。

【例 1-9】 分析时间复杂度。

```
for(i=1;i<=n;i=i*2)
    {x++;s=0;}
```

【问题分析】 设循环体内两条基本语句的频度为 $f(n)$,则有 $2^{f(n)} \leq n, f(n) \leq \log_2 n$,所以算法的时间复杂度为 $T(n)=O(\log_2 n)$,称为对数阶。

【解】 算法的时间复杂度为 $T(n)=O(\log_2 n)$。

随着 n 值的增大,各种数量级对应的值的增长速度是不一样的。常数值的增长没有影响;所有跟 n 有关的函数中,对数函数值的增长速度最慢,其次是线性函数,其余依次为线性与对数的乘积、平方、立方、指数和阶乘,各类时间复杂度关系如式(1-2)所示。

$$O(1) < O(\log n) < O(n) < O(n\log n) < O(n^2)$$
$$< O(n^3) < O(2^n) < O(n!) \tag{1-2}$$

如图 1-6 所示,一般情况下,随着 n 的增大,$T(n)$ 的增长较慢的算法为较优的算法。显然,时间复杂度为指数阶 $O(2^n)$ 的算法效率极低,当 n 值稍大时就无法应用。应该尽可能选择使用多项式阶 $O(n^k)$ 的算法,而避免使用指数阶的算法。

4. 最好、最坏和平均时间复杂度

对于某些问题的算法,其基本语句的频度不仅仅与问题的规模相关,还依赖于其他因

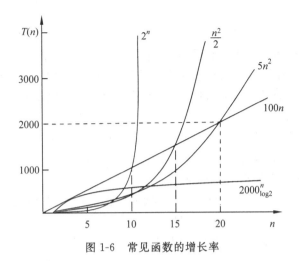

图 1-6　常见函数的增长率

素。在此仅举一例说明。

【**例 1-10**】　在一维数组 A 中顺序查找某个值等于 x 的元素,并返回其所在的位置。

```
(1) for(i=0;i<n;i++)
(2)     if(A[i]==x) return i+1;
(3) return 0;
```

容易看出,此算法中语句(2)的频度不仅与问题规模 n 有关,还与输入实例中数组 A[i] 的各元素值及 x 的取值有关。假设在数组 A[i] 中存在值等于 x 的元素,则查找必定成功,且 for 循环内语句的频度将随被找到的元素在数组中出现的位置不同而不同:

(1) 每次要查找与 x 相同的元素恰好就是数组中的第一个元素,则不论数组的规模多大,语句(2)的频度 $f(n)=1$,此时是时间复杂度的最好情况。算法在最好情况下的时间复杂度称为最好时间复杂度,指的是算法计算量可能达到的最小值;

(2) 每次待查找的都是数组中最后一个元素,则语句(2)的频度 $f(n)=n$,此时是时间复杂度最差的情况。算法在最坏情况下的时间复杂度称为最坏时间复杂度,指的是算法计算量可能达到的最大值;

(3) 对于一个算法来说,需要考虑各种可能出现的情况,以及每一种情况出现的概率。一般情况下,可假设待查找的元素在数组中所有位置上出现的可能性均相同,对这类算法的分析,常用的解决方法是计算它的最好时间复杂度与最坏时间复杂度的平均值,对本题而言,$f(n)=(1+n)/2$。算法的平均时间复杂度是指算法在所有可能情况下,按照输入实例以等概率出现时,算法计算量的加权平均值。

此例说明,算法的时间复杂度不仅与问题的规模有关,还与问题的其他因素有关。如某些排序算法,其执行时间与待排序记录的初始状态有关。因此,有时会对算法有最好、最坏以及平均时间复杂度的评价。

1.3.5　算法的空间复杂度

算法的存储空间是指解决问题的算法在执行时所占用的存储空间,通常与下列因素

有关:

(1) 程序本身所占的存储空间:指存储编译之后的程序指令所需的空间。这类存储空间与把程序编译成机器代码的编译器、编译方式和目标计算机有关。

(2) 数据所占的存储空间:指程序运行所需要的输入数据、所有常量和变量值所需要的存储空间。对于简单变量或常量来说,所需要的空间取决于所使用的计算机和编译器以及变量、常量的数目。

(3) 环境栈空间:指在程序运行过程中,存储函数调用返回时恢复运行所占据的信息所需要的空间。不同的编译器在处理不同函数的局部变量、传值参数、引用参数时,方式可能不一样,所需的空间也可能不同。

(4) 辅助变量所占的存储空间:指除了输入数据和程序之外的辅助变量所占的额外空间,但一般不包括程序控制用辅助变量。

算法存储空间的度量,类似于算法时间复杂度的度量,一般也是用数量级的形式给出,称作渐近空间复杂度(space complexity),简称空间复杂度,它也是问题规模 n 的函数,记作:

$$S(n) = O[f(n)] \qquad (1-3)$$

一般情况下,输入数据所占的具体存储量取决于问题本身,与算法无关,这样只需分析该算法在实现时所需要的辅助空间就可以了。若算法执行时所需要的辅助空间和环境栈空间相对于输入数据量而言是个常数,则称这个算法为原地工作,辅助空间为 $O(1)$,本节中前面的示例都是如此。有的算法需要占用临时的工作单元数与问题规模 n 有关,如第 8 章介绍的归并排序算法就属于这种情况。

下面用一个简单示例说明如何求算法的空间复杂度。

【例 1-11】 数组逆序:将一维数组 a 中的 n 个数逆序存放到原数组中,若有如下两种实现算法,试分析其空间复杂度。

算法 1-1

```
for(i=0;i<n/2;i++)
{   t=a[i];
    a[i]=a[n-i-1];
    a[n-i-1]=t;
}
```

算法 1-2

```
for(i=0; i<n; i++)
    b[i]=a[n-i-1];
for(i=0; i<n; i++)
    a[i]=b[i];
```

【解】 算法 1-1 仅需要另外借助一个变量 t,与问题规模 n 大小无关,所以其空间复杂度为 $O(1)$。

算法 1-2 需要另外借助一个大小为 n 的辅助数组 b,所以其空间复杂度为 $O(n)$。

对于一个算法,其时间复杂度和空间复杂度往往是相互影响的,当追求一个较好的时间复杂度时,可能会导致占用较多的存储空间,即可能会使空间复杂度的性能变差,反之亦然。不过,通常情况下,鉴于运算空间较为充足,都以算法的时间复杂度作为算法优劣的衡量指标。

小　　结

本章为以后各章讨论的内容做基本的知识准备,介绍了数据结构、抽象数据类型、算法的基本概念,以及算法时间复杂度和空间复杂度的分析方法。其主要内容如下。

(1) 数据结构是一门研究非数值计算程序设计中操作对象,以及这些对象之间的关系和操作的学科。

(2) 数据结构研究 3 个方面的内容:数据的逻辑结构和存储结构及其上的运算。同一逻辑结构采用不同的存储方法,可以得到不同的存储结构,需要设计不同的算法。

① 逻辑结构是从具体问题抽象出来的数学模型,从逻辑关系上描述数据,它与数据的存储无关。通常有 4 种基本逻辑结构:集合结构、线性结构、树结构和图结构。有时也简单地分为线性结构和非线性结构。

② 存储结构是逻辑结构在计算机中的存储表示,常用的两种存储结构:顺序存储结构和链式存储结构。

③ 操作。常见的操作有初始化、查找、插入、删除等。

(3) 抽象数据类型是指由用户定义的、表示应用问题的数学模型,以及定义在这个模型上的一组操作的总称,具体包括 3 部分:数据对象、数据对象关系的集合,以及对数据对象的基本操作的集合。

(4) 算法是为了解决某类问题而规定的一个有限长的操作序列。算法具有 5 个特性:有穷性、确定性、可行性、输入和输出。一个算法的优劣应该从以下 4 方面来评价:正确性、可读性、健壮性和高效性。

(5) 算法分析的两个主要方面是分析算法的时间复杂度和空间复杂度,以考查算法的时间和空间效率。一般情况下,鉴于运算空间较为充足,故将算法的时间复杂度作为分析的重点。算法执行时间的数量级称为算法的渐近时间复杂度,$T(n)=O(f(n))$,它表示随着问题规模 n 的增大,算法执行时间的增长率和 $f(n)$ 的增长率相同,简称时间复杂度。

习　　题

一、单项选择题

1. 下列说法,不正确的是(　　)。
   A. 数据元素是数据的基本单位
   B. 数据项是数据中不可分割的最小可标识单位

C. 数据可由若干数据元素构成
D. 数据项可由若干数据元素构成

2. 数据结构中,与所使用的计算机无关的是数据的(　　)结构。
　　A. 逻辑　　　　　　B. 存储　　　　　　C. 物理　　　　　　D. 物理和存储

3. 数据在计算机内物理结构的相对位置与逻辑结构相同并且是连续的,称为(　　)。
　　A. 存储结构　　　　　　　　　　　B. 逻辑结构
　　C. 顺序存储结构　　　　　　　　　D. 链式存储结构

4. 利用顺序存储结构存储时,存储单元的地址(　　),利用链式存储方式存储时,存储单元地址(　　)。
　　A. 一定连续　　　　　　　　　　　B. 一定不连续
　　C. 不一定连续　　　　　　　　　　D. 部分连续,部分不连续

5. 执行下面程序段时,执行 S 语句的频度为(　　)。

```
for(int i=1; i<=n; i++)
    for(int j=1; j<=i; j++)
        S;
```

　　A. n^2　　　　　B. $n^2/2$　　　　　C. $n(n+1)$　　　　　D. $n(n+1)/2$

6. 下面程序段的时间复杂度为(　　)。

```
for(int i=0; i<m; i++)
    for(int j=0; j<n; j++)
        a[i][j]=i*j;
```

　　A. $O(m^2)$　　　　　B. $O(n^2)$　　　　　C. $O(m*n)$　　　　　D. $O(m+n)$

二、问答题

1. 简述下列概念:数据、数据元素、数据项、数据对象、数据结构、逻辑结构、存储结构、抽象数据类型。
2. 数据结构、数据类型和抽象数据类型的概念有何不同?
3. 画图并说明逻辑结构的不同类型。
4. 简述存储结构的两种不同方法的具体含义是什么。
5. 算法的性质是什么?

三、分析题

分析下面各程序段的时间复杂度及每行语句的频度。
1.

```
for (i=0;i<n;i++)
    for (j=0; j<m; j++)
        A[i][j]=0;
```

2.
```
x=0;
for(i=1; i<n; i++)
   for (j=1; j<=n-i; j++)
      x++;
```

3.
```
i=1; j=0;
while(i+j<=n)
    if (i>j) j++;
    else i++;
```

4.
```
k=1;h=0;
for(i=1; i<=n; i++)
{
    k++;
    for(j=1; j<=n; j++)
        h+=k;
}
```

普通高校本科计算机专业 特色 教材精选

第2章　线　性　表

CHAPTER 2

学习目标

1. 理解线性表的逻辑结构特性及其抽象数据类型的定义。

2. 掌握线性表的动态分配顺序存储结构、链式存储结构的定义和基于不同存储结构的基本操作的实现。

3. 能够从时间和空间复杂度的角度综合比较线性表两种存储结构的不同特点及其适用场合。

4. 理解循环链表和双向链表的概念和特点，掌握在此基础上进行简单算法设计的技能。

5. 了解单链表完成多项式的加减运算。

6. 理解线性表算法的程序实现，进一步理解算法和程序的差别。

知识结构图

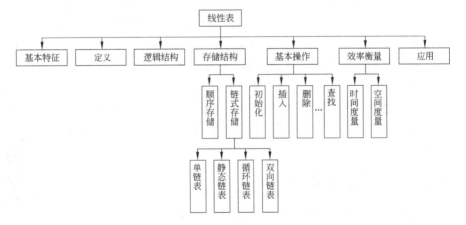

　　线性表是计算机程序设计中最常使用的一种操作对象，是最简单、最基本的数据结构，在逻辑上线性表是线性结构的一种，其特点是结构中的数据元素之间满足线性关系。本章讨论了线性表的概念、线性表的逻辑结构、存储结构和相关运算的实现以及一些简单的应用，所涉及的许多问题都具有一定的普遍性。

2.1 线性表的概念

2.1.1 线性表的定义和特点

1. 线性表的定义

线性表(linear list)是一种最基本、最常用的数据结构。在日常生活中有很多线性表的实例,例如,26 个英文字母组成的字母表、学生成绩表、人事档案表、图书目录、火车时刻表等。

所谓线性表,就是由 $n(n \geqslant 0)$ 个数据元素组成的有限序列,在逻辑上可以表示为

$$L = (a_1, a_2, \cdots, a_{n-1}, a_n)$$

其中,L 是表名,$a_i(1 \leqslant i \leqslant n)$ 是表中的数据元素,也称为结点,线性表中元素的具体含义在不同情况下不同,但同一线性表中各元素的类型必须相同,即属于同一数据对象。相邻数据元素之间存在着序偶关系;元素的个数 $n(n \geqslant 0)$ 称为线性表的长度,长度为 0 的线性表为空表。线性表的第一个元素称为表头,最后一个元素称为表尾。

2. 线性表的特点

(1) 线性表是一个有限序列,意味着表中各个元素是相继排列的,在线性表中:
- 存在唯一的第一个元素和最后一个元素;
- 除第一个元素外,其他元素有且仅有一个直接前驱;
- 除最后一个元素外,其他元素有且仅有一个直接后继。

(2) 线性表中的每一个元素都有相同的数据类型,可以是简单类型,也可以是组合类型。

(3) 线性表中每一元素都有"位置"和"值"。"位置"决定了该数据元素在表中的位置和前驱、后继的逻辑关系,"值"是该元素的具体内容。定义元素 $a_i(1 \leqslant i \leqslant n)$ 是线性表中位置为 i 的元素,或称为线性表的第 i 个元素。

(4) 线性表中元素的值与它的位置之间可以有关系,也可以没有关系。例如,按照值的递增顺序排列的有序线性表,其位置与值的序号有对应关系,而无序线性表中的元素值与位置之间就没有特殊的联系。如果不特别说明,线性表默认是无序线性表。

2.1.2 线性表的类型定义

线性表是一个非常灵活的数据结构,其长度可根据需要增加或减少,即对线性表的数据元素既可以进行访问,也可以进行插入和删除等操作,下面给出线性表的抽象数据类型定义。

```
ADT List{
    数据对象: D={a_i|a_i∈ElemSet,i=1,2,…,n,n≥0}
    数据关系: R={<a_{i-1},a_i>|a_i,a_{i-1}∈D,i=1,2,…,n}
```

基本操作：
　　InitList(&L)　　　　　　　　/*线性表初始化*/
　　　　操作结果：构造一个空的线性表 L。
　　ListLength(L)　　　　　　　 /*求线性表长度*/
　　　　初始条件：线性表 L 已存在。
　　　　操作结果：返回线性表中数据元素个数。
　　GetElem(L,i,&e)　　　　　　/*取线性表指定位置元素*/
　　　　初始条件：线性表 L 已存在，且 1≤i≤ListLength(L)。
　　　　操作结果：返回线性表 L 中第 i 个数据元素 e 的值。
　　LocateElem(L,e)　　　　　　/*线性表按值查找*/
　　　　初始条件：线性表 L 已存在。
　　　　操作结果：返回线性表 L 中第 1 个值与 e 相同的元素在 L 中的位置。若这样的数据元
　　　　　　　　 素不存在，则返回值为 0。
　　ListInsert(&L,i,e)　　　　　/*线性表插入*/
　　　　初始条件：线性表 L 已存在，i 为插入的位置且 1≤i≤ListLength (L)+1。
　　　　操作结果：在线性表 L 中第 i 个位置之前插入新的数据元素 e，线性表的长度加 1。
　　ListDelete(&L,i)　　　　　　/*线性表删除*/
　　　　初始条件：线性表 L 已存在且非空，i 为删除的位置且 1≤i≤ListLength (L)。
　　　　操作结果：删除线性表 L 的第 i 个数据元素，线性表的长度减 1。
}ADT List

下面说明线性表的抽象数据类型的定义。

（1）抽象数据类型仅是一个模型的定义，并不涉及模型的具体实现，为此上面所定义操作中的参数未说明具体数据类型，可以根据实际的问题需求选择不同的数据类型。

（2）上述抽象数据类型中给出的操作只是基本操作，由这些基本操作可以构成其他较复杂的操作。在实际应用中，还可以根据需要定义其他的操作，同时在这些操作的基础上，还可以定义更复杂的运算，例如，向线性表的表尾或表头插入元素的操作，删除线性表中从某个元素开始的连续若干元素；将线性表的元素按某个数据项重新排列等。

（3）由抽象数据类型定义的线性表，可以根据实际所采用的存储结构形式，进行具体的表示和实现。

【例 2-1】 设 L_A 和 L_B 是用线性表表示的具有相同类型数据元素的集合。试求这两个集合的并，并存放在 L_A 中，即 $L_A = L_A \cup L_B$。

【问题分析】 对题目进行分析，已知两个集合 A 和 B，现要求一个新的集合 $A = A \cup B$。例如，设 $A=(2,5,3,8,9), B=(1,6,5)$，合并后
$$A = (2,5,3,8,9,1,6)$$

可以利用两个线性表 L_A 和 L_B 分别表示集合 A 和 B（即线性表中的数据元素为集合中的成员），这样只需扩大线性表 L_A，将存在于 L_B 中而不存在于 L_A 中的数据元素插入到 L_A 中去。为此需要从 L_B 中依次取得每个数据元素，并依次在 L_A 中进行查找，若不存在则插入。

上述操作过程可用算法 2-1 来描述。具体实现时既可采用顺序存储结构形式,也可采用链表形式。

【算法步骤】

① 获取 L_A 的表长 m 和 L_B 的表长 n。

② 从 L_B 中第 1 个数据元素开始,循环 n 次执行以下操作:

- 从 L_B 中查找第 $i(1 \leqslant i \leqslant n)$ 个数据元素赋给 e;
- 在 L_A 中查找元素 e,如果不存在,则将它插在表 L_A 的表尾。

算法 2-1　线性表的合并

```
void MergeList(List &LA,List LB)
{   //将所有在线性表 LB 中但不在 LA 中的数据元素插入到 LA 中
    m=ListLength(LA);    n=ListLength(LB);   //求线性表的长度
    for(i=1;i<=n;i++)
    {
        GetElem(LB,i,e);                     //取 LB 中第 i 个数据元素赋给 e
        if(!LocateElem(LA,e))                //LA 中没有和 e 相同的数据元素
            ListInsert(LA,++m,e);            //将 e 插在 LA 的表尾
    }
}
```

【算法分析】 上述算法的时间复杂度与循环语句 for、ListLength、GetElem、LocateElem 和 ListInsert 有关。但因为现在没有确定该算法涉及的数据的存储方式,假设其中的 ListLength、GetElem 和 ListInsert 操作的执行时间都是常量级的,即与表长无关,而 LocateElem 执行过程中只需要在原始的 L_A 中查找,不用管新插入的元素,这样该算法的时间复杂度就是:

$$T(n) = O(\text{ListLength}(L_A) \times \text{ListLength}(L_B))$$

【例 2-2】 已知两个有序线性表 La 和 Lb,数据元素按值非递减有序排列,现要求一个新线性表 Lc,归并 La 和 Lb 中的元素,并且 Lc 中的数据元素仍按值非递减有序排列。

【问题分析】 本题属于有序线性表的合并,例如,设 La=(1,3,7),Lb=(2,4,7,8,15,28),则

$$Lc = (1,2,3,4,7,7,8,15,28)$$

此例中的 La 和 Lb 有序,这样便没有必要从 Lb 中依次取得每个数据元素,到 La 中进行查找,同时,应该注意的是有序线性表中的元素是可以相同的,这一点与例 2-1 用线性表模拟集合进行问题的求解不同。

如果 La 和 Lb 两个表长分别记为 m 和 n,则合并后的新表 Lc 的表长应该为 $m+n$。由于 Lc 中的数据元素或者是 La 中的元素,或者是 Lb 中的元素,因此只要先设 Lc 为空表,然后将 La 或 Lb 中的元素逐个插入到 Lc 中即可。为使 Lc 中的元素按值非递减有序排列,可设两个指针 pa 和 pb 分别指向 La 和 Lb 中的某个元素,初值分别指向两个有序表的第一个元素,若设 pa 当前所指的元素为 a,pb 当前所指的元素为 b,选择其中小者插入到 Lc 的表尾,之后对应的指针 pa 或 pb 在 La 或 Lb 中顺序后移。

【算法步骤】

① 初始化 Lc 表；

② 设置 La、Lb、Lc 表的初始位置为 1,1,0；

③ 获取 La 的表长 m 和 Lb 表长的表长 n；

④ 当两个表都没到表尾的时候，循环执行以下操作：

- 从 La、Lb 表中取对应的第 i、j 个位置的元素，分别放入 ai、bj；
- 如果 $ai<bj$，则 ai 插入 Lc 表最后的位置，$i++$；否则 bj 插入 Lc 表最后的位置，$j++$；

⑤ 将未到表尾的表中元素，依序插入到 Lc 表中。

算法 2-2　两个有序线性表的合并

```
void MergeList(List La,List Lb,List &Lc)
{ //已知线性表 La 和 Lb 中的数据元素按值非递减排列。
  //归并 La 和 Lb 得到新的线性表 Lc,Lc 的数据元素也按值非递减排列
    Initlist(Lc);
    i=j=1;k=0;
    La_len=ListLength(La); Lb_len=ListLength(Lb);
    while((i<=La_len) && (j<=Lb_len))        //La 和 Lb 均非空
    {
    GetElem(La,i,ai); GetElem(Lb,j,bj);
        if(ai<=bj)  {ListInsert(Lc,++k,ai);++i;}
        else{ListInsert(Lc,++k,bj);++j;}
    }
    while (i<=La_len)
    {  GetElem(La,i++,ai); ListInsert(Lc,++k,ai);
    }
    while(j<=Lb_len)
    {  GetElem(Lb,j++,bj); ListInsert(Lc,++k,bj);
    }
}//MergeList
```

【算法分析】 上述两个算法的时间复杂度取决于抽象数据类型 List 定义中基本操作的执行时间。

假如 GetElem 和 ListInsert 这两个操作的执行时间和表长无关，算法的时间复杂度则为 $O(Listlength(La)+Listlength(Lb))$。虽然算法中含 3 个 while 循环语句，但只有当 i 和 j 均指向表中实际存在的数据元素时，才能取得数据元素的值并进行相互比较；并且当其中一个线性表的数据元素均已插入到线性表 Lc 中后，只要将另外一个线性表中的剩余元素依次插入即可。因此，对于每一组具体的输入(La 和 Lb)，后两个 while 循环语句只执行一个。

2.2 线性表的顺序表示和实现

2.2.1 线性表的顺序存储表示

1. 顺序表的定义

线性表的顺序表示指的是用一组地址连续的存储单元依次存储线性表的数据元素,这种表示也称作线性表的顺序存储结构或顺序映像。通常,称这种存储结构的线性表为顺序表(sequential list)。

假设线性表中的第一个数据元素的存储地址(指第一个字节的地址,即首地址)为 $LOC(a_0)$,每一个数据元素占 k 个字节,则线性表中第 i 个元素 a_i 在计算机存储空间中的存储地址为

$$LOC(a_i) = LOC(a_0) + (i-1) \times k \tag{2-1}$$

在顺序存储结构中,线性表中每一个数据元素在计算机存储空间中的存储地址由该元素在线性表中的位置序号唯一确定。表中相邻的元素 a_i 和 a_{i+1},的存储位置 $LOC(a_i)$ 和 $LOC(a_{i+1})$ 是相邻的,每一个数据元素的存储位置都和线性表的起始位置相差一个常数,如图 2-1 所示。

只要确定了顺序表的起始位置,顺序表中任一数据元素都可随机存取,所以线性表的顺序存储结构是一种随机存取的存储结构。

【例 2-3】 假设顺序表第一个元素的字节地址是 200,每个整数占 4 字节。求第 5 个元素的存储地址。

【解】 代入式(2-1)得

$$LOC(a_5) = LOC(a_0) + (5-1) \times 4 = 216$$

因此,第 5 个元素的地址是 216。

存储地址	数据元素	序号
b	a_1	1
$b+k$	a_2	2
…		…
$b+(i-1)k$	a_i	i
…		
$b+(n-1)k$	a_n	n
	空闲	
…	…	
$b+(maxlen-1)*k$		空闲

图 2-1 线性表的顺序存储结构示意图

2. 顺序表的特点

顺序表具体的特点如下:

(1) 在顺序表中,各个元素的逻辑顺序与其存放的物理顺序一致,第 i 个元素存储于第 i 个物理位置($1 \leq i \leq n$),即逻辑相邻,物理次序也相邻。

(2) 对顺序表中所有元素,既可以进行顺序访问,也可以进行随机访问。也就是说,既可以从表的第一个元素开始逐个访问,也可以按照元素位置(亦称为下标)直接访问。

(3) 顺序表可以用 C 语言的一维数组来实现。一维数组又称为向量,它可以是静态分配的,也可以是动态分配的。在 C 语言中,只要定义了一个数组,就定义了一块可供用户使用的存储空间,该存储空间的起始位置就是由数组名表示的地址常量。

(4) 存储线性表的数组的数据类型就是顺序表中元素的数据类型,数组的大小(数组包含的元素个数)要大于或等于顺序表的长度。

(5) C语言的下标是从 0 开始的,顺序表中的第 i 个元素被存储在数组下标为 $i-1$ 的位置上。

2.2.2 顺序表的结构定义

由于高级程序设计语言中的数组类型也有随机存取的特性,因此,通常都用数组来描述线性表的顺序存储结构。描述顺序表的存储有两种方式:静态方式和动态方式。

1. 静态存储方式

静态存储方式中数组的长度是固定的,定义如下:

```
#define maxSize 100
typedef struct
{    ElemType elem[maxSize];
     int Length;
}SqList;
```

其中,maxSize 是存储数组的最大容量,即最多可容纳元素数,Length 是数组中当前已有的元素数量,$1 \leqslant \text{Length} \leqslant \text{maxSize}$。且线性表的元素在数组中是从 0 号位置相继存放的,最后一个元素应在 Length-1 号位置。

静态存储方式的主要特点如下:

(1) 线性表一维数组的长度 maxSize 和存储空间首地址 elem 在结构声明中明确指定。

(2) 在编译程序时数组空间由编译器固定分配,程序退出后此空间自动释放。

(3) 在数组中可以按照数组元素的下标(位置)存取任一元素的值,所花时间相同。

(4) 一旦数组空间占满,再加入新的数据就将产生溢出,此时存储空间不能扩充,导致程序停止工作。

2. 动态存储方式

顺序表的动态存储表示的主要特点如下:

(1) 顺序表的存储空间是在程序执行过程中通过动态存储分配的语句 malloc 或 realloc 动态分配的,一旦数据空间占满,可以另外再分配一块更大的存储空间(原来的空间容量+增量),用以替换原来的存储空间,从而达到扩充存储数组空间的目的。

(2) 表示数组大小的 listsize 放在顺序表的结构内定义,可以动态地记录扩充后数组空间的大小,进一步提高了结构的灵活性。

可动态分配的一维数组表示线性表,描述如下:

```
#define LIST_INIT_SIZE 100        //线性表的初始分配空间容量
#define LISTINCREMENT 10          //线性表存储空间的分配增量
typedef struct
{
```

```
    ElemType  * elem;        //存储空间的基地址
    int length;              //当前长度
    int listsize;            //当前分配的空间长度
} SqList;                    //顺序表的结构类型为 SqList
```

在上述定义中,数组指针 elem 指示线性表的存储空间的基地址,length 指示线性表的当前长度,listsize 指示顺序表当前分配的存储空间大小,一旦因插入元素而空间不足时可以进行再分配,即为顺序表增加大小为 LISTINCREMENT 个数据元素的空间,如图 2-2 所示。

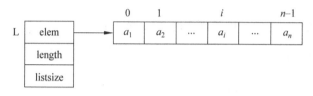

图 2-2 动态存储方式结构示意图

对顺序表中数据的访问有下标访问方式和指针访问方式,例如,若 L 是 SqList 类型的顺序表,则表中第 i 个数据元素是 L.elem$[i-1]$ 或者 *(L.elem$+i-1$)。在顺序表中,要特别注意的是 C 语言中数组的下标从 0 开始,有时为了描述算法更加简洁,可规定从 1 下标开始存放线性表元素,而将第一个位置空置不用。

2.2.3 顺序表基本操作的实现

以下按照顺序表的动态存储表示实现部分操作。

1. 初始化

顺序表的初始化操作就是构造一个空的顺序表。

【算法步骤】

① 为顺序表申请一片连续的地址空间,预定义大小为 LIST_INIT_SIZE,地址赋给 elem 指针变量。

② 将表的当前长度设为 0。

③ 将表的空间长度设为 LIST_INIT_SIZE。

算法 2-3 顺序表的初始化

```
Status InitList(SqList &L)
{    //构造一个空的顺序表 L
    L.elem=( ElemType * ) malloc(LIST_INIT_SIZE * sizeof(ElemType));
              //为顺序表分配一个大小为 LIST_INIT_SIZE 的存储空间
    if(!L.elem)exit(OVERFLOW);        //存储分配失败退出
    L.length=0;                       //空表长度为 0
    L.listsize=LIST_INIT_SIZE ;       //初始存储容量
    return OK;
}
```

动态分配顺序表的存储区域可以更有效地利用系统的资源,当不需要该线性表时,可以使用销毁操作及时释放占用的存储空间。

2. 读取指定位置元素

读取指定位置元素的操作是根据指定的位置序号 i,获取顺序表中第 i 个数据元素的值。

由于顺序表采用数组方式存储,所以可以直接通过数组下标定位得到,L.elem$[i-1]$ 单元存储第 i 个数据元素。

【算法步骤】

① 判断给定的位置序号 i 值是否合理($1 \leqslant i \leqslant$ L.length),若不合理,则返回 ERROR。

② 若 i 值合理,则将第 i 个数据元素 L.elem$[i-1]$ 赋给参数 e,通过 e 返回第 i 个数据元素的值。

算法 2-4　顺序表的取值

```
Status GetElem(SqList L,int i,ElemType &e)
{
    if(i<1||i>L.length) return ERROR;  //判断 i 值是否合理,若不合理,返回 ERROR
    e=L.elem[i-1];                      //L.elem[i-1]单元存储第 i 个数据元素
    return OK;
}
```

【算法分析】 显然,顺序表取值算法的时间复杂度为 $O(1)$。

3. 查找

查找顺序表中第 1 个与指定的元素 e 相等的元素。若查找成功,则返回该元素在表中的位置序号;若查找失败,则返回 0。

【算法步骤】

① 把需要查找的元素 e 依次与顺序表元素 L.elem$[i]$ 比较,若相等,则查找成功,返回该元素的序号 $i+1$。

② 若查到顺序表表尾都没有找到,则查找失败,返回 0。

算法 2-5　顺序表的查找

```
int LocateELem(SqList L,ElemType e)
{   //在顺序表 L 中查找值为 e 的数据元素,返回其序号
    for(i=0;i<L.length;i++)
        if(L.elem[i]==e)return i+1;     //查找成功,返回序号 i+1
    return 0;                            //查找失败,返回
}
```

【算法分析】 显然,顺序表查找算法的时间复杂度为 $O(n)$。

4. 插入

线性表的插入操作是指在表的第 i 个位置插入一个新的数据元素 e，使长度为 n 的线性表

$$(a_1,a_2,\cdots,a_i,\cdots,a_n)$$

变成长度为 $n+1$ 的线性表

$$(a_1,a_2,\cdots,e,a_i,\cdots,a_n)$$

在线性表的顺序存储结构中，由于逻辑上相邻的数据元素在物理位置上也是相邻的，插入元素使得存储空间的位置发生变换，为了在线性表的第 i 个位置上插入一个值为 e 的数据元素，则需将第 i 个至第 n 个数据元素依次向后移动一个位置。因此，除非 $i=n+1$，否则必须移动元素才能反映这个逻辑关系的变化，如图 2-3 所示。

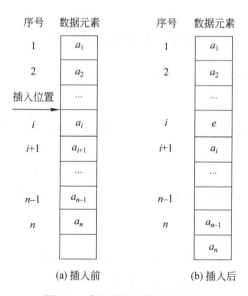

(a) 插入前　　　　(b) 插入后

图 2-3　线性表插入前后的状况

一般情况下，在第 $i(1\leqslant i\leqslant n)$ 个位置插入一个元素时，必须将顺序表中第 $n,n-1,\cdots,i$ 个位置上的数据元素，依次移动到第 $n+1,n,\cdots,i+1$ 的位置上（共 $n-i+1$ 个元素），空出第 i 个位置，然后在该位置上插入新的元素。

【算法步骤】

① 判断插入位置是否合法（i 值的合法范围是 $1\leqslant i\leqslant n+1$），若不合法则返回 ERROR。

② 判断顺序表的存储空间是否已满，如果是则
- 增加增量容量空间；
- 如果增加空间失败 则异常退出，返回 OVERFOLW；
- 设置新的地址空间和存储容量；

③ 将下标从第 $n-1$ 至第 $i-1$ 位置的元素依次向后移动一个位置，空出第 i 个元素位置（$i=n+1$ 时无须移动）。

④ 将新元素 e 放入第 i 个位置。
⑤ 顺序表的长度加 1。

算法 2-6　顺序表的插入

```
Status ListInsert(SqList &L,int i,ElemType e)
{ //在顺序表 L 中第 i 个位置之前插入新的元素 e,i 值的合法范围是 1<i≤L.length+1
    if((i<1)||(i>L.length+1))return ERROR;        //i 值不合法
    if(L.length>=L.listsize)                      //当前存储空间已满
    {
        newbase = (ElemType * ) realloc (L.elem, (L. listsize + LISTINCREMENT) *
        sizeof(ElemType));
        if(!newbase)exit(OVERFLOW);               //存储分配失败
        L.elem=newbase;                           //新基址
        L.listsize=L.listsize+LISTINCREMENT;      //增加存储容量
    }
    for(j=L.length-1;j>=i-1;j--)
        L.elem[j+1]=L.elem[j];                    //插入位置及之后的元素后移
    L.elem[i-1]=e;                                //将新元素 e 放入第 i 个位置
    ++L.length;                                   //表长加 1
    return OK;
}
```

【算法分析】　当在顺序表第 i 个位置前插入一个数据元素时,其时间主要耗费在元素的移动上,而移动元素的个数取决于插入元素的位置,为 $n-i+1$ 次。

假设 P_i 是在第 i 个元素之前插入一个元素的概率,E_{is} 为在长度为 n 的线性表中插入一个元素时所需移动元素次数的期望值,则有

$$E_{is} = \sum_{i=1}^{n+1} p_i(n-i+1) \tag{2-2}$$

不失一般性,假设在线性表的任意位置上插入元素都是等概率的,即

$$p_i = \frac{1}{n+1}$$

则式(2-2)可简化为式(2-3)

$$E_{is} = \frac{1}{n+1}\sum_{i=1}^{n+1}(n-i+1) = \frac{n}{2} \tag{2-3}$$

由此可见,在顺序存储结构的线性表中插入数据元素,平均移动表中一半元素,顺序表插入算法的平均时间复杂度为 $O(n)$。

5. 删除

线性表的删除操作是指将表的第 i 个元素删去,将长度为 n 的线性表

$$(a_1, a_2, \cdots, a_{i-1}, a_i, a_{i+1}, \cdots, a_n)$$

变成长度为 $n-1$ 的线性表

$$(a_1, a_2, \cdots, a_{i-1}, a_{i+1}, \cdots, a_n)$$

删除元素同样需要移动元素，才能反映数据元素间的逻辑关系的变化。为了删除第 i 个数据元素，必须将第 $i+1$ 个至第 n 个元素都依次向前移动一个位置。如果删除最后一个元素，则不需要移动，直接删除即可，如图 2-4 所示。

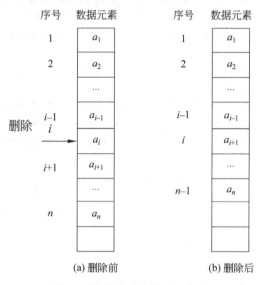

(a) 删除前　　　　(b) 删除后

图 2-4　线性表删除前后示意图

一般情况下，删除第 $i(1 \leqslant i \leqslant n)$ 个元素时需将第 $i+1$ 个至第 n 个元素（共 $n-i$ 个元素）依次向前移动一个位置。

【算法步骤】

① 判断删除位置 i 是否合法，合法值为 $1 \leqslant i \leqslant L.length$，若不合法则返回 ERROR。
② 将第 $i+1$ 个至第 n 个的元素依次向前移动一个位置（$i=n$ 时无须移动）。
③ 顺序表长度减 1。

算法 2-7　顺序表的删除

```
Status ListDelete (SqList &L,int  i)
{ //在顺序表 L 中删除第 i 个元素,i 值的合法范围是 1≤i≤L.length
    if((i<1)||(i>L.length))return ERROR;         //i 值不合法
    for (j=i;j<=L.length-1;j++)
      L.elem[j-1]=L.elem[j];                     //被删除元素之后的元素前移
    --L.length;                                  //表长减 1
    return OK;
}
```

【算法分析】　当在顺序表中某个位置上删除一个数据元素时，其时间主要耗费在移动元素上，而移动元素的个数取决于删除元素的位置。

假设删除第 i 个元素的概率是 q_i，E_{dl} 为在长度为 n 的线性表中删除一个元素时所需

移动元素次数的期望值,则有

$$E_{dl} = \sum_{i=1}^{n+1} q_i(n-i) \tag{2-4}$$

不失一般性,可以假定在线性表的任何位置上删除元素都是等概率的,即

$$q_i = \frac{1}{n}$$

则式(2-4)简化为式(2-5)

$$E_{dl} = \frac{1}{n}\sum_{i=1}^{n+1}(n-i) = \frac{n-1}{2} \tag{2-5}$$

由此可见,在顺序存储结构的线性表中删除一个数据元素,平均移动表中近一半的元素,顺序表删除算法的平均时间复杂度为 $O(n)$。

从上述基本操作的实现可以看出,当线性表以上述定义的顺序表表示时,某些操作很容易实现。前面讲过的算法 2-2,当时没有存储结构,所以无法具体的实现,下面为用顺序表实现时的算法。

【例 2-4】 将两个有序顺序表合并为一个新顺序表。

【问题分析】 两个有序的顺序表合并后仍然有序的算法思想是假设两个指针分别指向两个有序表,初始时分别指向第一个元素,比较两个有序表的当前数据元素,把较小的数据元素值插入到第三个有序表中,同时指针后移,指向有序表的下一个元素,重复上述操作直到其中一个有序表为空,再把未空有序表中的元素依次插入到第三个有序表中。具体见算法 2-8。

【算法步骤】

① 创建空表 Lc,其初始化空间为两个线性表的表长之和。

② 指针 pc 指向 Lc 的起始地址。

③ 指针 pa 和 pb 分别指向 La 和 Lb 的第一个元素。

④ 当指针 pa 和 pb 均未到表尾时,则依次比较 pa 和 pb 所指向的元素值,选择较小的元素值结点插入到 Lc 的表尾。

⑤ 如果 pa 未到达 La 的表尾,依次将 La 的剩余元素插入 Lc 的表尾。

⑥ 如果 pb 未到达 Lb 的表尾,依次将 Lb 的剩余元素插入 Lc 的表尾。

算法 2-8　顺序有序表的合并

```
void MergeList_Sq(SqList La, SqList Lb,SqList &Lc)
{   //已知顺序有序表 La 和 Lb 的元素按值非递减排列
    //归并 La 和 Lb 得到新的顺序有序表 Lc,Lc 的元素也按值非递减排列
    Lc.length=La.length+Lb.length;Lc.listsize= Lc.length
                                    //新表长度为待合并两表的长度之和
    pc=Lc.elem=(ElemType * )malloc(Lc.listsize * sizeof(ElemType));
    //为合并后的新表分配一个数组空间,指针 pc 指向新表的第一个元素
    pa=La.elem; pb=Lb.elem;
    //指针 pa 和 pb 的初值分别指向两个表的第一个元素
    pa_last=La.elem+La.length-1;        //指针 pa_last 指向 La 的最后一个元素
    pb_last=Lb.elem+Lb.length-1;        //指针 pb_last 指向 Lb 的最后一个元素
```

```
while((pa<=pa_last) && (pb<=pb_last))  //La 和 Lb 均未到达表尾
{
    if(*pa<=*pb)*pc++=*pa++;           //两表中值较小的结点插入到 Lc 的表尾
    else *pc++=*pb++;
}
while (pa<=pa_last)*pc++=*pa++;        //La 未到表尾,依次将 La 的剩余元素插入
                                       //Lc 的表尾
while (pb<=pb_last)*pc++=*pb++;        //Lb 未到表尾,依次将 Lb 的剩余元素插入
                                       //Lc 的表尾
}
```

【算法分析】 由于 La 和 Lb 中元素依值非递减排列,则对 Lb 中的每个元素,不需要在 La 中从表头至表尾进行全程搜索。如果两个表长分别记为 m 和 n,则算法 2-8 中最多执行的总次数为 $m+n$,所以算法的时间复杂度为 $O(m+n)$。

此算法在合并时,需要开辟新的辅助空间,所以空间复杂度也为 $O(m+n)$,空间复杂度较高。

顺序表用物理位置上的邻接关系来表示结点间的逻辑关系,可以随机存取表中任一元素。然而,从另一方面来看,这个特点也造成了这种存储结构的缺点:在做插入或删除操作时,需移动大量元素,当表中数据元素个数较多且变化较大时,操作过程相对复杂,必然导致存储空间的浪费。所有这些问题,都可以通过线性表的另一种表示方法——链式存储结构来解决。

2.3 线性表的链式表示和实现

用链式存储结构存储的线性表称为链表。具体而言,链表是用一组任意的存储单元来存放线性表的结点,这组存储单元可以连续,也可以不连续。链表中的逻辑次序和物理次序不一定相同。为了能正确表示结点间的逻辑关系,在存储每个结点时,除了存储表示结点信息的数据域外,还需一个指示其直接后继的数据项,存储直接后继存储位置的域称为指针域。指针域中存储的信息称作指针或链。这两部分信息组成链表的结点(node),如图 2-5 所示。

数据域	指针域

图 2-5 结点结构

链表的特点是通过各结点的链接指针来表示结点间的逻辑关系,适用于插入或删除频繁、存储空间需求不定的情形。

2.3.1 单链表的定义和表示

1. 单链表的定义

通过每个结点的指针域将线性表的 n 个结点按其逻辑次序连接在一起,如果链表的每一个结点只有一个指针域,则将这种链表称为单链表。用单链表表示线性表时,数据元素之间的逻辑关系是由结点中的指针指示的。换句话说,指针为数据元素之间的逻辑关

系的映像，逻辑上相邻的两个数据元素其存储的物理位置不要求紧邻，由此，这种存储结构为非顺序映像或称链式映像。

例如，线性表(ZHAO，QIAN，SUN，LI，ZHOU，WU，ZHENG，WANG)，如果使用单链表存储结构，除了数据域之外需要额外开辟指针域，存放下一个元素的地址，如图 2-6 所示。

线性表(ZHAO,QIAN,SUN,LI,ZHOU,WU,ZHENG,WANG)

存储地址	数据域	指针域
1	LI	43
7	QIAN	13
13	SUN	1
19	WANG	NULL
25	WU	37
31	ZHAO	7
37	ZHENG	19
43	ZHOU	25

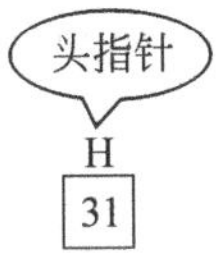

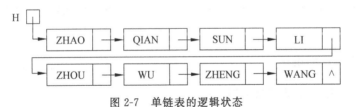

图 2-6　单链表存储示例

由于使用链表时，关心的只是它所表示的线性表中数据元素之间的逻辑顺序，而不是每个数据元素在存储器中的实际位置。所以通常将链表画成用箭头相链接的结点序列，结点之间的箭头表示链域中的指针，图 2-6 所示的线性表可画成如图 2-7 所示的形式。

图 2-7　单链表的逻辑状态

1）头指针

在单链表中，每个结点的存储地址存放在其前驱结点的指针域中，而第一个结点无前驱，所以增设头指针指向第一个结点(称为首元结点、开始结点)。整个单链表的存取必须从头指针开始进行，再按有关各结点链域中存放的指针顺序往下找，直到找到所需的结点，因而头指针具有标识一个单链表的作用，若头指针名是 H，则简称该链表为表 H，如图 2-7 所示。

2）空指针

链表的最后一个结点没有后继，因此，最后一个结点的指针是一个特殊的值 NULL，通常称它为“空指针”，它标识着单链表的结束。空指针 NULL 在图 2-7 中用符号 ∧ 表示。

3）头结点

不失一般性，线性表 L(a_1，a_2，…，a_n)的单链表结构，如图 2-8(a)所示，若头指针为空(L=NULL)，则表示单链表为空表，如图 2-8(b)所示。

头结点是在单链表的第一个结点之前附设的一个结点，与链表结点类型相同，它本身不存放数据，指针域指向第一个结点的地址。头结点的作用是使对第一个结点的操作与

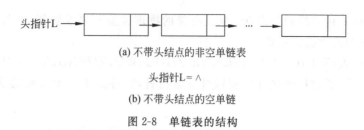

(a) 不带头结点的非空单链表

头指针L= ∧

(b) 不带头结点的空单链

图 2-8 单链表的结构

对其他结点的操作保持一致,以便空表和非空表统一处理。

若链表设有头结点,则头指针所指结点为线性表的头结点,带头结点单链表表示如图 2-9 所示。

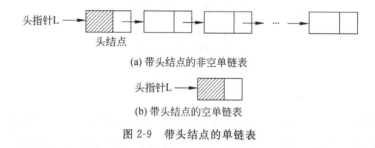

(a) 带头结点的非空单链表

(b) 带头结点的空单链表

图 2-9 带头结点的单链表

4) 首元结点

首元结点是指链表中第一个结点 a_1 的结点。若链表不设头结点,则头指针所指结点为该线性表的首元结点。

2. 单链表结点的表示

用 C 语言描述的单链表结构如下:

```
typedef struct LNode
{
  ElemType data;          //结点的数据域
  struct LNode * next     //结点的指针域
}LNode, * LinkList;       //LinkList 为指向结构体 LNode 的指针类型
```

下面针对单链表的存储结构做一个说明。

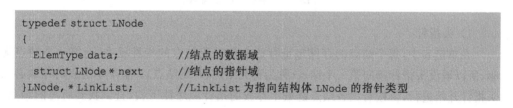

图 2-10 单链表的结点

(1) 单链表每个结点的存储结构包括两部分:存储结点数据域的 data,其类型用通用类型标识符 ElemType 表示,存储后继结点位置的指针域 next,其类型为指向结点的指针类型 LNode,如图 2-10 所示。

链表结点的定义需要指针类型,而该指针的定义又用到结点类型本身。因此,链表结构具有递归性。此外,链表结点只能通过链表的头指针才能访问,所以,链表结点又有它的隐蔽性。一个结点如果失去了指向它的指针,将无法再被找到。所以在插入或删除结点时要特别留心。

(2) 为了提高程序的可读性,对同一结构体指针变量可以用两种形式定义,例如:

```
LinkList L;
LNode * p;
```

通常习惯上用 LinkList 定义的指针变量是单链表的头指针,用 LNode * 定义指向单链表中任意结点的指针变量。也就是说上例中,L 一般为单链表的头指针,p 通常为指向单链表中某个结点的指针,用 * p 代表该结点。注意,用 LinkList 定义指针变量时,变量名前不加 * ,用 LNode 定义指针变量时,变量名必须加 * 。

(3) 注意区分指针变量和结点变量两个不同的概念,上例中 p 为指向某结点的指针变量,表示该结点的地址;而 * p 为对应的结点变量,表示该结点的名称。

(4) p、p->data 和 p->next 三者的区别。

p 是一个指针变量,指向一个 LNode 类型结点的地址,p 指针变量由 p->data 和 p->next 两个域组成,p->data 表示 p 这个结点的数据元素值,p->next 表示 p 后继结点的地址值,所以 p 是指向含两个域的指针变量。

3. 线性表链式存储结构的优点和缺点

在顺序表中,由于逻辑上相邻的两个元素在物理位置上紧邻,则每个元素的存储位置都可从线性表的起始位置计算得到。而在单链表中,各个元素的存储位置都是随意的,每个元素的存储位置都包含在其直接前驱结点的指针域中,要取得第 i 个数据元素必须从头指针出发沿着指针域查找,因而也称为顺序存取的存取结构。

1) 链式存储的优点
(1) 插入和删除操作不需要移动大量元素,只需要修改指针即可。
(2) 不需预先分配空间,根据系统实际需求生成。
2) 链式存储的缺点
(1) 增设指示结点之间关系的指针域,增加了内存负担。
(2) 不可以随机存取数据元素。

2.3.2 单链表基本操作的实现

1. 带头结点单链表的初始化

带头结点单链表的初始化操作就是构造一个如图 2-9(b)所示的空表。此时只要创建一个结点,并把该结点的指针域置成空即可。如果创建失败,直接返回的就是空指针。

【算法步骤】
(1) 开辟一个新结点的存储空间,用头指针 L 指向它,作为头结点。
(2) 头结点的指针域置空。

算法 2-9　带头结点单链表的初始化

```
LinkList InitList()
{   //构造一个空的单链表 L
    L= (LinkList) malloc(sizeof(LNode));      //新生成的结点作为头结点
```

```
        If(L) L->next=NULL;          //头结点的指针域置空
    return L;
}
```

2. 创建单链表

根据结点插入位置的不同,链表的创建方法可分为头插法和尾插法。

1) 头插法

头插法,有时也称为逆位序法,即元素输入的顺序和创建后的链表中的元素顺序是相反的。头插法的思路是,每次新生成的结点都插入在链表的第一个结点位置上。该方法操作过程比较简单,只需先建立头结点,然后逐个读入元素的值,并且每读入一个元素,申请一个结点空间,并将新生成的结点插入到头结点的后面,成为新的第一个结点即可。

【算法步骤】

① 创建头结点,指针域为空;

② 设所创建的单链表元素个数为 n,循环 n 次执行以下操作:

- 生成一个新结点 *p;
- 新结点 *p 的数据域为输入的数值;
- 将新结点 *p 插入到头结点之后。

设有线性表(11,6,5,3,9),若采用头插法创建单链表,每个新结点都插入在头结点的后面,所以应该逆位序输入数据,依次输入9,3,5,6,11,输入顺序和线性表中的逻辑顺序是相反的,如图2-11 所示。

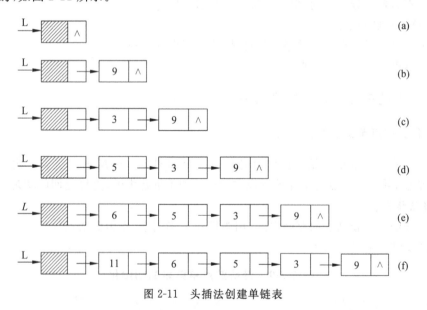

图 2-11　头插法创建单链表

算法 2-10　头插法创建单链表

```
void CreateList_H(LinkList &L,int n)
{   //逆位序输入 n 个元素的值,建立带头结点的单链表 L
    L=(LinkList) malloc(sizeof(LNode));
    L->next=NULL;                         //初始化带头结点的空链表
    for(i=n;i>=1;--i)
    {
        p=(LNode*) malloc(sizeof(LNode)); //生成新结点*p
        scanf(&p->data);                  //读取新结点*p的数据值
        p->next=L->next;L->next=p;        //将新结点*p插入到表头
    }
}
```

【算法分析】　算法 2-10 的时间复杂度为 $O(n)$。

2) 尾插法

尾插法,有时也称为正位序法,即元素输入的顺序和创建后链表中的元素顺序是一致的。这种方法每次都将新生成的结点链接在当前链表的尾部。操作过程是先建立头结点,然后逐个读入元素的值,并且每读入一个元素,申请一个结点空间,并将新生成的结点插入到链表表尾。为了操作方便并提高效率,需要有一个动态指针,并让该指针始终指向表尾结点。

【算法步骤】
① 创建头结点 L,指针域为空。
② 设置尾指针 r 指向头结点 L。
③ 设单链表的结点个数为 n,循环 n 次执行以下操作:
- 生成一个新结点*p;
- 新结点*p 的数据域为输入的元素值,指针域为空;
- 将新结点*p 插入到尾结点*r 之后;
- 尾指针*r 指向新的尾结点*p。

设有线性表(11,6,5,3,9),采用尾插法创建时,读入数据的顺序和线性表中的逻辑顺序是相同的,如图 2-12 所示。

算法 2-11　尾插法创建单链表

```
void CreateList_R(LinkList &L,int n)
{   //正位序输入 n 个元素的值,建立带头结点的单链表 L
    L=(LinkList)malloc(sizeof(LNode));
    L->next=NULL;                         //先建立一个带头结点的空链表
    r=L;                                  //尾指针 r 指向头结点
    for(i=0;i<n;++i)
    {
        p=(LNode*) malloc(sizeof(LNode)); //生成新结点
```

```
        scanf(&p->data);            //输入元素值赋给新结点 *p 的数据域
        p->next=NULL;r->next=p;     //将新结点 *p 插入尾结点 *r 之后
        r=p;                        //r 指向新的尾结点 *p
    }
}
```

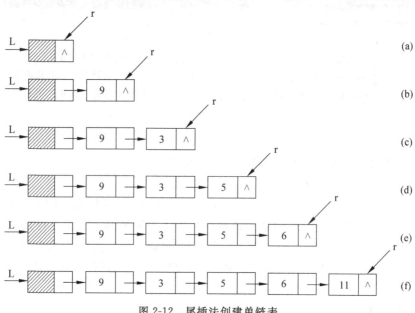

图 2-12 尾插法创建单链表

【算法分析】 算法 2-11 的时间复杂度亦为 $O(n)$。但是该算法中每次都将新生成结点的指针域置为空,实际上随着结点的不断生成,指针域的值在不断变化,由于只有最后一个结点的指针域为空,所以可以将 p->next=NULL 放在循环体的外面,时间复杂度仍是 $O(n)$。

3. 单链表的查找

1) 按序号查找

在链表中,即使知道被访问结点的序号 i,也不能像顺序表那样直接按序号访问结点,而只能从链表的头指针出发,顺着链域 next 逐个结点往下搜索,直至搜索到第 i 个结点为止。如果给定的序号结点存在,直接返回该结点的值域,否则,返回 ERROR。因此,链表不是随机存取结构。

【算法步骤】

① 用指针 p 指向首元结点,位置计数器用变量 j 表示,此时初值为 1。

② 从首元结点开始依次顺着链域 next 向下访问,只要指向当前结点的指针 p 不为空(NULL),并且没有到达序号为 i 的结点,则循环执行以下操作:

- p 指向下一个结点;
- 位置计数器 j 相应加 1。

③ 退出循环时,如果指针 p 为空,或者计数器 j 大于 i,说明指定的序号 i 值不合法

(i 大于表长 n 或 i 小于或等于 0),查找失败返回 ERROR;否则查找成功,此时 $j=i$ 时,p 所指的结点就是要找的第 i 个结点,用参数 e 保存当前结点的数据域,返回 OK。

算法 2-12　单链表的取值

```
Status GetElem(LinkList L,int i,ElemType &e)
{   //L为带头结点的单链表的头指针,
    //当元素存在时,用 e 返回 L 中第 i 个数据元素的值,否则返回 ERROR
    p=L->next; j=1;              //初始化,p 指向首元结点,计数器 j 初值赋为 1
    while(p&&j<i)                //顺指针向后扫描,直到 p 为空或指向第 i 个元素
    {
        p=p->next;               //p 指向下一个结点
        ++j;                     //计算器 j 相应加 1
    }
    if(!p || j>i) return ERROR;  //i 值不合法 i>n 或 i≤0
    e=p->data;                   //取第 i 个结点的数据
    return OK;
}
```

【算法分析】　算法 2-12 的基本操作是比较 j 和 i 并后移指针 p,while 循环体中的语句频度与被查元素在表中的位置 i 有关。若 $1 \leqslant i \leqslant n$,则频度为 $i-1$,一定能查找成功;若 $i>n$,则频度为 n,取值失败。因此算法 2-12 的时间复杂度为 $O(n)$。

2)按值查找

单链表中按值查找的过程是从链表的首元结点出发,按顺序在线性链表中查找与指定值 e 相等的结点,如果找到,则返回该结点的指针,否则返回空指针。

【算法步骤】

① 用指针 p 指向首元结点。

② 从首元结点开始依次顺着链域 next 向后查找,只要指向当前结点的指针 p 不为空,并且 p 所指结点的数据域不等于给定值 e,则循环执行以下操作:p 指向下一个结点。

③ 若查找成功,返回 p,此时即为结点的地址,若查找失败,p 的值即为 NULL。

算法 2-13　单链表的按值查找

```
LNode * LocateELem(LinkList L,ElemType e)
{   //在带头结点的单链表 L 中查找值为 e 的元素
    p=L->next;                   //初始化,p 指向首元结点
    while (p && p->data!=e)      //顺链域扫描,直到 p 为空或 p 所指结点的数据域等于 e
        p=p->next;               //p 指向下一个结点
    return p;                    //查找成功返回值结点地址 p,查找失败 p 为 NULL
}
```

【算法分析】　该算法的执行时间与待查找的值 e 相关,为 $O(n)$。

4. 插入

单链表的长度可以扩充。当链表要增加一个新的结点时,只要存储空间允许,就可以

为链表分配一个结点空间,供链表使用,如图 2-13 所示。

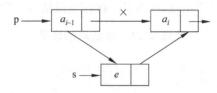

图 2-13 在单链表中插入结点时指针变化状况

插入运算是将值为 e 的新结点插入到表的第 i 个结点的位置上,即插入到 a_{i-1} 与 a_i 之间。因此,必须首先找到 a_{i-1} 的存储位置 p,然后生成一个数据域为 e 的新结点 *s,并令结点 *p 的指针域指向新结点,新结点的指针域指向结点 a_i。从而实现三个结点 a_{i-1},e 和 a_i 之间的逻辑关系的变化,上述修改指针的语句描述为:

```
s->next=p->next;p->next=s;
```

插入结点的过程只是修改指针而已,但要注意修改的顺序。

【算法步骤】

① 从头指针出发,顺着链域查找结点 a_{i-1};并由指针 p 指向该结点,如果查找不到则返回 ERROR。
② 生成一个新结点 *s。
③ 将新结点 *s 的数据域置为 e。
④ 将新结点 *s 的指针域指向结点 a_i。
⑤ 将结点 *p 的指针域指向新结点 *s。

算法 2-14 单链表的插入

```
Status ListInsert(LinkList &L,int i,ElemType e)
{ //在带头结点的单链表 L 中第 i 个位置插入值为 e 的新结点
  p=L;j=0;
  while (p &&j<i-1)
  { p=p->next;++j;
  }                                            //查找第 i-1 个结点,p 指向该结点
  if(!p||j>i-1) return ERROR;                  //i>n+1 或者 i<1
  s=(LNode *) malloc(sizeof(LNode));           //生成新结点 *s
  s->data=e;                                   //将结点 *s 的数据域置为 e
  s->next=p->next;                             //将结点 *s 的指针域指向结点 a_i
  p->next=s;                                   //将结点 *p 的指针域指向结点 *s
  return OK;
}
```

【算法分析】   如果单链表中有 n 个结点,则插入操作中合法的插入位置有 $n+1$ 个,即 $1 \leqslant i \leqslant n+1$。当 $i=n+1$ 时,新结点插在链表尾部。

单链表的插入操作虽然不需要像顺序表的插入操作那样移动元素,但平均时间复杂

度仍为 $O(n)$。这是因为为了在第 i 个结点之前插入新结点,必须首先找到第 $i-1$ 个结点,其时间复杂度为 $O(n)$。

5. 删除

与插入元素类似,删除元素也有多种删除方式,如删除链表中第 i 个结点,删除链表中的指定结点,不管哪种方式,都必须找到该结点的前驱,然后让该结点的指针域置成删除结点的指针域值,并释放被删结点的存储空间。算法大同小异,下面仅给出删除第 i 个结点的算法。

在单链表中删除元素 a_i 时,应该首先找到其前驱结点 a_{i-1},设 p 为指向结点 a_{i-1} 的指针,之后修改该结点的指针域指向 a_i 的下一个结点,则修改指针的语句为

```
p->next=p->next->next;
```

在删除结点 a_i 时,还要释放结点所占的空间,所以在修改指针前,应该引入另一指针 q,临时保存结点 a_i 的地址以备释放,如图 2-14 所示。

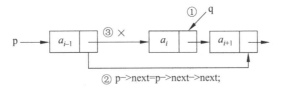

图 2-14 单链表中删除结点时指针的变化

【算法步骤】

① 从头指针出发,顺着链域查找结点 a_{i-1} 并由指针 p 指向该结点,如果查找不到则返回 ERROR。
② 保存待删除结点 a_i 的地址在 q 中,以备释放。
③ 将结点 *p 的指针域指向 a_i 的直接后继结点。
④ 释放结点 a_i 的空间。

算法 2-15　单链表的删除

```
Status ListDelete(LinkList &L,int i)
{   //在带头结点的单链表 L 中,删除第 i 个元素
    p=L;j=0;
    while((p->next) &&(j<i-1))              //查找第 i-1 个结点,p 指向该结点
    {   p=p->next;++j;
    }
    if(!(p->next) || (j>i-1))return ERROR;  //当 i>n 或 i<1 时,删除位置不合理
    q=p->next;                              //临时保存被删结点的地址以备释放
    p->next=q->next;                        //改变删除结点前驱结点的指针域
    free(q);                                //释放删除结点的空间
    return OK;
}
```

在算法 2-15 中,循环条件(p->next&&j<i－1)和插入算法中的循环条件(p&&(j<i－1))是有区别的。因为插入操作中合法的插入位置有 $n+1$ 个,而删除操作中合法的删除位置只有 n 个,如果使用与插入操作相同的循环条件,则会出现引用空指针的情况,使删除操作失败。

【算法分析】 类似于插入算法,删除算法时间复杂度也为 $O(n)$。

【例 2-5】 将两个有序链表合并为一个有序链表。设 La、Lb 分别为两个带头结点的有序链表,将这两个有序链表合并为一个有序链表 Lc。

因为链表结点之间的关系是通过指针建立起来的,所以用链表进行合并不需要另外开辟存储空间,可以直接利用原来两个表的存储空间,合并过程中只需把 La 和 Lb 两个表中的结点重新进行链接即可。

设单链表 La＝(1,3,7),Lb＝(2,4,7,8,15,28),为单链表 La 和 Lb 定义两个动态指针 pa 和 pb,分别指向当前最小的元素,初始化时分别指向 La 和 Lb 的第一个结点。同时为 Lc 设置一个指针 pc,用来指向合并后的链表 Lc 中当前最后一个结点,初值指向 Lc 头结点,如图 2-15(a)所示。

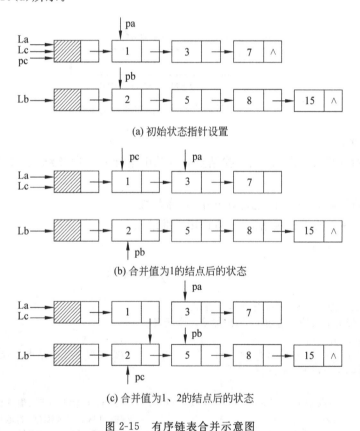

(a) 初始状态指针设置

(b) 合并值为1的结点后的状态

(c) 合并值为1、2的结点后的状态

图 2-15 有序链表合并示意图

将 pa 和 pb 所指向结点的元素值进行比较,由于 * pa＜ * pb,所以 * pa 先行插入到 Lc 中,pc 指向当前 Lc 表表尾 pc＝pa,并且 La 表的指针后移 pa＋＋,如图 2-15(b)所示。

继续比较 pa 和 pb 所指向的结点的元素值，*pb<*pa，所以*pb 插入到 Lc 中，pc 指向当前 Lc 表表尾 pc=pb，并且 pb 指针后移，如图 2-15(c)所示。

重复上面的过程，直到一个链表的元素全部置入 Lc 中，然后把另一个链表的剩余部分直接链在 pc 后面即可，同时释放 Lb 的头结点。

【算法步骤】

① 指针 pa 和 pb 初始化，分别指向 La 和 Lb 的第一个结点。

② Lc 的结点取值为 La 的头结点。

③ 指针 pc 初始化，指向 Lc 的头结点。

④ 当指针 pa 和 pb 均未到达相应表尾时，则依次比较 pa 和 pb 所指向的元素值，从 La 或 Lb 中"摘取"元素值较小的结点插入到 Lc 的表尾。

④ 将非空表的剩余部分插入到 pc 所指结点之后。

⑤ 释放 Lb 的头结点。

算法 2-16　有序链表的合并

```
void MergeList_L(LinkList &La,LinkList &Lb,LinkList &Lc)
{   //已知单链表 La 和 Lb 的元素按值非递减排列
    //归并 La 和 Lb 得到新的单链表 Lc,Lc 的元素也按值非递减排列
    pa=La->next;pb=Lb->next;      //pa 和 pb 的初值分别指向两个表的第一个结点
    Lc=La;                         //用 La 的头结点作为 Lc 的头结点
    pc=Lc;                         //pc 的初值指向 Lc 的头结点
    while (pa && pb)
    {   //La 和 Lb 均未到达表尾,依次"摘取"两表中值较小的结点插入到 Lc 的最后
        if (pa->data<=pb->data)    //"摘取"pa 所指结点
        {
            pc->next=pa;           //将 pa 所指结点链接到 pc 所指结点之后
            pc=pa;                 //pc 指向 pa
            pa=pa->next;           //pa 指向下一结点
        }
        else                       //"摘取"pb 所指结点
        {
            pc->next=pb;           //将 pb 所指结点链接到 pc 所指结点之后
            pc=pb;                 //pc 指向 pb
            pb=pb->next;           //pb 指向下一结点
        }
    }                              //while
    pc->next=pa?pa:pb;             //将非空表的剩余段插入到 pc 所指结点之后
    free(Lb);                      //释放 Lb 的头结点
}
```

【算法分析】 可以看出,算法 2-16 的时间复杂度和算法 2-8 相同,但空间复杂度不同。在归并两个链表为一个链表时,不需要另建新表的结点空间,只需将原来两个链表中结点之间的关系解除,重新按元素值非递减的顺序将所有结点链接成一个链表即可,所以空间复杂度为 $O(1)$。

2.3.3 循环链表

修改链表的指针域,使得其首尾相连构成一个环就成为循环链表,而对于单链表,将链表中最后一个结点的指针域由空指针改为指向头结点或首元结点的指针,使得单链表头尾结点相连,从而形成一个环,就构成了单循环链表。为了使某些操作的实现更为方便,在单循环链表中也可以设置头结点,带头结点的空单循环链表仅由一个指针域指向自身的头结点构成,如图 2-16 所示。其中图 2-16(a)表示一个非空的单循环链表,图 2-16(b)表示一个空的单循环链表。

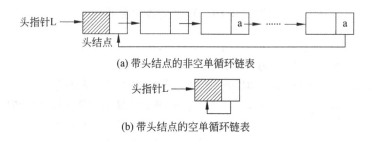

图 2-16 带头结点的单循环链表

单循环链表的特点就是从链表的任何一个结点出发都可以找到其他结点,其类型定义与单链表相同,所有操作与单链表相似,主要区别如下。

(1) 判断链表是否结束的条件不同:在单链表中,判别条件为 p!=NULL 或 p->next!=NULL,而单循环链表不再是判断结点的指针域是否为空,而是改为结点的指针域是否等于头结点,记为 p!=L 或 p->next!=L。

(2) 相对于在单链表中设置头指针,在单循环链表中设立尾指针会简化某些操作,如图 2-17 所示。

若完成两个线性表的合并,当以图 2-17(a)所示的循环链表作存储结构时,仅需改变两个指针值即可,可以大大提高操作效率。主要语句段如下:

```
p=rearb->next;
rearb->next=reara->next;
reara->next=p->next;
free(p);
reara=rearb
```

上述操作的时间复杂度为 $O(1)$,合并后的表如图 2-17(b)所示。

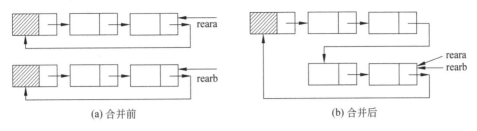

(a) 合并前　　　　　　　　　　　　(b) 合并后

图 2-17　尾指针表示的单循环链表

2.3.4　双向链表

1. 双向链表的定义

单链表的结点中只有一个指向其后继结点的指针域 next,因此若已知某结点的指针为 p,其后继结点的指针则为 p-> next,而要找到其前驱结点,只能从该链表的头指针开始,顺着各结点的指针域进行查找,即从前向后遍历,此时查找后继的时间复杂度是 $O(1)$,查找前驱的时间复杂度是 $O(n)$。而在单循环链表中虽然从任意结点出发都能找到其前驱结点,但时间复杂度与单链表相同。如果希望找前驱的时间复杂度也是 $O(1)$,则只能以空间换时间,利用双向链表(double linked list)克服单链表单向性的缺点。

双向链表,顾名思义,在链表的每一个结点中,除了数据域 data 外,包含了两个指针域:一个指向直接后继,另一个指向直接前驱。在 C 语言中可描述如下:

```
//-----双向链表的存储结构-----
typedef struct DuLNode
{
    ElemType data;              //数据域
    struct DuLNode * prior;     //直接前驱
    struct DuLNode * next;      //直接后继
}DuLNode, * DuLinkList;
```

双向链表结点结构如图 2-18 所示。

与线性链表类似,双向链表可以是非循环的,也可以是循环的;既可以不带头结点,也可以根据需要,在第一个结点前面附加一个头结点。没有特别说明,本书的双向链表也是带头结点双向循环链表,非空双向循环链表中存在两个环,分别由前驱指针和后继指针构成,如图 2-19(a)所示为非空双向循环链表,图 2-19(b)所示为只有一个头结点的空表。

prior	data	next

图 2-18　双向链表结点形式

双向链表具有对称性,若 p 为指向表中某一结点的指针(即 p 为 DuLinkList 型变量),则显然有

```
p->next->prior=p->prior->next=p
```

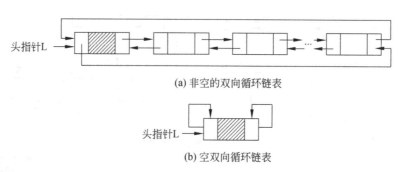

图 2-19 带表头结点的双向循环链表

2. 双向链表基本操作

在双向链表中,有些操作(如 ListLength,GetElem 和 LocateElem 等)仅需涉及一个方向的指针,则它们的算法描述和线性链表的操作相同,但在插入、删除时有很大的不同,在双向链表中除了要找到插入或删除的结点之外,还需同时修改两个方向上的指针,在插入结点时需要修改四个指针,为了防止指针的改变造成链表断链,建议先设置新插入结点的指针,后改变原有链上的指针,在删除结点时需要修改两个指针,不必考虑修改的次序。

1) 插入

由于双向链表的对称性,实现双向链表的指定位置 i 前插入结点时比较灵活,既可以找到 a_{i-1},在该结点之后插入,也可以查找到结点 a_i 后,在该结点之前插入,图 2-20 为 a_{i-1} 后的插入过程示意图,虚线上的序号是指针改变的顺序。

【算法步骤】 双向链表中插入结点时步骤如下。

① 查找结点 a_{i-1},并由指针 p 指向该结点,如果查找不到则返回 ERROR。

② 生成一个新结点 *s。

③ 将新结点 *s 的数据域置为 e。

④ 将新结点 *s 的前驱指针域指向结点 a_{i-1}。

⑤ 将新结点 *s 的后继指针域指向结点 a_i。

⑥ 将结点 *p 的后继指针域指向新结点 *s。

⑦ 将结点 a_i 的前驱指针域指向新结点 *s。

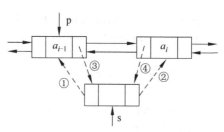

图 2-20 在双向链表中插入结点时指针的变化状况

算法 2-17 双向链表的插入

```
Status ListInsert_DuL(DuLinkList &L,int i,ElemType  e)
{   //在带头结点的双向链表 L 中第 i 个位置之前插入元素 e
    //i 的合法范围是 1≤i≤表长+1
    if(!(p=GetElem_DuL(L,i-1)))       //在 L 中确定第 i-1 个元素的位置指针 p
```

```
        return ERROR;                    //p 为 NULL 时,第 i 个元素不存在
    if(!(s=DuLinkList)malloc(sizeof(DuLNode)))
    exit(OVERFLOW);                      //生成新结点 * s
    s->data=e;                           //将新结点的数据域置为 e
    s->prior=p;                          //将新结点的插入 L 中,此步对应图 2-20①
    s->next=p->next;                     //对应图 2-20②
    p->next=s;                           //对应图 2-20③
    s->next->prior=s;                    //对应图 2-20④
    return OK;
}
```

【算法分析】 插入算法的时间消耗主要在结点的查找上,时间复杂度均为 $O(n)$。

2) 删除

双向链表的删除与插入相似,查找到结点 a_i 后,指针变化情况如图 2-21 所示。

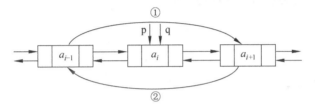

图 2-21 双向链表中删除结点时指针的变化状况

【算法步骤】 双向链表中删除结点时步骤如下。

① 查找结点 a_i 并由指针 p 指向该结点,如果查找不到则返回 ERROR。

② 临时保存待删除结点 a_i 的地址在 q 中,以备释放。

③ 将结点 a_{i-1} 的后继指针域指向 a_i 的直接后继结点,将结点 a_{i+1} 的前驱指针域指向 a_i 直接前驱结点。

④ 释放结点 a_i 的空间。

算法 2-18 双向链表的删除

```
Status ListDelete_DuL(DuLinkList &L,int i)
{   //删除带头结点的双向链表 L 中的第 i 元素
    if(!(p=GetElem_DuL (L,i)))   //在 L 中确定第 i 个元素的位置指针 p
        return ERROR;             //p 为 NULL 时,第 i 个元素不存在
    p->prior->next=p->next;       //修改被删结点的前驱结点的后继指针,对应 2-21①
    p->next->prior=p->prior;      //修改被删结点的后继结点的前驱指针,对应 2-21②
    free(p);                      //释放被删结点的空间
    return OK;
}
```

【算法分析】 双向链表删除算法的时间复杂度与插入算法相同,均为 $O(n)$。

2.3.5 静态链表

在某些问题中不方便动态地分配结点空间,再通过指针链接来实现链表,此时可采用一维数组作为链表的存储结构,这就是静态链表。

静态链表是借助结构体数组来描述链表,每个数组元素的结构与单链表相似,只是静态链表用数组的下标(相对地址)代替链表的指针指示结点在数组中的位置。数组的第 0 个分量可作为链表的头结点,其指针域存放链表第一个结点的地址。虽然这种存储结构仍需预先分配一个较大的存储空间,但在静态链表做插入与删除操作时,可不必移动数据元素,只需修改相应下标(指针),所以仍然具有链式存储结构的主要优点,称这种链表为静态链表。

静态链表每个结点由两个域构成。data 域存储数据,指针域实际上是数组元素的下标,指示着逻辑上下一个结点在数组中的位置(下标)。

用 C 语言描述的静态链表的结构定义如下:

```
#define MAXSIZE 1000
typedef struct
{
    ElemType data;
    int cur;
}Component,SLinkList[MAXSIZE];
```

链表结点数组 data 中,第 0 号结点是链表的头结点,它的指针域中存放的是链表首元结点的下标,最后一个结点的指针域通常设为 −1,如图 2-22 所示,也可以设为 0,此时表示静态循环链表。

0		1
1	A	2
2	D	3
3	C	4
4	B	5
5	E	6
6	F	7
7	G	8
8	H	−1
9		

图 2-22 静态链表

2.4　线性表的应用

【例 2-6】 已知一个带头结点的单链表,假设该链表只给出了头指针 L,在不改变链表的前提下,请设计一个尽可能高效的算法,查找链表中倒数第 k 个位置上的结点(k 为正整数)。若查找成功,算法输出该结点的 data 域的值,并返回 1,否则,只返回 0。

【问题分析】　问题的关键是设计一个尽可能高效的算法,通过链表的一趟遍历,找到倒数第 k 个结点的位置。算法的基本设计思想是定义两个指针变量 p 和 q,初始时均指向头结点的下一个结点(链表的第一个结点),p 指针沿链表移动;当 p 指针移动到第 k 个结点时,q 指针开始与 p 指针同步移动;当 p 指针移动到最后一个结点时,q 指针所指示结点为倒数第 k 个结点。以上过程对链表仅进行一遍扫描。

【算法步骤】

① count＝0,p 和 q 指向链表头结点的下一个结点。
② 若 p 为空,转⑤。
③ 若 count 等于 k,则 q 指向下一个结点;否则,count＝count＋1。
④ p 指向下一个结点,转②。
⑤ 若 count 等于 k,则查找成功,输出 q 结点的 data 域的值,返回 1;否则,说明 k 值超过了线性表的长度,查找失败,返回 0。

【算法实现】

```
int Search_k(LinkList L,int k)
{   //查找链表 L 倒数第 k 个结点,并输出该结点 data 域的值
    count=0;
    p=L->next; q=L->next;
    while(p!=NULL)                  //遍历链表直到最后一个结点
    {
        if(count<k) count++;
        else q=q->next;             //k 之后让 p、q 同步移动
        p=p->next;
    }
    if(count<k)   return 0;         //查找失败返回 0
    else                            //否则打印并返回 1
    {
        printf(q->data);
        return 1;
    }
}
```

【例 2-7】　实现一元多项式的表示和相加。

【问题分析】

1. 一元多项式的表示和相加的含义

在数学上,一个一元多项式 $P_n(x)$ 可以写成

$$P_n(x) = p_0 + p_1 x + p_2 x^2 + \cdots + p_n x^n$$

其中 $p_i(i=0,1,2,\cdots,n)$ 是 $n+1$ 个系数,x 是一个自变量符号。在计算机中存储时,如果能确保指数是按升幂自然数顺序排列,就可以用一个系数的线性表来表示:$P=(p_0,p_1,p_2,\cdots,p_n)$。

在这种表示方式中,每一项的指数隐含在系数的下标中。因此系数项为零的项不能省略,如对于多项式 $3+x-2x^3+9x^4$,其系数表达式必须写成 $(3,1,0,-2,9)$。采用这种表示方式后,多项式的某些操作变得简便。

设另有一个 m 次一元多项式,同样用一个线性表 Q 来表示:

$$Q = (q_0, q_1, q_2, \cdots, q_m)$$

不失一般性,设 $m<n$,如对这两个多项式进行相加操作,即

$$R_n(x) = P_n(x) + Q_m(x)$$

用线性表 R 表示则为 $R=(p_0+q_0, p_1+q_1, \cdots, p_m+q_m, p_{m+1}, \cdots, p_n)$。

如果采用顺序存储结构,多项式相加操作就变成了简单的对应系数的相加操作,多项式相减与此类似。

2. 改进后的一元多项式的表示

在实际应用中,有时多项式的阶数很高,而且不同的多项式阶数相差很大,这样使得在采用顺序存储时,系数线性表的最大长度难以确定,即使确定了,也会造成很大的空间浪费,效率较低。

例如,对于多项式 $2+5x^{1000}+10x^{2000}$,若采用顺序存储结构就显得十分浪费空间,尽管只有 3 个非零项,但却需要 2001 个存储单元。在这种情况下,可以仅存储非零系数项,即每个非零系数项由系数和指数两部分组成。例如,上述多项式就可以表示为 $(2,0),(5,1000),(10,2000)$。

3. 一元多项式结点的定义

一元多项式存储结构,既可以采用顺序存储,也可以采用链式存储。为了方便操作,一般存储时按指数升序顺序存储。

下面仅以链式存储方式为例讨论一元多项式的相加操作。此时,多项式中每个非零系数项对应链表中结点的 3 个域,分别是系数域、指数域和指针域,对应的数据结构定义如下。

```
typedef struct PNode
{
    float coef;                      //系数
    int expn;                        //指数
    struct PNode * next;             //指针域
}PNode, * Polynomial;
```

4. 一元多项式相加的过程

一个多项式可以表示成由这些结点链接起来的单链表,要实现多项式的相加运算,首先需要创建多项式链表。

如图 2-23 所示,两个链表分别表示多项式 $A(x)=7+3x+9x^8+5x^{17}$ 和多项式 $B(x)=8x+22x^7-9x^8$。从图中可见,每个结点表示多项式中的一项。

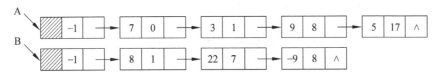

图 2-23　多项式的单链表存储结构

采用链式存储结构时,实现多项式相加还是比较简单的,只要将两个多项式中所有指数相同的项对应系数相加,如果相加得到的和为 0,则删除此项;如果相加得到的和不为 0,则成为结果多项式中的一项,而所有指数不相同的那些项,则可以链接到结果多项式中。为方便起见,在实际应用时,这里的结果多项式链表的结点无须另外生成,可以从原有的两个链表中获得。由于多项式的链式存储是以指数有序方式存储的,与前面讨论过的两个有序表合并算法类似。它们之间唯一的差别是,多项式相加时,指数相同,系数相加,如果和为 0,则该指数项就没有了,并将原来链表中的两个结点空间释放,如图 2-24 所示,其中空白框表示释放的结点。

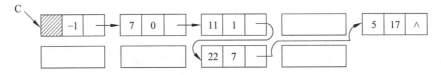

图 2-24　相加得到的和多项式

5. 一元多项式相加的算法

假设头指针为 Pa 和 Pb 的单链表分别为多项式 A 和 B 的存储结构,指针 p1 和 p2 分别指向 A 和 B 中当前进行比较的某个结点,则逐一比较两个结点中的指数项,对于指数相同的项,对应系数相加,若其和不为 0,则将其插入到"和多项式"链表中去;对于指数不相同的项,则通过比较将指数值较小的项插入到"和多项式"链表中去。

【算法步骤】

① 指针 p1 和 p2 初始化,分别指向 Pa 和 Pb 的首元结点。

② p3 指向结果多项式的当前结点,初值为 Pa 的头结点。

③ 当指针 p1 和 p2 均未到达相应表尾时,则循环比较 p1 和 p2 所指结点对应的指数值(p1->expn 与 p2->expn),有下列 3 种情况:

- 当 p1->expn 等于 p2->expn 时,则将两个结点中的系数相加,若和不为零,则修

改 p1 所指结点的系数值,同时删除 p2 所指结点,若和为零,则删除 p1 和 p2 所指结点;
- 当 p1->expn 小于 p2->expn 时,则应摘取 p1 所指结点插入到"和多项式"链表中去;
- 当 p1->expn 大于 p2->expn 时,则应摘取 p2 所指结点插入到"和多项式"链表中去。

④ 将非空多项式的剩余段插入到 p3 所指结点之后。
⑤ 释放 Pb 的头结点。

算法 2-19 多项式的相加

```
void AddPolyn(Polynomial &Pa,Polynomial &Pb)
{   //多项式加法:Pa=Pa+Pb,利用两个多项式的结点构成"和多项式"
    p1=Pa->next; p2=Pb->next;        //p1 和 p2 初值分别指向 Pa 和 Pb 的首元结点
    p3=Pa;                            //p3 指向和多项式的当前结点,初值为 Pa
    while(p1&&p2)                     //p1 和 p2 均非空
    {
        if(p1->expn==p2->expn)        //指数相等
        {
            sum=p1->coef+p2->coef;    //sum 保存两项的系数和
            if(sum!=0)                //系数和不为 0
            {
                p1->coef=sum;         //修改 Pa 当前结点的系数值为两项系数的和
                p3->next=p1;  p3=p1;  //将结点链在 p3 之后,p3 指向 p1
                p1=p1->next;          //p1 指向后一项
                r=p2;  p2=p2->next;
                free(r);              //删除 Pb 当前结点,p2 指向后一项
            }
            else                      //系数和为 0
            {
                r=p1;  p1=p1->next; free(r);   //删除 Pa 当前结点,p1 指向后一项
                r=p2;  p2=p2->next; free(r);   //删除 Pb 当前结点,p2 指向后一项
            }
        }
        else if(p1->expn<p2->expn)    //Pa 当前结点的指数值小
        {
            p3->next=p1;              //将 p1 链在 p3 之后
            p3=p1;                    //p3 指向 p1
            p1=p1->next;              //p1 指向后一项
        }
        else                          //Pb 当前结点的指数值小
        {
            p3->next=p2;              //将 p2 链在 p3 之后
```

```
            p3=p2;                    //p3 指向 p2
            p2=p2->next;              //p2 指向后一项
        }
    }                                 //while
    p3->next=p1?p1: p2;               //插入非空多项式的剩余段
    free(Pb);                         //释放 Pb 的头结点
}
```

【算法分析】 假设两个多项式的项数分别为 m 和 n,则该算法的时间复杂度为 $O(m+n)$,空间复杂度为 $O(1)$。

2.5 线性表典型算法的实现

算法与程序不同,为帮助初学者理解二者的不同,把本章部分算法转化为程序。

1. 构造空顺序表

1) 添加 C 程序用的头文件和宏定义

```
include<stdio.h>
#include<malloc.h>
#define LIST_INIT_SIZE 100
#define LISTINCREMENT 10
#define OK 1
#define ERROR 0
#define OVERFLOW -2
```

2) 线性表类型定义

```
typedef int ElemType;           //假定数据类型为 int
typedef struct
{   ElemType  * elem;
    int length;
    int listsize;
}SqList;                        //类型
```

3) 构造空线性表的函数定义

为了便于对线性表以后的操作,L 可被定义成全局变量,若把算法 2-3 改成程序,需要增加对线性表赋值和输出的语句。其改变过程如下:

```
SqList L;        /*定义全局变量,减少参数传递出错的概率*/
int InitList_sq()
{
```

```
    int i,n;
    L.elem=(ElemType * )malloc(LIST_INIT_SIZE * sizeof(ElemType));
    if(! L.elem) return(ERROR);
    L.length=0;
    L.listsize=LIST_INIT_SIZE;
    printf("请输入在线性表中存储数据元素个数 n: \n");
    scanf("%d",&n);
    printf("请在线性表中输入 n 个数据元素值\n");
    for(i=0;i<n;i++)
    {
        scanf("%d",&L.elem[i]);
        L.length++;              /*线性表数据元素增 1*/
    }
    printf("请输出线性表中存储的数据元素\n");
    for(i=0; i<L.length; i++)
        printf("%d ",L.elem[i]);
    return OK;
}
```

4) 加主函数

```
void main()
{
    InitList_sq();              /*调用构造空线性表的函数*/
}
```

2. 单链表存储的线性表创建、插入、查找算法的程序实现

1) 添加 C 程序用的头文件和宏定义

```
include<stdio.h>
#include<malloc.h>
#define OK 1
#define ERROR 0
#define NULL 0
```

2) 线性表类型定义

```
typedef int ElemType;
typedef struct LNode
{   ElemType data;
    struct LNode * next;
} LNode, * LinkList;          /*类型*/
LinkList L;                   /*为了操作简单,把 L 定义为全局变量*/
```

3）尾插法建立单链表

```
int CreateList_R(int n)
{   //正位序输入 n 个元素的值，建立带头结点的单链表 L
    LNode   *p,*r;
    int i;
    r=L=(LinkList) malloc(sizeof(LNode));
    L->next=NULL;                          //先建立一个带头结点的空链表
    r=L;                                    //尾指针 r 指向头结点
    for(i=0; i<n;++i)
    {
        p=(LNode * ) malloc(sizeof(LNode));  //生成新结点
        scanf("%d",&p->data);                //输入元素值赋给新结点 * p 的数据域
        r->next=p;                           //将新结点 * p 插入尾结点 * r 之后
        r=p;                                 //r 指向新的尾结点 * p
    }
    p->next=NULL;
}
```

4）单链表的按值查找

```
LNode *  LocateELem(ElemType e)
{   //在带头结点的单链表 L 中查找值为 e 的元素
    LNode   *p;
    p=L->next;              //初始化，p 指向首元结点
    while (p && p->data!=e)
    //顺链域向后扫描，直到 p 为空或 p 所指结点的数据域等于 e
        p=p->next;          //p 指向下一个结点
    return p;               //查找成功返回值为 e 的结点地址 p,查找失败 p 为 NULL
}
```

5）单链表的插入

```
int ListInsert(int i,ElemType e)
{   //在带头结点的单链表 L 中第 i 个位置插入值为 e 的新结点
    LNode   *p,*s;
    int j=0;
    p=L;
    while (p && j<i-1)
    {   p=p->next;++j;
    }                                        //查找第 i-1 个结点,p 指向该结点
    if(!p||j>i-1) return ERROR;              //i>n+1 或者 i<1
    s=(LNode * ) malloc(sizeof(LNode));      //生成新结点 * s
```

```
    s->data=e;                  //将结点*s的数据域置为e
    s->next=p->next;            //将结点*s的指针域指向结点 a_i
    p->next=s;                  //将结点*p的指针域指向结点*s
    return OK;
}
```

6) 加入主函数

```
void main()
{
    int i,e,n;
    printf("请输入建立单链表的结点数 n: ");
    scanf("%d",&n);
    printf("请输入这%d个结点的值: ",n);
    CreateList_R(n);
    printf("请输入插入的位置和插入的数据值: ");
    scanf("%d %d",&i,&e);
    ListInsert (i,e);
    printf("请输入查找的数据: ")
    scanf("%d",&e);
    if(LocateElem(e)) printf("该值存在");
}
```

小　　结

线性结构反映结点间的逻辑关系是一对一(1:1)的,本章介绍了线性表的逻辑结构特点及顺序和链式两种存储结构,并讨论了在这两种存储结构下的查找、插入、删除等基本操作,最后介绍了线性表的应用,给出了部分基本操作的程序实现。

线性表采用顺序存储结构的特点是逻辑相邻的数据元素存储地址也相邻,空间利用率高,随机存取方便,属于随机存取结构,其缺点是插入和删除操作需要移动数据元素来完成,当 n 较大时,运行时间长。

线性表采用链式存储结构,其特点是以"指针"指示后继元素,相邻数据元素可随意存储。其优点是动态分配存储空间,链表长度依实际情况开辟,在进行插入和删除操作时不需要移动数据元素,只需要修改指针,由于它是一种动态分配的结构,结点的存储空间可以随用随取,并在删除结点时随时释放,以便更有效地利用系统资源。其缺点是链表结点需要增设指示结点之间关系的指针域,有一定的空间开销,而且不能随机存取。

顺序表适宜查找等静态操作;链表宜于插入、删除等动态操作。为了提高查找速度,单链表改进后可以得到循环链表和双向链表,链表结构不仅能表示线性结构,而且能有效地表示树、图等各种非线性结构。

习 题

一、单项选择题

1. 下述(　　)是顺序存储结构的优点。
   A. 存储密度大
   B. 插入运算方便
   C. 删除运算方便
   D. 可方便地用于各种逻辑结构的存储表示

2. 下面关于线性表的叙述中,错误的是(　　)。
   A. 线性表采用顺序存储,必须占用一片连续的存储单元
   B. 线性表采用顺序存储,便于进行插入和删除操作
   C. 线性表采用链式存储,不必占用一片连续的存储单元
   D. 线性表采用链式存储,便于插入和删除操作

3. 对于顺序存储的线性表,访问结点和增加结点的时间复杂度分别为(　　)。
   A. $O(n)$　$O(n)$　　　　　　　　　B. $O(n)$　$O(1)$
   C. $O(1)$　$O(n)$　　　　　　　　　D. $O(1)$　$O(1)$

4. 在 n 个结点的顺序表中,算法的时间复杂度是 $O(1)$ 的操作是(　　)。
   A. 访问第 i 个结点($1 \leqslant i \leqslant n$)和求第 i 个结点的直接前驱($2 \leqslant i \leqslant n$)
   B. 在第 i 个结点后插入一个新结点($1 \leqslant i \leqslant n$)
   C. 删除第 i 个结点($1 \leqslant i \leqslant n$)
   D. 查找值最大的结点

5. 线性表$(a_1, a_2, \cdots, a_n)$以链式方式存储时,访问第 i 位置元素的时间复杂度为(　　)。
   A. $O(1)$　　　　B. $O(i-1)$　　　　C. $O(i)$　　　　D. $O(n)$

6. 线性表 L 在(　　)的情况下适用于使用链式结构实现。
   A. 需经常修改 L 中的结点值　　　　B. 需不断对 L 进行插入、删除
   C. L 中含有大量的结点　　　　　　D. L 中结点结构复杂

7. 设单链表中结点的结构为(data, next)。已知指针 q 所指结点是指针 p 所指结点的直接前驱,若在 q 与 p 之间插入结点 s,则应执行下列(　　)操作。
   A. s->next=p->next; p->next=s
   B. q->next=s; s->next=p
   C. p->next=s->next; s->next=p
   D. p->next=s; s->next=q

8. 循环链表的主要优点是(　　)。
   A. 不再需要头指针
   B. 已知某个结点的位置后,能很容易找到它的直接前驱结点

C. 在进行删除操作后,能保证链表不断开
D. 从表中任一结点出发都能遍历整个链表

9. 某线性表中最常用的操作是在最后一个元素之后插入一个元素和删除第一个元素,则采用(　　)存储方式最节省运算时间。
    A. 单链表　　　　　　　　　　　B. 仅有头指针的单循环链表
    C. 双链表　　　　　　　　　　　D. 仅有尾指针的单循环链表

10. 在双向链表存储结构中,删除 p 所指结点的操作是(　　)。
    A. p->prior->next＝p->next; p->next->prior＝p->prior
    B. p->prior＝p->prior->prior; p->prior->next＝p
    C. p->next->prior＝p; p->next＝p->next->next
    D. p->next＝p->prior->prior; p->prior＝p->next->next

二、简答题

1. 单链表中头指针、首元结点、头结点的意义是什么？
2. 为什么顺序表是随机存取结构,而链表是非随机存取结构？
3. 如何为线性表选取合适的存储结构？

三、算法设计题

1. 实现顺序表的就地逆置。
2. 将带头结点的单链表就地逆置,即要求在原链表上进行逆置,不允许重新构造新链表。
3. 在带头结点的循环链表中删除第 i 个元素。
4. 删除单链表 L 中的重复结点。
5. 在带头结点的单链表中删除最小值结点。
6. 在不额外申请新结点的前提下,将带头结点的非空单链表中数据域值最小的结点移到链表的最前面。
7. 已知线性链表首结点指针为 head,设计算法,将该链表分解为两个带有头结点的循环链表,并将两个循环链表的长度分别存放在各自头结点的数据域中。其中,线性表中序号为偶数的元素分解到第一个循环链表中,序号为奇数的元素分解到第二个循环链表中。
8. 将两个数据元素递增有序的单链表归并成一个按元素值递减有序的单链表,并要求辅助空间为 $O(1)$。

第 3 章　栈和队列

学习目标

1. 掌握栈和队列的定义、特点。
2. 掌握栈的顺序和链式存储表示及其在不同形式下基本操作的实现，注意栈空和栈满的条件。
3. 掌握队列的顺序和链式存储表示及其在不同形式下基本操作的实现，特别是循环队列中队列空和满的条件。
4. 理解递归的含义及其与栈的关系。
5. 能利用栈和队列的特点解决实际问题。

知识结构图

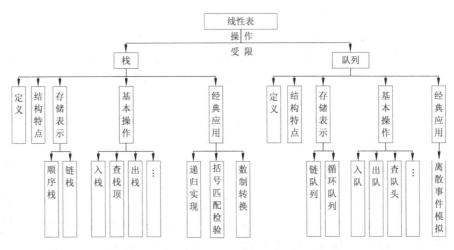

栈（stack）和队列（queue）作为两种重要的线性结构，在计算机科学中具有非常广泛的应用，从简单的表达式计算到编译器对程序语法的检查，再到操作系统对各种设备的管理等都会涉及。

从逻辑结构来说，栈和队列都是典型的线性结构。与线性表不同的是，基于栈和队列上的操作比较特殊，受到一定的限制，仅允许在线性表的一端或两端进行。因此，栈和队列常被称为操作受限的线性表，或者限制存取点的线性表。一般而言，栈的特点是后进先出，常用来处理具有递归结构的数据；而队列的特点则是先进先出，在实际中体现出公平的原则，可以用来暂时存放需要按照一定次序处理但尚未处理的元素。

本章将对栈和队列及其典型应用进行介绍。

3.1 栈

3.1.1 栈的定义和特点

栈是限定仅在表尾进行插入和删除的线性表，通常，栈的插入和删除端为线性表的表尾，被称为栈顶（top）。与此相对，栈的另一端即线性表的表头端叫作栈底（bottom）。由此可知，最后插入栈中的元素是最先被删除或读取的元素，而最先压入的元素则被放在栈的底部，要到最后才能取出。换言之，栈的修改是按"后进先出"或者"先进后出"的原则进行。因此，通常栈被称为后进先出（Last In First Out，LIFO）或先进后出（First In Last Out，FILO）的线性表。

假设栈 $S=(a_1,a_2,\cdots,a_n)$，则称 a_1 为栈底元素，a_n 为栈顶元素。栈中元素按 $a_1,a_2,\cdots,a_n$ 的次序进栈，退栈的第一个元素应为栈顶元素，如图 3-1 所示。

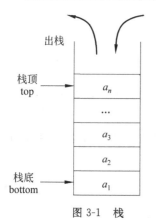

图 3-1 栈

在日常生活中，还有很多类似栈的例子。例如，叠放在一起的盘子可看成栈的一个实例，洗干净的盘子总是逐个叠放在上面，而用时从上往下逐个取用。尽管操作受限降低了栈的灵活性，但也正因为如此使得栈更有效且更容易实现。栈的操作特点正是上述实际应用的抽象。在程序设计中，如果需要按照与保存数据时相反的顺序来使用数据，则可以利用栈来实现。

如同线性表可以为空表一样，没有元素的栈称为空栈。例如，刚建立的栈一般是空栈，随着栈中所有元素的删除，栈也会变成空栈。

3.1.2 栈的类型定义

栈的应用非常广泛，并因此形成了栈的一些特殊术语。习惯上称往栈中插入元素为 push 操作，简称为进栈、压栈或入栈；删除栈顶元素被称为 pop 操作，简称为出栈、退栈或弹出。除此之外，栈的基本操作还有栈的初始化、栈空的判定，以及取栈顶元素等。下面给出栈的抽象数据类型定义：

```
ADT Stack {
    数据对象：D={a_i | a_i∈ElemSet, i=1, 2,…,n,n≥0}
    数据关系：R={<a_{i-1}, a_i>|a_{i-1}, a_i∈D, i=2,…,n}
    约定 a_n 端为栈顶,a_1 为栈底。
    基本操作：
    InitStack(&S)              /*初始化栈*/
```

操作结果：构造一个空栈 S。
    StackEmpty(S)   /*判断栈是否为空*/
        初始条件：栈 S 已存在。
        操作结果：若栈 S 为空栈,则返回 TRUE,否则返回 FALSE。
    StackLength(S)   /*求栈长度*/
        初始条件：栈 S 已存在。
        操作结果：返回 S 的数据元素个数,即栈的长度。
    GetTop(S)   /*取栈顶元素*/
        初始条件：栈 S 已存在且非空。
        操作结果：返回 S 的栈顶数据元素,不修改栈顶指针。
    Push(&S, e)   /*入栈*/
        初始条件：栈 S 已存在。
        操作结果：将数据元素 e 插入为新的栈顶元素。
    Pop (&S, &e)   /*出栈*/
        初始条件：栈 S 已存在且非空。
        操作结果：删除 S 的栈顶元素,并返回栈顶元素值 e。
    StackTraverse(S)   /*栈的遍历*/
        初始条件：栈 S 已存在且非空。
        操作结果：从栈底到栈顶依次对 S 的每个数据元素进行访问。
}ADT Stack
```

本书在以后各章中引用的栈大多为如上定义的数据类型,栈的数据元素类型在应用程序内定义。

和线性表类似,栈也有两种存储表示方法,分别称为顺序栈和链栈。

### 3.1.3 顺序栈的表示和实现

**1. 顺序栈及其表示**

顺序栈是指利用顺序存储结构存储栈中的元素,即利用一组地址连续的存储单元依次存放自栈底到栈顶的数据元素,同时附设指针 top 指示栈顶元素在顺序栈中的位置。类似于顺序表的定义,顺序栈的存储结构可以有两种实现方式：一是对栈中的数据元素用一个预设的足够长度的一维数组来实现；二是栈中的数据元素不能确定,而且很难估计长度,对这样的栈用动态顺序结构来实现。无论采用何种方式,都需要附设栈顶指针 top,用来指示栈顶元素在顺序栈中的位置。另设指针 base 指示栈底元素在顺序栈中的位置。当 top 和 base 的值相等时,表示空栈。以动态顺序存储结构为例,定义如下：

```
//-----顺序栈的存储结构-----
#define STACK_INIT_SIZE 100   //存储空间初始分配量
#define STACKINCREMENT 10   //存储空间分配增量
typedef struct
```
```

```
{
    SElemType * base;          //栈底指针
    SElemType * top;           //栈顶指针
    int stacksize;             //栈当前可用的最大容量
}SqStack;
```

说明：

（1）在栈的类型定义中，base 为栈底指针，初始化完成后，栈底指针 base 始终指向栈底的位置，若 base 的值为 NULL，则表明栈结构不存在。

（2）top 为栈顶指针，为了操作方便，非空栈中的栈顶指针始终在栈最后一个元素的下一个位置上，其初值指向栈底，即当 top 和 base 的值相等时表示空栈；每当插入新的栈顶元素时，指针 top 增 1；删除栈顶元素时，指针 top 减 1，图 3-2 为空栈示意图。

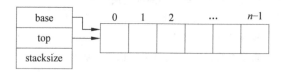

图 3-2　栈的动态分配存储示意图

（3）stacksize 指示当前栈可使用的最大容量，含义与顺序表中的 listsize 相似。

顺序栈中数据元素的入栈、出栈和栈指针之间的对应关系，如图 3-3 所示。

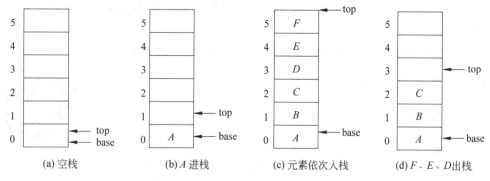

(a) 空栈　　　　(b) A 进栈　　　　(c) 元素依次入栈　　　　(d) F、E、D 出栈

图 3-3　栈中元素和栈指针之间的关系

2. 顺序栈基本操作的实现

由于顺序栈的插入和删除只在栈顶进行，因此顺序栈的基本操作比顺序表要简单得多，以下给出顺序栈部分操作的实现。

1) 初始化

顺序栈的初始化操作就是为顺序栈动态分配一个预定义大小的数组空间，其实质就是对栈定义中的 3 个分量赋值。

【算法步骤】

① 为顺序栈动态分配一个容量为 STACK_INIT_SIZE 的数组空间，使 base 指向这

段空间的基地址,即栈底。
② 栈顶指针 top 初始为 base,表示栈为空。
③ stacksize 置为栈的容量 STACK_INIT_SIZE。

算法 3-1　顺序栈的初始化

```
Status InitStack(SqStack &S)
{   //构造一个空栈 S
    S.base=(SElemType * )malloc(STACK_INIT_SIZE * sizeof(SElemType));
    //分配初始的数组空间
    if(!S.base) exit (OVERFLOW);      //存储分配失败
    S.top=S.base;                     //top 初始为 base,空栈
    S.stacksize=STACK_INIT_SIZE;      //stacksize 置为栈的最大容量 MAXSIZE
    return OK;
}
```

2) 入栈

入栈操作是指在栈顶插入一个新的元素,同时修改栈顶指针。

【算法步骤】

① 判断栈是否满,若满:

- 追加增量空间,若不成功,则分配失败,退出;
- 设置新的栈底地址、栈顶地址、当前栈的空间长度 S.stacksize。

②将新元素压入栈顶,栈顶指针加 1。

算法 3-2　顺序栈的入栈

```
Status Push(SqStack &S, SElemType e)
{   //插入元素 e 为新的栈顶元素
    if (S.top-S.base==S.stacksize)
    {                                 //栈满
        newbase=(SElemType * )realloc(S.base,
            (S.stacksize+STACKINCREMENT) * sizeof(SElelmType));
        if(!newbase)exit(OVERFLOW);   //存储分配失败
        S.base=newbase;
        S.top=S.base+S.stacksize;
        S.stacksize+=STACKINCREMENT;
    }
    * S.top=e;                        //元素 e 压入栈顶
    S.top++;                          //栈顶指针加 1
    return OK;
}
```

3）出栈

出栈操作是将栈顶元素删除，同时修改栈顶指针。

【算法步骤】

① 判断栈是否空，若空则返回 ERROR。

② 栈顶指针减 1，栈顶元素出栈。

算法 3-3　顺序栈的出栈

```
Status Pop(SqStack &S,SElemType &e)
{ //删除 S 的栈顶元素,用 e 返回其值
    if(S.top==S.base) return ERROR;          //栈空
    --S.top;                                 //栈顶指针减 1
    e= * S.top;                              //将栈顶元素赋给 e
    return OK;}
```

4）取栈顶元素

当栈非空时，此操作返回当前栈顶元素的值，栈顶指针保持不变。

算法 3-4　取顺序栈的栈顶元素

```
Status GetTop(SqStack &S,SElemType e)
{ //返回 S 的栈顶元素,不修改栈顶指针
    if (S.top==S.base) return ERROR;         //栈空
    e= * (S.top-1);                          //返回栈顶元素的值,栈顶指针不变
    return OK;
}
```

算法 3-3 和算法 3-4 的区别在于，出栈操作需要改变栈顶指针的指向，而取栈顶元素不需要改变栈顶指针位置。

由于栈插入、删除的特性，即使用顺序存储结构存储，进行插入、删除等操作的时候，仍不需要移动数据元素，因此时间复杂度为 $O(1)$。

【例 3-1】 将某序列数据依次进栈，出栈时可以将出栈操作按任何次序穿插在进栈序列中，例如，整数 1、2、3、4 依次进栈，每执行进栈一次，就执行出栈一次，就可得到 1、2、3、4；如果 4 个数全部进栈后，再执行 4 次出栈，即可得到 4、3、2、1 的输出顺序。对 1、2、3、4 入栈序列，问能否得到 2,3,4,1 和 1,4,2,3 的出栈序列，如能得到写出操作过程，如不能说明其原因。

【问题分析】 这类问题是典型的栈操作问题，在现实中有很多应用实例。针对这类问题，可以根据入栈、出栈顺序，来判断出栈序列是否可行。

【解】 2341 能得到，入栈、出栈操作如下：Push(1)、Push(2)、Pop()、Push(3)、Pop()、Push(4)、Pop()、Pop()即可。

1423 不能得到，按要求进行入栈、出栈操作 Push(1)、Pop()、Push(2)、Push(3)、Push(4)、Pop()，此时栈中还有 2、3，如果出栈只能是 3、2 顺序，因此不可能得到 1423。

3.1.4 链栈的表示和实现

1. 链栈的类型定义

栈的顺序存储结构仍然保留着线性表的顺序存储分配的固有缺点,若栈中元素数目变化范围较大或不清楚栈元素的数目时,可以采用栈的链式存储方式,定义如下:

```
typedef struct StackNode
{
    ElemType data;
    struct StackNode * next;
}StackNode, * LinkStack;

LinkStack top;
```

同线性表的链式存储结构一样,栈中每一个元素用一个链结点表示,数据类型为 StackNode。栈顶指针 top 用来指向当前栈顶元素所在链结点的存储位置。当栈为空时,top=NULL,链栈由栈顶指针唯一确定。因为栈的操作都是在栈顶进行,所以链栈通常不带头结点。如图 3-4 所示为具有 4 个结点的链栈示意图。

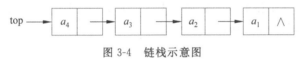

图 3-4　链栈示意图

2. 链栈基本操作的实现

1) 初始化

链栈的初始化操作就是构造一个空栈,因为没必要设头结点,所以直接将栈顶指针置空即可。

算法 3-5　链栈元素 e 的初始化

```
Status InitStack(LinkStack &top)
{   //构造一个空栈 S,栈顶指针置空
    top=NULL;
    return OK;
}
```

2) 入栈

根据栈的定义,在链栈中插入一个元素,实际上就是向 top 所指向的结点前插入新结点。和顺序栈的入栈操作不同的是,链栈在入栈前不需要判断栈是否满,只需要为入栈元素动态分配一个结点空间,如图 3-5 所示。

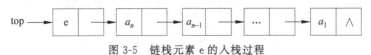

图 3-5　链栈元素 e 的入栈过程

【算法步骤】

① 为新结点申请空间,用指针 p 指向。

② 将新结点数据域置为 e。

③ 将新结点插入栈顶。

④ 修改栈顶指针为 p。

算法 3-6　链栈的入栈

```
Status Push(LinkStack &top, SElemType e)
{   //在栈顶插入元素 e
    p=(StackNode *)malloc(sizeof(StackNode));   //生成新结点
    p->data=e;                                  //将新结点数据域置为 e
    p->next=top;                                //将新结点插入栈顶
    top=p;                                      //修改栈顶指针为 p
    return OK;
}
```

3) 出栈

在删除链栈栈顶元素时,实际上就是删除栈顶指针 top 所指向链表的第一个结点。和顺序栈一样,链栈在出栈前也需要判断栈是否为空,不同的是,链栈在出栈后需要释放出栈前的栈顶空间,如图 3-6 所示。

图 3-6　链栈的出栈过程

【算法步骤】

① 判断栈是否为空,若空则不能进行出栈操作,返回 ERROR。

② 将栈顶元素赋给 e。

③ 保存栈顶元素的指针,以备释放。

④ 修改栈顶指针,指向栈顶元素下一个结点。

⑤ 释放原栈顶元素的空间。

算法 3-7　链栈的出栈

```
Status Pop(LinkStack &top,SElemType &e)
{   //删除 top 的栈顶元素,用 e 返回其值
    if(top==NULL) return ERROR;         //栈空
    e=top->data;                        //将栈顶元素赋值给 e
    p=top;                              //用 p 保存栈顶元素指针,以备释放
    top=top->next;                      //修改栈顶指针
    free(p);                            //释放原栈顶元素的空间
    return OK;
}
```

4）顺序栈和链栈的比较

（1）时间性能比较：顺序栈和链栈插入或删除等基本操作的算法时间复杂度均为$O(1)$。

（2）空间性能比较：初始时顺序栈必须确定一个固定的长度，所以有存储元素个数的限制和空间浪费的问题；链栈无栈满问题，只有当内存没有可用空间时才会出现栈满，但是每个元素都需要一个指针域，从而产生了结构性开销。

因此，当栈在使用过程中元素个数变化较大时，用链栈比较好，反之，应该采用顺序栈。

3.2 栈 与 递 归

栈有一个重要应用是在程序设计语言中实现递归。递归是算法设计中最常用的手段之一，它通常把一个大型复杂问题的描述和求解变得简洁和清晰。因此递归算法常常比非递归算法更易设计，尤其是当问题本身或所涉及的数据结构是递归定义的时候，使用递归方法更加合适。为了增强理解和设计递归算法的能力，本节将介绍栈在递归算法的内部实现中所起的作用。

3.2.1 采用递归算法解决的问题

所谓递归，是指在一个函数内部直接或间接调用函数本身。根据调用方式的不同，将函数直接调用函数本身，称为直接递归；函数中调用另一函数，而在另一函数又调用函数本身的，称为间接递归。可以把递归现象分为如下3类。

1. 递归的定义

在数学中常用递归的方法定义函数，如阶乘函数：

$$\text{Fact}(n)\begin{cases}1 & \text{若 } n=0 \\ n*\text{Fact}(n-1) & \text{若 } n>0\end{cases} \tag{3-1}$$

对于式(3-1)中的阶乘函数，可以使用递归过程来求解，图3-7所示为主程序调用函数Fact()的执行过程。

```
long Fact(long n)
{
    if(n==0) return 1;            //递归终止的条件
    else return n * Fact(n-1);    //递归步骤
}
```

当$n=4$时，在函数过程体中，else语句以参数3、2、1、0执行递归调用。最后一次递归调用的函数因参数n为0执行if语句，递归终止，逐步返回，返回时依次计算$1*1$、$2*1$、$3*2$、$4*6$，最后将计算结果24返回给主程序。

对于类似的复杂问题，若能够分解成几个相对简单且解法相同或类似的子问题来求解,便称作递归求解。例如,在图 3-7 中,计算 4!时先计算 3!,然后再进一步分解进行求解,这种分解-求解的策略叫作"分治法"。

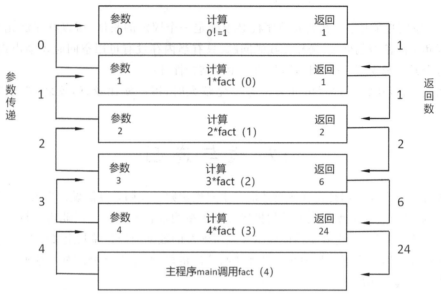

图 3-7 求解 4!的过程

采取"分治法"进行递归求解的问题需要满足以下 3 个条件。

(1) 能将一个问题转变成一个新问题,而新问题与原问题的解法相同或类同,不同的仅是处理的对象,并且这些处理对象更小且变化有规律。

(2) 可以通过上述转化而使问题简化。

(3) 必须有一个明确的递归出口,或称递归的边界。

"分治法"求解递归问题算法的一般形式为

```
void p(参数表)
{
    if(递归结束条件成立)可直接求解;          //递归终止的条件
    else p(较小的参数);                      //递归步骤
}
```

可见,上述阶乘函数的递归过程均与一般形式相对应。

2. 数据结构递归

某些数据结构本身具有递归的特性,因此用递归来描述它们的操作。

例如,对于链表,其结点 LNode 的定义由数据域 data 和指针域 next 组成,而指针域 next 是一种指向 LNode 类型的指针,即 LNode 的定义中又用到了其自身,所以链表是一种递归的数据结构。

对于递归的数据结构,相应算法采用递归的方法来实现特别方便。链表的创建和链表结点的遍历输出都可以采用递归的方法。算法3-8是从前向后遍历输出链表结点的递归算法,调用此递归函数前,参数 p 指向单链表的首元结点,在递归过程中,p 不断指向后继结点,直到 p 为 NULL 时递归结束。显然,这个问题满足上述给出的采用"分治法"进行递归求解的问题需要满足的3个条件。

【算法步骤】
① 如果 p 为 NULL,递归结束返回。
② 否则输出 p->data,p 指向后继结点继续递归。

算法3-8　遍历输出链表中各个结点的递归算法

```
void TraverseList(LinkList p)
{
    if(p==NULL) return;              //递归终止
    else
    {
        printf(p->data);             //输出当前结点的数据域
        TraverseList(p->next);       //p指向后继指点继续递归
    }
}
```

后面章节要介绍的广义表、二叉树等也是典型的具有递归特性的数据结构,其相应算法也可采用递归的方法来实现。

3. 问题的解法是递归的

虽然问题本身并没有明显的递归结构,但用递归来理解并求解时比迭代更容易,程序更简单,如典型的 Hanoi 塔问题和迷宫问题等。

【例 3-2】 n 阶 Hanoi 塔问题,如图3-8所示:有 A、B 和 C 三个塔座,A 上套有 n 个直径不同的圆盘,按直径从小到大叠放,形如宝塔,编号 $1,2,3,\cdots,n$。要求将 n 个圆盘从 A 移到 C,叠放顺序不变,移动过程中遵循下列原则:

(1) 每次只能移一个圆盘;
(2) 圆盘可在3个塔座上任意移动;
(3) 任何时刻,每个塔座上不能将大盘压到小盘上。

【问题分析】 如何实现移动圆盘的操作呢? 设 A 柱上最初的盘子总数为 n,则当 $n=1$ 时,只要将编号为1的圆盘从塔座 A 直接移至塔座 C 上即可;否则,执行以下3步:
(1) 用 C 柱作为过渡,将 A 柱上的 $(n-1)$ 个盘子移到 B 柱上;

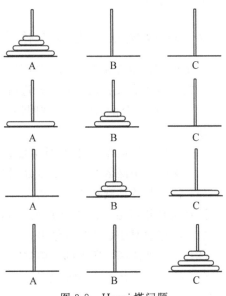

图3-8　Hanoi 塔问题

(2) 将 A 柱上最后一个盘子直接移到 C 柱上；

(3) 用 A 柱作为过渡,将 B 柱上的 $(n-1)$ 个盘子移到 C 柱上。

所以 n 个圆盘的问题,转为 $n-1$ 个圆盘的问题,而根据这种解法,如何将 $n-1$ 个圆盘从一个塔座移至另一个塔座的问题是一个和原问题具有相同特征属性的问题,只是问题的规模小 1,因此可以用同样的方法求解。

为了便于描述算法,将搬动操作定义为 $move(A,n,C)$,是指将编号为 n 的圆盘从 A 移到 C。

【算法步骤】

① 如果 $n=1$,则直接将编号为 1 的圆盘从 A 移到 C,递归结束。

② 否则:

- 递归,将 A 上编号为 1 至 $n-1$ 的圆盘移到 B,C 做辅助塔;
- 直接将编号为 n 的圆盘从 A 移到 C;
- 递归,将 B 上编号为 1 至 $n-1$ 的圆盘移到 C,A 做辅助塔。

算法 3-9　Hanoi 塔问题的递归算法

```
void Hanoi(int n,char A,char B,char C)
{   //将塔座 A 上的 n 个圆盘按规则搬到 C 上,B 做辅助塔
    if(n==1) move(A,1,C);        //将编号为 1 的圆盘从 A 移到 C
    else
    {
        Hanoi(n-1,A,C,B);         //将 A 上编号为 1 至 n-1 的圆盘通过 C 移到 B
        move(A,n,C);              //将编号为 n 的圆盘从 A 移到 C
        Hanoi(n-1,B,A,C);         //将 B 上编号为 1 至 n-1 的圆盘通过 A 移到 C
    }
}
```

3.2.2　递归过程与递归工作栈

一个递归函数在函数的执行过程中,需多次进行自我调用。调用函数和被调用函数之间的链接及信息交换需通过栈来进行。

通常,当在一个函数的运行期间调用另一个函数时,在运行被调用函数之前,系统需先完成 3 件事:

(1) 将所有的实参、返回地址等信息传递给被调用函数保存；

(2) 为被调用函数的局部变量分配存储区；

(3) 将控制转移到被调函数的入口。

而从被调用函数返回调用函数之前,系统也应完成 3 件工作:

(1) 保存被调函数的计算结果；

(2) 释放被调函数所占的存储空间；

(3) 把执行控制按调用时保存的返回地址,转移到调用函数中调用语句的下一条语句。

当有多个函数构成嵌套调用时,按照"后调用先返回"的原则,上述函数之间的信息传递和控制转移必须通过"栈"来实现,即系统将整个程序运行时所需的数据空间安排在一个栈中,每当调用一个函数时,就为它在栈顶分配一个存储区,每当从一个函数退出时,就释放它的存储区,当前正运行的函数的数据区必在栈顶。

递归函数的运行过程与多个函数的嵌套调用类似,是通过层层自身调用来实现的。假设调用递归函数的主函数为第 0 层,则从主函数调用递归函数进入第 1 层,……,从第 i 层递归调用本函数进入第 $i+1$ 层,函数由上向下调用,直到遇到边界条件(出口)为止。当边界条件满足时,再将函数值层层向上返回,即第 i 层递归应返回至 $i-1$ 层。

为了保证递归函数正确执行,系统需设立一个"递归工作栈"作为整个递归函数运行期间使用的数据存储区。每一层递归所需信息构成一个工作记录,其中包括所有的实参、所有的局部变量,以及上一层的返回地址。每进入一层递归,就产生一个新的工作记录压入栈顶。每退出一层递归,就从栈顶弹出一个工作记录,当前执行层的工作记录必是递归工作栈栈顶的工作记录,称这个记录为"活动记录",如图 3-9 所示。

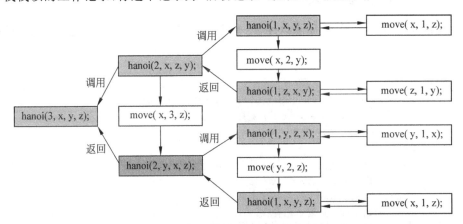

图 3-9 3 阶 hanoi 塔递归函数的运行过程

从上述递归调用过程分析可以看到,递归调用必须保存每次调用时的参数、变量和返回信息等,因此,从时间上讲并不经济,空间上也不节省。不过,递归程序比较紧凑,并且一般容易根据概念和定义直接编写,使得程序结构比较清晰。另外,在递归调用中系统开辟的工作栈数据区对用户来说是不可见的,这给用户编程或调试带来很大的方便。

3.3 队 列

3.3.1 队列及其特点

队列是指只允许在表的一端进行插入操作,而在另一端进行删除操作的线性表。把允许进行插入操作的一端称为队尾(习惯用 rear 表示),把允许进行删除操作的一端称为队头(习惯用 front 表示)。队列的插入操作有时简称为入队,删除操作简称为出队。

队列的概念在日常生活中到处存在。如排队候车、排队买饭、排队参观等,任何一次排队过程就形成了一个队列,它体现了"先到先服务"的处理原则,先来的排在前面,先得到服务,后来的只能排在队尾。因此,队列具有"先进先出"(First In First Out,FIFO)的特点,有时也叫先进先出表。

假设有一个队列结构 $Q=(a_1,a_2,\cdots,a_n)$,那么队头元素为 a_1,队尾元素为 a_n。如果队列的元素按 $a_1,a_2,\cdots,a_n$ 的顺序依次进入队列,则元素退出该队列也只能按照这个次序进行,如图 3-10 所示。

图 3-10 队列的示意图

3.3.2 队列的类型定义

队列的基本操作除插入、删除以外,还有队列的初始化、判空、求长度等。队列的抽象数据类型定义如下:

```
ADT Queue {
    数据对象:D={a₁| a₁∈ElemSet, i=1, 2, …, n, n≥0}
    数据关系:R={<a₁₋₁, a₁>| a₁₋₁, a₁∈D, i=2,…,n}
              约定其中 a₁ 端为队列头,aₙ 端为队列尾。
    基本操作:
        InitQueue (&Q)          /*队列初始化*/
            操作结果:构造一个空队列 Q。
        QueueLength(Q)          /*求队列长度*/
            初始条件:队列 Q 已存在。
            操作结果:返回 Q 的元素个数,即队列的长度。
        GetHead(Q)              /*求队列首元素*/
            初始条件:Q 为非空队列。
            操作结果:返回 Q 的队头元素。
        EnQueue(&Q, e)          /*入队列*/
            初始条件:队列 Q 已存在。
            操作结果:插入元素 e 为 Q 的新的队尾元素。
        DeQueue(&Q, &e)         /*出队列*/
            初始条件:Q 为非空队列。
            操作结果:删除 Q 的队头元素,并用 e 返回其值。
        QueueTraverse(Q)        /*遍历队列*/
            初始条件:Q 已存在且非空。
            操作结果:从队头到队尾,依次对 Q 的每个数据元素访问。
        EmptyQueue(Q)           /*判断队列是否为空*/
            初始条件:队列 Q 已存在。
            操作结果:若队列 Q 为空,则返回 TRUE,否则返回 FALSE。
}ADT Queue
```

和栈类似,在本书后面内容中引用的队列都是如上定义的队列类型,队列的数据元素类型在应用程序内定义。

3.3.3 队列的顺序表示和实现

1. 顺序队列

队列有顺序表示和链式表示两种存储表示。队列的顺序存储结构称为顺序队列，是利用一组连续的存储单元(一维数组)依次存放从队首到队尾的各个元素。由于随着入队和出队操作的变化，队列的队头和队尾的位置是变动的，所以应设置两个整型变量 front 和 rear，分别指示队头和队尾在数组空间中的位置，通常称 front 为队头指针，rear 为队尾指针。队列的顺序存储结构表示如下：

```
//-----队列的顺序存储结构-----
#define MAXQSIZE 100        //队列可能达到的最大长度
typedef struct
{
    QElemType * base;       //存储空间的基地址
    int front;              //头指针
    int rear;               //尾指针
}SqQueue;

SqQueue Q;                  //定义队列变量
```

它们的初值在队列初始化时均应置为 0，并约定在非空队列里。

为了方便在 C 语言中描述，在此约定：初始化创建空队列时，令 Q.front＝Q.rear＝0，队首指针 Q.front 始终指向队头元素，队尾指针 Q.rear 始终指向队尾元素的下一个位置；每当插入新的队列尾元素时，尾指针 Q.rear 增 1；每当删除队列头元素时，头指针 Q.front 增 1，如图 3-11 所示。

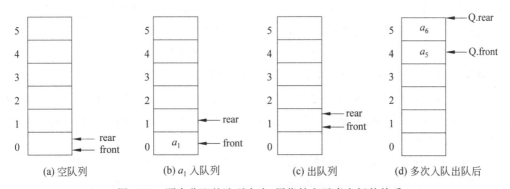

图 3-11 顺序分配的队列中头、尾指针和元素之间的关系

在队列刚建立时，Q.front＝Q.rear＝0，每当加入一个新元素时，先将新元素添加到 Q.rear 所指位置，再让队尾指针 Q.rear 加 1。因而指针 Q.rear 指示了实际队尾位置的后一位置，即下一元素应当加入的位置。而队头指针 Q.front 则不然，它指示真正队头元

素所在位置。所以,如果要退出队头元素,应当首先把 font 所指位置上的元素值记录下来,再让队头指针 Q.front+1,指示下一队头元素位置,最后把记录下来的元素值返回。

假设当前队列分配的最大空间为 6,则当队列处于图 3-11(d)所示的状态时不可再继续插入新的队尾元素,否则会出现溢出现象,即因数组越界而导致程序的非法操作错误。事实上,此时队列的实际可用空间并未占满,所以这种现象称为"假溢出"。这是由"队尾入队,队头出队"这种受限制的操作造成的。

2. 循环队列

解决"假溢出"问题的一个较巧妙的办法就是循环队列,如图 3-12 所示。

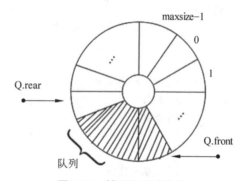

图 3-12 循环队列示意图

因为在数组的前端可能还有空位置。为了能够充分地使用数组中的存储空间,把数组的前端和后端连接起来,形成一个环形的表,即把存储队列元素的表从逻辑上看成一个环,成为循环队列(circular queue),如图 3-12 所示,循环队列的首尾相接,头、尾指针以及队列元素之间的关系不变,当队头指针 Q.front 和队尾指针 Q.rear 进到 MAXQSIZE − 1 后,再前进一个位置就自动到 0。这可以利用除法取余的运算(%)来实现,头指针和尾指针就可以在顺序表空间内以头尾衔接的方式"循环"移动。

队头指针进 1:Q.front=(Q.front+1)% MAXQSIZE;

队尾指针进 1:Q.rear=(Q.rear+1)% MAXQSIZE。

在图 3-13(a)中,Q.front 指向队头元素是 a_3,在元素 a_5 入队之前,Q.rear 指向位置 5,当元素 a_5 入队之后,通过"模"运算,Q.rear=(Q.rear+1)%6,得到 Q.rear 的值为 0,如图 3-13(b)所示。

在图 3-13(c)中,a_6、a_7、a_8 相继入队,队列空间被占满,此时头、尾指针相同。

在图 3-13(d)中,若 a_3 和 a_4 相继从图 3-13(a)所示的队列中出队,使队列此时呈"空"的状态,头、尾指针的值也是相同的。

由此可见,对于循环队列不能以头、尾指针的值是否相同来判别队列空间是"满"还是"空"。在这种情况下,如何区别队满还是队空呢?

通常有以下两种处理方法。

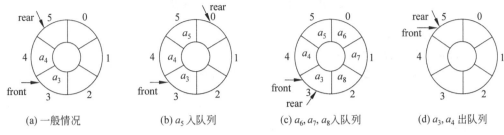

(a) 一般情况　　　(b) a_5 入队列　　　(c) a_6,a_7,a_8 入队列　　　(d) a_3,a_4 出队列

图 3-13　循环队列中头、尾指针和元素之间的关系

(1) 少用一个元素空间,即队列空间大小为 MAXQSIZE 时,有 MAXQSIZE －1 个元素就认为是队满。这样判断队空的条件不变,即当头、尾指针的值相同时,则认为队空;而当尾指针在循环意义上加 1 后等于头指针,则认为队满。因此,在循环队列中队空和队满的条件如下。

① 队空的条件：Q.front＝Q.rear;
② 队满的条件：(Q.rear＋1)％MAXQSIZE＝Q.front。

如图 3-13(c)所示,当 $a_6、a_7、a_8$ 进入图 3-13(b)所示的队列后,(Q.rear＋1)％MAXQSIZE 的值等于 Q.front,此时认为队满。

(2) 另设一个标志位以区别队列是"空"还是"满"。

3. 循环队列基本操作的实现

1) 初始化

循环队列的初始化操作就是动态分配一个预定义大小为 MAXQSIZE 的数组空间。

【算法步骤】

① 为队列分配一个最大容量为 MAXQSIZE 的数组空间,base 指向数组空间的首地址。

② 头指针和尾指针置为 0,表示队列为空。

算法 3-10　循环队列的初始化

```
Status InitQueue(SqQueue &Q)
{ //构造一个空队列 Q
    Q.base=(QElemType * )malloc(MAXQSIZE * sizeof(QElemType));
    //为队列分配一个最大容量为 MAXSIZE 的数组空间
    if(!Q.base) exit (OVERFLOW) ;          //存储分配失败
    Q.front=Q.rear=0;                       //头指针和尾指针置为零,队列为空
    return OK;
}
```

2) 求队列长度

对于非循环队列,尾指针和头指针之差便是队列长度,而对于循环队列,差值可能为负数,所以需要将差值加上 MAXQSIZE,然后与 MAXQSIZE 求余。

算法 3-11 求循环队列的长度

```
int QueueLength(SqQueue Q)
{   //返回 Q 的元素个数,即队列的长度
    return(Q.rear-Q.front+MAXQSIZE)% MAXQSIZE;
}
```

3) 入队

入队操作是指在队尾插入一个新的元素。

【算法步骤】

① 判断队列是否满,若满则返回 ERROR。

② 将新元素插入队尾。

③ 队尾指针加 1。

算法 3-12 循环队列的入队

```
Status EnQueue(SqQueue &Q,QElemType e)
{   //插入元素 e 为 Q 的新的队尾元素
    if ((Q.rear+1) % MAXQSIZE==Q.front)     //表明队满
        return ERROR;
    Q.base[Q.rear]=e;                        //新元素插入队尾
    Q.rear= (Q.rear+1) % MAXQSIZE;           //队尾指针加 1
    return OK;
}
```

4) 出队

出队操作是将队头元素删除。

【算法步骤】

① 判断队列是否为空,若空则返回 ERROR。

② 保存队头元素。

③ 队头指针加 1。

算法 3-13 循环队列的出队

```
Status DeQueue(SqQueue &Q,QElemType &e)
{   //删除 Q 的队头元素,用 e 返回其值
    if (Q.front==Q.rear) return ERROR;       //队空
    e=Q.base[Q.front];                        //保存队头元素
    Q.front=(Q.front+1) % MAXQSIZE;          //队头指针加 1
    return OK;
}
```

3.3.4 队列的链式表示和实现

循环队列在实现时必须为它设定一个最大队列长度,若用户无法预估所用队列的最

大长度,则宜采用链队列。

1. 链队列的定义和表示

所谓链队列,是指采用链式存储结构的队列,队列中每一个元素对应链表中的一个链结点。和链栈类似,一般用单链表来实现链队列,根据队列"先进先出"原则,为了操作方便,需要设置头指针和尾指针,分别指示队头和队尾,并限定删除在链表头、插入在链表尾进行。队列的链式存储结构表示如下:

```
//-----队列的链式存储结构-----
typedef struct QNode
{
    QElemType data;
    struct QNode * next;
}QNode, * QueuePtr;           /*链队列结点类型*/

typedef struct{
    QueuePtr front;           /*队头指针*/
    QueuePtr rear;            /*队尾指针*/
}LinkQueue;                   /*链队列类型*/
```

2. 两类不同指针类型的说明

设有如下两条变量的定义语句:

```
LinkQueue Q;
QueuePtr p;
```

(1) 其中 Q 是 LinkQueue 类型的变量,则 Q 有两个分量,一个是队头指针,表示为 Q.front,另一个是队尾指针,表示为 Q.rear。为了操作方便,给链队列添加一个头结点,并令头指针始终指向头结点,如图 3-14 所示。

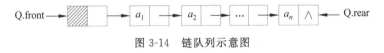

图 3-14　链队列示意图

(2) p 是 QueuePtr 类型的指针变量,p 是指向链式队列某结点的指针,其分量一个是 data,另一个是 next,该结点的数据域可表示为 p->data,该结点的指针域可表示为 p->next。

3. 链队列的基本操作

链队列的入队、出队操作即为单链表插入和删除操作的特殊情况,有时还需要进一步修改尾指针或头指针。下面给出链队列初始化、入队、出队操作的实现。

1) 初始化

链队列的初始化操作就是构造一个只有头结点的空队列,如图 3-15(a)所示。

【算法步骤】

① 为头结点开辟结点空间,队头和队尾指针指向此结点。

② 头结点的指针域置空。

算法 3-14　链队列的初始化

```
Status InitQueue(LinkQueue &Q)
{   //构造一个空队列 Q
    Q.front=Q.rear=(QNode * )malloc(sizeof(QNode));
                                //生成头结点,也是队头和队尾指针
    Q.front->next=NULL;         //头结点的指针域置空
    return OK;
}
```

2) 入队

链队列的结点是随着实际需求动态分配的,所以在入队前不需要判断队列是否为满,只需要直接为入队元素分配一个结点空间,如图 3-15(b)和(c)所示。

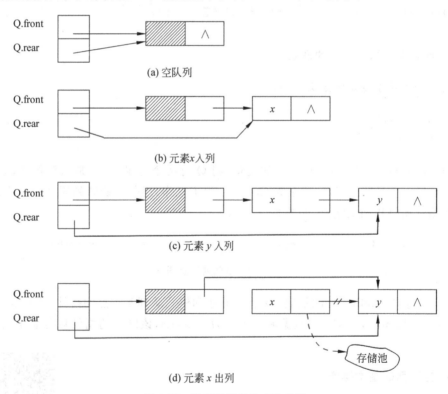

图 3-15　队列运算指针变化状况

【算法步骤】
① 为入队元素分配结点空间,用指针 p 指向。
② 将新结点数据域置为 e。
③ 将新结点插入到队尾。
④ 修改队尾指针为 p。

算法 3-15　链队列的入队

```
Status EnQueue(LinkQueue &Q,QElemType e)
{  //插入元素 e 为 Q 的新的队尾元素
    p=(QNode * )moalloc(sizeof(QNode));     //分配结点空间,用指针 p 指向
    p->data=e;                               //将新结点数据域置为 e
    p->next=NULL; Q.rear->next=p;            //将新结点插入到队尾
    Q.rear=p;                                //修改队尾指针
    return OK;
}
```

3) 出队

和循环队列一样,链队列在出队前也需要判断队列是否为空,不同的是,链队列在出队后需要释放出队头元素的所占空间,如图 3-15(d)所示。

【算法步骤】
① 判断队列是否为空,若空则返回 ERROR。
② 临时保存队头元素的指针,以备释放。
③ 修改队头指针,指向下一个结点。
④ 判断出队元素是否为最后一个元素,若是,则将队尾指针重新赋值,指向头结点。
⑤ 释放原队头元素的空间。

算法 3-16　链队列的出队

```
Status DeQueue(LinkQueue &Q,QElemType &e)
{  //删除 Q 的队头元素,用 e 返回其值
    if(Q.front==Q.rear) return ERROR;        //若队列空,则返回 ERROR
    p=Q.front->next;                         //p 指向队头元素
    e=p->data;                               //e 保存队头元素的值
    Q.front->next=p->next;                   //修改头指针
    if(Q.rear==p) Q.rear=Q.front;            //唯一的元素被删,队尾指针指向头结点
    free(p);                                 //释放原队头元素的空间
    return OK;
}
```

需要注意的是,在链队出队操作时还要考虑当队列中最后一个元素被删后,队列尾指针也丢失了,因此需对队尾指针重新赋值(指向头结点)。

3.4 栈和队列的应用

由于栈的"后进先出"特点,使得它在计算机领域的应用非常广泛,例如编译程序过程中的语法检查、函数的调用及递归过程的实现等都离不开栈的结构。还有很多实际问题,如进制转换、表达式求值、迷宫问题、八皇后问题等,都需要用栈作为辅助的数据结构来进行求解。而队列"先进先出"的特性使它在涉及资源服务与非线性结构的查询遍历等方面应用较广。本节将通过几个简单的典型例子来说明栈和队列的具体应用。

3.4.1 数制的转换

对于任何给定的无符号十进制数 N,转换为 d 进制的数,并依次输出各位数字。对于这种数制转换问题一般利用辗转相除法处理,即反复用 N 整除 d,记录下余数,然后用商继续整除 d,记录下余数,直到商为零,然后反向输出依次得到的余数即可。以 $N=1234,d=8$ 为例,应用辗转相除法的转换过程如下:

N	N/8(整除)	N%8(求余)
(1) 1234	154	2
(2) 154	19	2
(3) 19	2	3
(4) 2	0	2

由此得到:$(1234)_{10}=(2322)_8$。从上述计算过程可以看到,辗转相除时得到的八进制数是按低位到高位的顺序产生的,输出是从高位到低位,也就是产生顺序与输出结果相反。为此,可以把计算过程中产生的每位八进制数先进栈保存,转换完毕后依次出栈并打印,即得所需结果。在具体实现时,栈可以采用顺序存储表示,也可以采用链式存储表示。

【算法步骤】

① 初始化一个空栈 S。
② 当十进制数 N 非零时,循环执行以下操作:
- 把 N 与 8 求余得到的八进制数压入栈 S;
- N 更新为 N 与 8 的商。
③ 当栈 S 非空时,循环执行以下操作:
- 弹出栈顶元素 e;
- 输出 e。

算法 3-17 数制的转换

```
void conversion(int N)
{   //对于任意一个非负十进制数,输出与其等值的八进制数
    InitStack(S);                    //初始化空栈 S
    while(N)                         //当 N 非零时,循环
    {
```

```
        Push(S, N%8);          //把 N 与 8 求余得到的八进制数压入栈 S
        N=N/8;                 //N 更新为 N 与 8 的商
    }
    while(!StackEmpty(S))      //当栈 S 非空时,循环
    {
        Pop(S,e);              //弹出栈顶元素 e
        printf(e);             //输出 e
    }
}
```

【算法分析】 显然,该算法的时间和空间复杂度均为 $O(\log_2 n)$。

这是利用栈的"后进先出"特性的最简单的例子。在这个例子中,栈的操作是单调的,即先是元素不断地入栈,然后不断地出栈。也许,有人会提出疑问:用数组直接实现不是更简单吗?但仔细分析上述算法不难看出,栈的引入简化了程序设计的问题,划分了不同的关注层次,使思考范围缩小了。而用数组不仅掩盖了问题的本质,还要分散精力去考虑数组下标增减等细节问题。

在实际利用栈的问题中,入栈和出栈操作大都不是单调的,而是交错进行的。

3.4.2 括号匹配的检验

假设表达式中有两种括号:圆括号和方括号,其嵌套的顺序随意,即(([]))或([([][()])])等为正确的格式,而(())或[[()[()]均为不正确的格式。可以用栈检验括号是否匹配。具体方法是设置一个栈,每读入一个括号,进行如下判断:若是左括号,进栈;若是右括号,则判断栈顶是否是对应的左括号,如果是则退栈;如果不是,则括号不匹配。当表达式结束时,栈为空,则表示表达式中所有括号均匹配。

【算法步骤】

① 初始化一个空栈 S。
② 设置标志变量 flag 标记匹配结果,1 表示正确匹配,0 表示错误匹配,初值为 1。
③ 扫描依次读入字符 ch,如没有扫描完毕且 flag 非零,则循环执行以下操作:

- 若 ch 是左括号"["或"(",则将其压入栈;
- 若 ch 是右括号")",则根据当前栈顶元素的值分情况考虑;若栈非空且栈顶元素是"(",则正确匹配,否则错误匹配,flag 置为 0;
- 若 ch 是右括号"]",则根据当前栈顶元素的值分情况考虑;若栈非空且栈顶元素是"[",则正确匹配,否则错误匹配,flag 置为 0。

④ 退出循环后,如果栈空且 flag 值为 1,则匹配成功,返回 TRUE,否则返回 FALSE。

算法 3-18 括号的匹配

```
Status Matching()
{   //检验表达式中所含括号是否正确匹配,如果匹配,则返回 TRUE,否则返回 FASLE
    //表达式以#"结束
    InitStack(S);                              //初始化空栈
```

```
        flag=1;                                  //标记匹配结果以控制循环及返回结果
        scanf(&ch);                              //读入第一个字符
        while(ch!='#' && flag)                   //假设表达式以 "#"结束
        {
          switch(ch)
          {
            case '[':
            case '(':                            //若是左括号,则将其压入栈
              Push(S,ch);
              break;
            case')':                             //若是")"
              if(!StackEmpty(S) && GetTop(S)=='(')
                Pop(S,x);                        //若栈非空且栈顶元素是"(",则正确
              else flag=0;                       //若栈空或栈顶元素不是"(",则错误
              break;
            case ']':                            //若是"]"
              if(!StackEmpty(S) && GetTop(S)=='[')
                Pop(S,x);                        //若栈非空且栈顶元素是"[",则匹配
              else flag=0;                       //若栈空或栈顶元素不是"[",则错误
              break;
          }
          scanf(&ch);                            //继续读入下一个字符
        }
        if(StackEmpty(S) && flag) return TRUE;   //匹配成功
        else return FALSE;                       //匹配失败
      }
```

【算法分析】 此算法从头到尾扫描表达式中每个字符,若表达式的字符串长度为 n,则此算法的时间复杂度为 $O(n)$。算法在运行时所占用的辅助空间主要取决于 S 栈的大小,显然,S 栈的空间大小不会超过 n,所以此算法的空间复杂度也同样为 $O(n)$。

3.4.3 表达式求值

表达式中的各种运算符具有不同的运算优先级,各种运算符的优先级决定了表达式的运算顺序。算术表达式的求值运算遵循以下 3 条规则:

(1) 先乘除,后加减;
(2) 从左到右计算;
(3) 先括号内,后括号外。

根据上述 3 条运算规则,在运算的每一步中,任意两个相继出现的运算符 θ_1 和 θ_2 之间的优先关系,至多是下面 3 种关系之一:

$\theta_1 < \theta_2$ θ_1 的优先权低于 θ_2
$\theta_1 = \theta_2$ θ_1 的优先权等于 θ_2
$\theta_1 > \theta_2$ θ_1 的优先权高于 θ_2

表 3-1 定义了运算符之间的优先关系。

表 3-1 运算符间的优先关系

θ_1	θ_2						
	+	−	*	/	(	)	#
+	>	>	<	<	<	>	>
−	>	>	<	<	<	>	>
*	>	>	>	>	<	>	>
/	>	>	>	>	<	>	>
(	<	<	<	<	<	=	
)	>	>	>	>		>	>
#	<	<	<	<	<		=

由规则(1),先进行乘除运算,后进行加减运算,所以有"+"<"*"、"+"<"/"、"*">"+"、"/">"+"等。

由规则(2),当两个运算符相同时,先出现的运算符优先级高,所以有"+">"+"、"−">"−"、"*">"*"、"/">"/"。

由规则(3),括号内的优先级高,"+""−""*"和"/"为 θ_1 时的优先性均低于"(",但高于")"。

表中的"("=")"表示当左右括号相遇时,括号内的运算已经完成。为了便于实现,假设每个表达式均以"#"开始,以"#"结束。所以等于"#"表示整个表达式求值完毕。")"与"("、"#"与")"以及"("与"#"之间无优先关系,这是因为表达式中不允许它们相继出现,一旦遇到这种情况,则可以认为出现了语法错误。在下面的讨论中,暂假定所输入的表达式不会出现语法错误。

为实现表达式求值算法,可以使用两个工作栈,一个称作 OPTR,用以存储运算符;另一个称作 OPND,用以存储操作数或运算结果。

【算法步骤】

① 初始化 OPTR 栈和 OPND 栈,将表达式起始符"#"压入 OPTR 栈。

② 扫描表达式,读入第一个字符 ch,如果表达式没有扫描完毕或 OPTR 的栈顶元素不为"#"时,则循环执行以下操作:

- 若 ch 不是运算符,则压入 OPND 栈,读入下一字符 ch。
- 若 ch 是运算符,则根据 OPTR 的栈顶元素和 ch 的优先级比较结果,做相应处理。
    - 若是小于,则 ch 压入 OPTR 栈,读入下一字符 ch。
    - 若是大于,则弹出 OPTR 栈顶的运算符,从 OPND 栈弹出两个数,进行相应运算,结果压入 OPND 栈。
    - 若是等于,则 OPTR 的栈顶元素是"("且 ch 是")",这时弹出 OPTR 栈顶的"(",则括号匹配成功,然后读入下一字符 ch。

③ OPND 栈顶元素即为表达式求值结果,返回此元素。

算法 3-19　表达式求值

```
char EvaluateExpression()
{   //算术表达式求值的算符优先算法,设 OPTR 和 OPND 分别为运算符栈和操作数栈
    InitStack(OPND);                            //初始化 OPND 栈
    InitStack(OPTR);                            //初始化 OPTR 栈
    Push(OPTR, '#');                            //将表达式起始符"#"压入 OPTR 栈
    scanf(&ch);
    while(ch!='#' ||GetTop(OPTR) !='#')
    //表达式未结束或 OPTR 的栈顶不为"#"
    {
      if (!In(ch))                              //自定义函数 In 判定读入的字符
      {
        Push(OPND,ch) ;                         //不是运算符进 OPND 栈
        scanf(&ch);
      }
      else
        switch (Precede(GetTop(OPTR) ,ch) )    //比较优先级
        {
          case '<':
            Push(OPTR,ch) ;                     //ch 入 OPTR 栈,
            scanf(&ch);                         //读下一字符 ch
            break;
          case '>':
            Pop(OPTR,theta) ;                   //弹出 OPTR 栈的运算符
            Pop(OPND,b) ;
            Pop(OPND,a);                        //弹出 OPND 栈的两个运算数
            Push(OPND,Operate(a,theta,b));
                                                //利用自定义函数 Operate 运算结果压 OPND 栈
            break;
          case '=':                             //OPTR 的栈顶元素是"("且 ch 是")"
            Pop(OPTR,x) ;scanf(&ch);           //弹栈顶,读入下一字符 ch
            break;
        }
    }
    return GetTop(OPND) ;                       //OPND 栈顶元素即为表达式求值结果
}
```

算法调用的 3 个函数需要读者自行补充完成。其中函数 In 是判定读入的字符 ch 是否为运算符,Precede 是判定运算符栈的栈顶元素与读入的运算符之间优先关系的函数,Operate 为进行二元运算的函数。

另外需要特别说明的是,上述算法中的操作数只能是一位数,因为这里使用的 OPND 栈是字符栈,如果要进行多位数的运算,则需要将 OPND 栈改为数栈,读入的数字字符拼成数之后再入栈。读者可以改进此算法,使之能完成多位数的运算。

【算法分析】 此算法从头到尾扫描表达式中每个字符,若表达式的字符串长度为 n,则此算法的时间复杂度为 $O(n)$。算法在运行时所占用的辅助空间主要取决于 OPTR 栈和 OPND 栈的大小,显然,它们的空间大小之和不会超过 n,所以此算法的空间复杂度也同样为 $O(n)$。

【例 3-3】 算法表达式的求值过程。

利用算法 3-19 对算术表达式 6/(7−5) 进行求值,给出其求值的具体过程。

【解】 在表达式两端先增加"♯",改写为 ♯6/(7−5)♯。

具体操作过程如表 3-2 所示。

表 3-2 算术表达式 6/(7−5)的求值过程

步骤	OPTR 栈	OPND 栈	读入字符	主 要 操 作
1	♯		6/(7−5)♯	Push(OPND,'6')
2	♯	6	/(7−5)♯	Push(OPTR,'/')
3	♯/	6	(7−5)♯	Push(OPTR,'(')
4	♯/(	6	7−5)♯	Push(OPND,'7')
5	♯/(	67	−5)♯	Push(OPTR,'−')
6	♯/(−	67	5)♯	Push(OPND,'5')
7	♯/(−	675	)♯	Push(OPND, Operate('7', '−','5'))
8	♯/(	62	)♯	Pop(OPTR){消去一对括号}
9	♯/	62	♯	Push(OPND,Operate('6','/', '2'))
10	♯	3	♯	retun(GetTop(OPND))

在高级语言的编译处理过程中,不只是表达式求值可以借助栈来实现,一般语法成分的分析都可以借助栈来实现,在编译原理等后续课程中会涉及栈在语法、语义等分析算法中的应用。

3.4.4 队列的应用

队列在计算机系统中的应用非常广泛,以下仅从两个方面来简述队列在计算机系统中的作用:第一个方面是解决主机与外部设备之间速度不匹配的问题,第二个方面是解决由多用户引起的资源竞争问题。

对于第一个方面,仅以主机和打印机之间速度不匹配的问题为例作简要说明。主机输出数据给打印机打印,输出数据的速度比打印数据的速度要快得多,由于速度不匹配,若直接把输出的数据送给打印机打印显然是不行的。解决的方法是设置一个打印数据缓冲区,主机把要打印输出的数据依次写入到这个缓冲区中,写满后就暂停输出,转去做其他的事情。打印机就从缓冲区中按照先进先出的原则依次取出数据并打印,打印完后再向主机发出请求。主机接到请求后再向缓冲区写入打印数据。这样做既保证了打印数据的正确,又使主机提高了效率。由此可见,打印数据缓冲区中所存储的数据就是一个队列。

对于第二个方面,CPU(即中央处理器,它包括运算器和控制器)资源的竞争就是一个典型的例子。在一个带有多终端的计算机系统上,有多个用户需要 CPU 各自运行自己的程序,它们分别通过各自的终端向操作系统提出占用 CPU 的请求。操作系统通常按照每个请求在时间上的先后顺序,把它们排成一个队列,每次把 CPU 分配给队首请求的用户使用。当相应的程序运行结束或用完规定的时间间隔后,则令其出队,再把 CPU 分配给新的队首请求的用户使用。这样既满足了每个用户的请求,又使 CPU 能够正常运行。

小　　结

栈和队列是两种操作受限的特殊线性表。栈仅允许在线性表的一端,即栈顶进行插入和删除操作,其特点是先进后出;队列分别在线性表的两端,即队头和队尾进行操作,其特点是先进先出。本章主要介绍栈与队列的基本概念、存储结构及基本操作和典型应用。

栈的存储可以采用顺序存储结构和链式存储结构。顺序栈的入栈和出栈操作要注意判断栈满和栈空。借助栈结构,可以解决数制转换、括号匹配检验、表达式求值等问题。大多数程序设计语言中提供的递归机制也需要用栈来实现。通过工作栈来保存调用过程中的参数、局部变量和返回地址,递归和函数调用得以实现。

队列的存储可以采用顺序存储结构和链式存储结构。顺序队列的假溢出问题可以用循环队列解决,注意队头和队尾指针的变化,以及队列空和队列满的判断。凡涉及队头和队尾指针的修改,都要将其对顺序队列的最大容量 MAXQSIZE 求模。链队列的定义包括结点类型和链队列类型两部分,通常是带头结点的单链表。

习　　题

一、单项选择题

1. 一个栈的输入序列为(a,b,c,d),(　　)不可能是这个栈的输出序列。
   A. a,c,b,d　　　　B. b,c,d,a　　　　C. d,c,a,b　　　　D. c,d,b,a

2. 判定一个顺序栈 S 为空的条件是(　　)。
   A. !S.top
   B. S.base==S.top
   C. !S.base
   D. S.base!=S.top

3. 若采用链表表示栈,为了方便入栈和出栈操作中对链表结点的插入和删除,栈顶位置应位于链表的(　　)。

  A. 任意位置   B. 表头   C. 表尾   D. 中间

 4. 向一个栈顶指针为 LS 的链栈中插入一个 s 所指结点,执行语句序列是(　　)。

  A. LS->next=s;   B. s->next=LS->next; LS->next=s;

  C. s->next=LS; LS=s;   D. s->next=LS; LS=LS->next;

 5. 从一个栈顶指针为 LS 的链栈中删除一个结点,用 e 保存被删结点的数据元素,执行的语句序列是(　　)。

  A. e=LS->data; LS=LS->next; B. e=LS->data;

  C. LS=LS->next; e=LS->data; D. e=LS->next; LS=LS->next;

 6. 队列的操作特点是(　　)。

  A. 先进先出 B. 后进先出 C. 两端操作 D. 都不对

 7. 栈和队列的共同点是(　　)。

  A. 都是先进后出   B. 都是先进先出

  C. 只允许在端点处插入和删除元素 D. 没有共同点

 8. 一个队列的入列序列是(a,b,c,d),则队列的出队序列是(　　)。

  A. d,c,b,a B. a,b,c,d C. a,d,c,b D. c,b,d,a

 9. 判定一个循环队列 SQ 为空的条件是(　　)。

  A. SQ.front==SQ.rear+1

  B. SQ.rear−1=SQ.front

  C. SQ.rear % MAXQSIZE==SQ.front

  D. SQ.rear==SQ.front

二、简答题

1. 栈同线性表相比,有什么不同之处?
2. 链式存储的栈为什么通常将栈顶设置在链表表头?
3. 栈和队列有什么异同之处?
4. 链式存储的队列为什么要增加头结点?
5. 顺序存储的队列为什么要"循环"起来? 如何实现?
6. 假设正读和反读都相同的字符序列称为"回文",例如,'abba'和'abcba'是回文,'abcde'和'ababab'则不是回文。假设一字符序列已存入计算机,请用栈和队列判断其是否为回文。

三、算法设计

1. 假设以带头结点的循环链表表示队列,并且只设一个指向尾结点的指针,不设头指针,写出队列初始化、判断队列是否为空、入队和出队等算法。
2. 用设标记来判定循环队列满或队列空,编写入队和出队的算法。

3. 假设以不带头结点的链表表示链栈,写出相应的入栈和出栈算法。
4. 如果允许在循环队列的两端都可以进行插入和删除操作。要求:
① 写出循环队列的类型定义;
② 写出"从队尾删除"和"从队头插入"的算法。
5. 已知 f 为单链表的表头指针,链表中存储的都是整型数据,试写出实现下列运算的递归算法:
① 求链表中的最大整数;
② 求链表的结点个数;
③ 求所有整数的平均值。

第4章 串、数组和广义表

CHAPTER 4

学习目标

1. 掌握串的数据类型定义及其存储结构。
2. 熟练掌握基于串的定长顺序存储结构和堆分配存储结构上实现的各种操作算法。
3. 理解串的模式匹配过程和算法。
4. 掌握数组在不同存储结构中的地址计算方法。
5. 掌握特殊矩阵和稀疏矩阵的存储方法,了解以三元组表示的稀疏矩阵的相关算法。
6. 理解广义表的概念和存储结构,掌握广义表表头、表尾的计算。

知识结构图

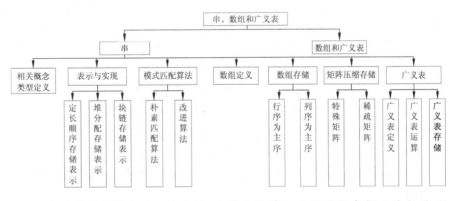

随着计算机技术的飞速发展,大量的计算机应用被用来解决非数值问题,而这些问题的处理对象主要就是字符串,人机之间信息的交换、文字信息的处理、语言编译以及Web信息的提取等,都离不开字符串的处理。字符串一般简称为串,串是一种特殊的线性表,其特殊性就在于组成线性表的每个元素就是一个单字符。处理字符串数据比处理整数和浮点数要复杂得多。而且,在不同类型的应用中,所处理的字符串具有不同的特点,要有效地实现字符串的处理,就必须根据具体情况使用合适的存储结构。本章第一部分重点学习串的定义、基本的存储结构和操作实现。

数组和广义表可以看成是线性表的一种扩充，即线性表的数据元素自身又是一个线性数据结构。高级语言都支持数组，本章第二部分重点介绍数组的内部实现，并介绍对于一些特殊的二维数组如何实现压缩存储，最后介绍广义表的基本概念和存储结构。

4.1 串的定义与操作

4.1.1 串的定义与相关概念

1. 什么是串

串(string，或称字符串)是由 0 个或多个字符组成的有限序列，一般记为

$$S = "a_1 a_2 \cdots a_n" \quad (n \geqslant 1)$$

其中 S 是串名，用单引号或双引号括起来的字符序列为串值，但引号本身并不属于串的内容，它的作用是为了避免与变量名或常量相混淆。其内的 $a_i(1 \leqslant i \leqslant n)$ 称为串的元素，它可以是任意字母、数字或者是其他字符，是构成串的基本单位。i 是指整个串中的序号。n 为串的长度，表示串中所包含的字符个数。

例如，串 S1 = "abcde"，串的元素为一个个的字母，其长度为 5。而在串 S2 = "123456"，串的元素为 6 个数字，其长度为 6。

2. 串的相关概念

(1) 空串：长度为 0 的串称为空串，它不包含任何字符，通常用 ∅ 表示。

(2) 空白串：在各种应用中，空格常常是串的字符集合中的一个元素，因而可以出现在其他字符中间。由一个或多个空格组成的串称为空白串，也称空格串，它的长度是串中包含的空格个数。

注意：空串和空白串是不同的，例如 S1=""，S2="　"，S1 中没有字符，长度为 0，是一个空串，S 包含两个空格的字符，长度为 2，是空白串。

(3) 子串：串中任意连续字符组成的子序列称为该串的子串。

空串是任意串的子串，任意串是其自身的子串。

(4) 主串：包含子串的串相应地称为主串。

(5) 子串在主串中的位置：通常指子串在主串首次出现时，子串的第一个字符在主串中的位置。

假设有串 A="China Shenyang"，B="Shenyang"，C="China"，B 和 C 是 A 的子串，B 在 A 中的位置是 7，C 在 A 中的位置是 1。

(6) 串相等：当且仅当两个串的长度相等，并且每个对应位置的字符都相同时才称作两个串相等。

3. 串与线性表的区别

串的逻辑结构和线性表极为相似，其区别仅在于串的数据对象限定为字符集，而线性表中的数据对象为某种数据元素的集合。数据对象的差别导致了二者基本操作的差别，

线性表中大多以"单个元素"作为操作对象,例如,插入、查找、删除某个数据元素,而串的基本操作中,通常以串的整体为操作对象,如求子串,子串的插入、删除等。

4.1.2 串的抽象数据类型定义

下面给出串的抽象数据类型的定义:

```
ADT String {
数据对象: D={a_i|a_i ∈ CharacterSet, i=1, 2,…,n,n≥0}
数据关系: R={<a_{i-1},a_i>|a_{i-1},a_i ∈ D,i=2,…,n
基本操作:
    StrAssign(&T,chars)              //串赋值
        初始条件: chars 是字符串常量。
        操作结果: 生成一个其值等于 chars 的串 T。
    StrCopy(&T,S)                    //串复制
        初始条件: 串 S 存在。
        操作结果: 由串 S 复制得串 T。
    StrEmpty(S)                      //串空判断
        初始条件: 串 S 存在。
        操作结果: 若 S 为空串,则返回 TRUE,否则返回 FALSE。
    StrCompare(S,T)                  //串比较
        初始条件: 串 S 和 T 存在。
        操作结果: 若 S>T,则返回值>0;若 S=T,则返回值=0;若 S<T,则返回值<0。
    StrLength(S)                     //求串长
        初始条件: 串 S 存在。
        操作结果: 返回 S 的元素个数,即串的长度。
    ClearString(&S)                  //清空串
        初始条件: 串 S 存在。
        操作结果: 将 S 清为空串。
    Concat(&T,S1,S2)                 //串连接
        初始条件: 串 S1 和 S2 存在。
        操作结果: 用 T 返回由 S1 和 S2 连接而成的新串。
    Substring(&Sub,S,pos,len)        //求指定位置和长度的子串
        初始条件: 串 S 存在,1≤pos≤StrLength(S)且 0≤len≤StrLength(S)-pos+1。
        操作结果: 用 Sub 返回串 S 的第 pos 个字符起长度为 len 的子串。
    Index(S,T,pos)                   //子串定位
        初始条件: 串 S 和 T 存在,T 是非空串,1≤pos≤StrLength(S)。
        操作结果: 若主串 S 中存在和串 T 值相同的子串,则返回它在主串 S 中第 pos 个字符之后
                 第一次出现的位置;否则函数值为 0。
    Replace(&S,T,V)                  //串替换
        初始条件: 串 S,T 和 V 存在,T 是非空串。
        操作结果: 用 V 替换主串 S 中出现的所有与 T 相等的不重叠的子串。
    StrInsert(&S,pos,T)              //串插入
        初始条件: 串 S 和 T 存在,1≤pos≤StrLength(S)+1。
```

```
        操作结果：在串 S 的第 pos 个字符之前插入串 T。
    StrDelete(&S,pos,len)                    //串删除
        初始条件：串 S 存在,1≤pos≤StrLength(S)-len+1。
        操作结果：从串 S 中删除第 pos 个字符起长度为 len 的子串。
    DestroyString(&S)                        //串销毁
        初始条件：串 S 存在。
        操作结果：串 S 被销毁。
}ADT String
```

4.2 串的表示和实现

串的实现方式可以分为 3 种：定长顺序存储表示、堆分配存储表示和链式存储表示。

4.2.1 定长顺序存储表示

1. 定长顺序存储

串的定长顺序存储表示是一种静态顺序存储结构，它利用了数组的静态分配方式，为每个定义的字符串分配一个固定长度的连续存储区域，将字符串中的字符顺序地存放在存储区域的各个单元里。实质上就是将串定义成字符数组，利用串名可以直接访问串值。用这种表示方式时，串的存储空间在编译时确定，其大小不能改变。

串的定长顺序存储表示描述如下：

```
//-----串的定长顺序存储结构-----
#define MAXSTRLEN 255                              //串的最大长度
typedef unsigned char SString[MAXSTRLEN+1];        //存储串的一维数组
```

其中，MAXSTRLEN 表示串的最大长度，SString 是存储字符串的一维数组，每个分量存储一个字符。

跟线性表的定义不同，串的定长存储的定义中没有直接表示串的长度，可以选择如下的方法表示串的长度：

（1）用存储串的数组的 0 单元存放串的长度，串值从 1 号单元开始顺序存放；

（2）串值从存储串的数组的 0 号单元开始，在串尾存储一个特殊字符'\0'作为串的终止符，从而间接获得串的长度。

2. 定长顺序存储串的基本算法实现

1）串连接

串连接 Concat 函数是用 T 返回由 S1 和 S2 连接而成的新串。由于串的定长顺序存储表示中串长固定，因此超过串长的串值必须舍去，称为"截断"。假设 S1、S2 和 T 都是 SString 类型的串变量，且串 T 是由串 S1 和 S2 连接得到的，即串 T 的值的前一段和串 S1 的值相等，串 T 值的后一段和串 S2 的值相等，则只要

进行相应的"串值复制"操作即可,只是需要约定,对超长部分实施"截断"操作。设存放串的数组中 0 单元存放串的长度,所以串 S1 的有效字符区间为 S1[1]～S1[S1[0]],串 S2 的有效字符区间为 S2[1]～S2[S2[0]],基于串 S1、S2 的不同长度,在串连接中,串值 T 的产生有 3 种情况。

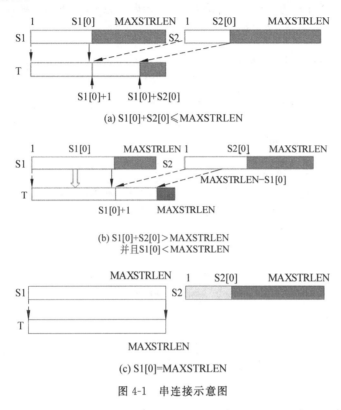

图 4-1 串连接示意图

(1) S1[0]＋S2[0]≤MAXSTRLEN,此时得到的串 T 是正确的结果,包含 S1 和 S2 的全部,如图 4-1(a)所示,阴影区域为定长顺序存储方式下的剩余空间。

(2) S1[0]＜MAXSTRLEN 且 S1[0]＋S2[0]＞MAXSTRLEN,则将串 S2 的一部分截断,生成的 T 包含 S1 的全部和 S2 的一个子串,如图 4-1(b)所示,串 S1 和 S2 的阴影部分为剩余空间,而串 T 的阴影部分为串 S2 的截断部分。

(3) S1[0]＝MAXSTRLEN,则得到的串 T 和串 S1 相等,S2 被全部截去。

【算法步骤】

① 如果 S1[0]＋ S2[0]≤MAXSTRLEN,则 S1 各个串值依次赋值到 T 串 1 单元开始的空间,S2 各个串值依次赋值到 T 串 S1[0]＋1 单元开始的空间,T 串长度为两个串长度之和,未截断标志＝true。

② 否则,如果 S1[0]＜MAXSTRLEN,则 S1 各个串值依次赋值到 T 串的 1 单元开始的空间,S2 部分串值依次赋值到 T 串 S1[0]＋1～255 单元的空间,T 串长度为 MAXSTRLEN,未截断标志＝false。

③ 否则,如果 S1[0]＝MAXSTRLEN,则 S1 各个串值依次赋值到 T 串的 1 单元开

始的空间,T 串长度为 MAXSTRLEN,未截断标志=false。

算法 4-1 串连接

```
Status Concat(SString & T,SString S1,SString S2)
{  //用 T 返回由 S1 和 S2 连接而成的新串。若未截断,则返回 TRUE,否则 FALSE
    if(S1[0]+S2[0]<=MAXSTRLEN)              //未截断
    {
        T[1..S1[0]]=S1[1..S1[0]];
        T[S1[0]+1..S1[0]+S2[0]]=S2[1..S2[0]];
        T[0]=S1[0]+S2[0];
        uncut=TRUE;
    }
    else if(S1[0]<MAXSTRLEN)                //截断
    {
        T[1..S1[0]]=S1[1..S1[0]];
        T[S1[0]+1..MAXSTRLEN]=S2[1..MAXSTRLEN-S1[0]];
        T[0]=MAXSTRLEN ;
        uncut=FALSE;
    }
    else
    {                                        //截断(仅取 S1)
        T[0..MAXSTRLEN]=S1[0..MAXSTRLEN];
        uncut=FALSE;
    }
    return uncut;
}
```

2) 求子串

求子串的过程即为复制字符序列的过程,操作 SubString(&Sub,S,pos,len)的含义是将串 S 中从第 pos 个字符开始,长度为 len 的字符序列复制到串 Sub 中。显然,本操作不会有截断的情况出现,但有可能产生用户给出的参数"不符合操作"的初始条件,当参数非法时,返回 ERROR,如图 4-2 所示。

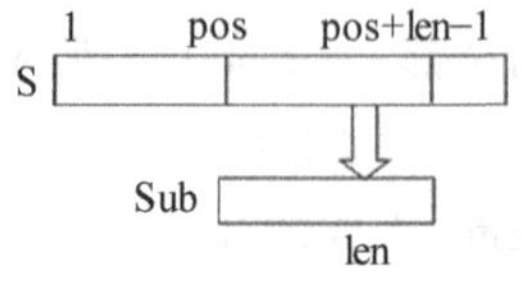

图 4-2 求子串示意图

【算法步骤】

① 当求子串的起点位置 pos<1 ‖ pos>S[0],或者所求子串长度 len<0 ‖ len>S[0]−pos+1 时参数错误,返回 ERROR;

② 截取 S 串[pos..pos+len−1]单元到目标串 Sub;

③ 设置目标串长度。

算法 4-2 求子串

```
Status SubString(SString &Sub,SString S,int pos,int len)
{  //用 Sub 返回串 S 的第 pos 个字符起长度为 len 的子串
    //其中,1≤pos≤ StrLength(S)且 0≤len≤ StrLength(S)-pos+1。
```

```
    if(pos<1‖pos>S[0]‖len<0‖len>S[0]-pos+1)return ERROR;
    Sub[1..len]=S[pos..pos+len-1];
    Sub[0]=len;
    return OK;
}
```

4.2.2 堆分配存储表示

1. 堆与堆分配存储

在 C 语言中,存在一个称为"堆"的自由存储区。它是在程序运行时,而不是在程序编译时,可动态申请的一定长度的内存空间。在 C 语言中是用 malloc() 和 free() 函数来管理动态分配的内存,对其访问和对一般内存的访问没有区别。

串的堆分配存储是串的动态顺序存储结构,它为每个定义的字符串分配一个连续存储区域,将字符串的字符顺序地存放在这组存储区域中的各个单元里,只是这个存储区域不是在操作前分配的固定长度的区域,而是在操作过程中根据需要动态分配得到的,即在程序运行时为每个产生的串分配一块实际串长所需的存储空间,若分配成功,则返回指向该存储空间起始地址的指针,作为串的基址。实质上就是数组的动态分配方式。

下面给出串的动态顺序存储结构的定义。

```
typedef struct
{
    char * ch;         //若是非空串,则按串长分配存储区,否则 ch 为 NULL
    int length;
}HString;
```

2. 堆分配存储串的基本操作

下面以串插入 StrInsert(&S,pos,T) 的实现为例进行应用的说明。串插入操作是为串 S 重新分配大小等于串 S 和串 T 长度之和的存储空间,然后进行指定位置的串值复制,如图 4-3 所示。

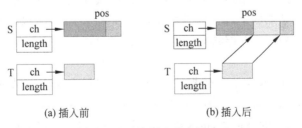

(a) 插入前   (b) 插入后

图 4-3 串插入示意图

【算法步骤】

① 当被插入串的起点位置 pos<1‖pos>S.length+1 时,参数错误,返回 ERROR;

② 当插入串非空时，执行以下步骤：
- 重新分配存储空间，长度为两串之和；
- 为插入 T 而腾出位置，即 S 串从 pos 位置开始到最后的串值后移 T.length 个位置；
- T 串插入到 S 串第 pos 位置起的空间；
- 更新 S 串长度为两串之和。

算法 4-3　串插入算法

```
Status StrInsert(HString &S,int pos,HString T)
{
//1≤pos≤ StrLength(S)+1
//在串 S 的第 pos 个字符之前插入串 T

    if(pos<1 || pos>S.length+1) return ERROR;    //pos 不合法
    if(T.length)                                  //T 非空,则重新分配空间,插入 T
    {
        if(!(S.ch=(char *) realloc(S.ch,(S.length+T.length) * sizeof(char))))
        exit(OVERFLOW);
        for(i=S.length-1; i>=pos-1;--i)           //为插入 T 而腾出位置
            S.ch[i+T.length]=S.ch[i];
        S.ch[pos-1..pos+T.length-2]=T.ch[0.T.Length-1];    //插入 T
        S.length+=T.length ;
    }
    return OK;
}
```

4.2.3　串的链式存储表示

1. 串的链式存储特点

和线性表的链式存储结构类似，串除了采用顺序存储结构外，还有链式存储结构。此时，每个结点有两个域，一个是值域，用于存放串中的字符，另一个是指针域，用于存放后继结点的地址。但是由于串的元素是字符，所以串的链表有其特别之处，即除了和线性表的链式存储结构一样，一个结点存放一个字符外，还可以一个结点存放多个字符。

例如，图 4-4(a)所示为结点数据块长度为 4(即每个结点存放 4 个字符)的链表，图 4-4(b)所示为结点数据块长度为 1 的链表。当结点数据块长度大于 1 时，由于串长不一定是结点数据块长度的整倍数，链表中的最后一个结点不一定全被串值占满，此时通常补上"♯"或其他的非串值字符(通常"♯"不属于串的字符集，是一个特殊的符号)。

为了便于进行串的操作，当以链表存储串值时，除头指针外，还可附设一个尾指针指示链表中的最后一个结点，并给出当前串的长度，串的这种存储结构称为块链结构，说明

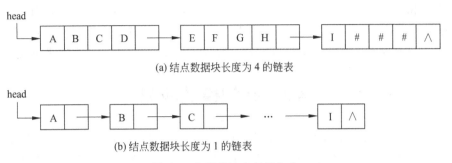

(a) 结点数据块长度为 4 的链表

(b) 结点数据块长度为 1 的链表

图 4-4 串值的链表存储方式

如下：

```
//-----串的链式存储结构-----
#define CHUNKSIZE 80          //可由用户定义的数据块大小
typedef struct Chunk
{
    char ch[CHUNKSIZE];
    struct Chunk *next;
}Chunk;

typedef struct
{
    Chunk *head, *tail;       //串的头和尾指针
    int length;               //串的当前长度
}LString;
```

在上面的定义中，CHUNKSIZE 指示串的链式存储结构中每个结点的数据块大小，可以根据实际问题进行设置。当串值为 26 个字母时，假设 CHUNKSIZE 为 4 时的块链结构，如图 4-5 所示。

图 4-5 CHUNKSIZE 为 4 的块链结构

2. 存储密度

不同的应用系统，串的长度不同，如一本书有几百万个字符，一个人的姓名不足 20 个字符。在串的链式存储方式中，结点数据块长度的选择非常重要，它直接影响着串处理的效率，这就要求考虑串值的存储密度，定义如下：

$$\text{存储密度} = \text{串值所占的存储位} / \text{实际分配的存储位} \tag{4-1}$$

假设块链结构中块的长度为 1，只能存储一个字符，指向下一个结点的指针占 4 个字节,则存储密度仅为 1/5,空间利用率较低,特别是在串处理过程中需进行内外交换的话,则会因为内外存交换操作过多而影响处理的总效率。若块的长度设置得大,则存储密度大,多个字符存储在一个结点中,只用一个指针指示,进行串操作时会使操作更复杂。

4.3 串的模式匹配

串的模式匹配是一种重要的串运算。设 S 和 T 是给定的两个串,在串 S 中找到子串等于 T 的过程称为串的模式匹配,实质上就是子串的定位操作。其中 S 称为主串,T 称为模式串。如果在串 S 中找到了一个等于 T 的子串,则称匹配成功,返回 T 在 S 中首次出现的位置(或序号);否则匹配失败,返回 0。

本节主要讨论串的抽象数据类型的基本操作 Index(S,T,pos)的实现,该操作的功能是若在串 S 中,从第 pos 个字符起存在和串 T 相同的子串,则称匹配成功,返回该子串的第一个字符在串 S 中的位置,否则返回 0。根据模式匹配的基本概念,有两种不依赖于其他字符串操作的模式匹配算法,一种是简单的模式匹配算法(BF 算法),另一种是 KMP 算法。

为了运算方便,在讨论这两种算法时,假设采用定长顺序存储方式存储串,0 号单元存放串的长度,1 号单元起依次存储串值,这样字符序号与串的存储位置一致。设 S="$s_1 s_2 \cdots s_n$",T="$t_1 t_2 \cdots t_m$",通常 $m \leqslant n$,否则视为匹配失败。

4.3.1 简单的模式匹配算法

简单模式匹配算法的基本思想是从主串 S 的第 pos 个字符起与模式串 T 的第一个字符进行比较,若相等,则继续逐个比较后续字符,否则,就从 S 的下一个字符起再重新与 T 中的第一个字符进行比较,依次类推,重复上述过程。最后,会出现以下两种情况。

① 在 S 中找到和 T 相同的子串,则匹配成功,返回找到的子串的第一个字符在主串 S 中的序号。

② 将 S 的所有字符都检测完了,找不到与 T 相同的子串,则匹配失败,此时返回值为 0。

例如,模式串 T="abcac",主串 S="ssababcabcacbab",pos=3,第一趟是从主串第 3 个位置起,依次与模式串字符比较,当比较到模式串的第 3 个字符时,对应字符不相等,则主串 S 返回到本趟开始时比较字符的下一个位置,即 S[4],T 返回 T[1],继续进行第二趟比较。

第二趟是从主串的 S[4]位置起与模式串的第一个字符 T[1],进行比较,由于二者不相等,主串 S 返回到本趟开始字符的下一个位置,即 S[5],T 返回 T[1],继续进行第三趟比较。

依此类推,当第六趟时主串从 S[8]开始,与模式串对应字符比较,均相等,匹配成功,返回本趟比较的起始位置 8,如图 4-6 所示,其中变量 i 指示模式串与主串不匹配时主串的位置,变量 j 表示对应的模式串的位置。

```
第一趟匹配 s s a b a b c a b c a c b a b   (i=5)
              a b c                          (j=3)
第二趟匹配 s s a b a b c a b c a c b a b   (i=4)
                a                            (j=1)
第三趟匹配 s s a b a b c a b c a c b a b   (i=9)
                    a b c a c                (j=5)
第四趟匹配 s s a b a b c a b c a c b a b   (i=6)
                  a                          (j=1)
第五趟匹配 s s a b a b c a b c a c b a b   (i=7)
                    a                        (j=1)
第六趟匹配 s s a b a b c a b c a c b a b   (i=13)
                        a b c a c            (j=6)
                        ↑成功! ↑
```

图 4-6 简单模式匹配的基本过程

【算法步骤】

① 设置两个串的初始指针，主串起点 $i = \text{pos}$，模式串 $j=1$；

② 若主串没到串尾，且模式串指针也没到串尾，则重复执行以下步骤：

- 如果对应字符相等，则两个串的指针分别后移1个字符；
- 否则两个串的指针回退到本趟比较起点的下一个字符，准备下一轮匹配比较；

③ 若模式串指针大于模式串串长，则匹配成功，此时主串指针 i 指向匹配的最后一个字符的下一个位置，返回值为起点位置，即 $i-T[0]$；否则匹配不成功返回 0。

算法 4-4　简单模式匹配算法

```
int Index(SString S,SString T, int pos)
{ //简单的模式匹配算法
    i=pos;   j=1;
    while(i<=S[0] && j<=T[0])
    {
        if(S[i]==T[j])   {++i;++j; }        //继续比较后一字符
        else { i=i-j+2;  j=1; }             //重新开始新的一轮比较
    }
    if(j>T[0]  )   return i-T[0];           //匹配成功
    else return 0;                          // 匹配失败
}
```

【算法分析】 该算法比较容易理解，但在某些情况下效率很低。例如，主串是 0000000000000001，模式是 00001，第一趟比较到第 5 字符时不匹配，回退到主串的第 2 个字符比较，第二趟依旧比较到模式串的最后一个字符时不匹配，回退到主串的第 3 个字符，……，每一轮的匹配都是在模式串 T 的最后一个字符出现不相等，此时要进行 $n-m+1$（n 是主串 S 的长度，m 是模式串 T 的长度）轮匹配。这时，总的比较次数是 $m*(n-m+1)$。通常情况下 $m<n$，因此该算法的时间复杂度为 $O(m*n)$。

下面给出一个改进算法，这个改进的模式匹配算法是 D. E. Knuth、J. H. Morris 和 V. R. Pratt 共同提出的，因此被称为克努特-莫里斯-普拉特算法（简称 KMP 算法）。此算法可以在 $O(n+m)$ 的时间复杂度上完成模式匹配操作。

4.3.2 KMP 算法

1. 基本思想

KMP 算法改进的着眼点在于每当一轮匹配过程中出现字符比较不等时,不需回溯主串指针,而是利用已经得到的"部分匹配"的结果将模式串向后"滑动"尽可能远的一段距离后,继续进行比较,下面进行具体分析。

在前面讲述的简单模式匹配算法的例子中可以看到,第一趟匹配的失败是由于第三个字符没有对应相等造成的,模式串的前两个字母不同,所以回退时没必要回退到本趟匹配起点的下一个字符,即图 4-6 中第二趟回退是没必要的,直接向右移动 2 个字符,跳到第三趟比较即可,如图 4-7 所示。

```
第一趟匹配 s s a b a b c a b c a c b a b   (i=5, j=3)
             a b c                            (右移2位)
第二趟匹配 s s a b a b c a b c a c b a b   (i=9, j=5)
                   a b c a c                  (右移3位)
第三趟匹配 s s a b a b c a b c a c b a b   (i=13, j=6)
                         a b c a c
```

图 4-7 改进的模式匹配过程示意图

同样的道理,图 4-7 中第二趟不匹配是由于模式串的第 5 个字符和主串没有对应相等造成的 ,模式串前 3 个字母不相同,而第 1 个和第 4 个字母相同,没必要进行图 4-6 中第四、五趟回退,而是直接向右移动 3 个字符,进行下一趟匹配。

不失一般性,当主串中的第 i 个字符与模式串中的第 j 个字符不相等时,如何确定主串和模式串进行下一趟比较的位置呢?假设应与模式串中的第 k 个字符比较,显然 $k<j$,并且有如下规则:

(1) 模式串中的每一个字符 t_j 都对应一个滑动的位置,值为 k,而这个位置仅依赖模式的本身的字符序列,或者说自身子序列的相同程度,与主串无关;

(2) k 与 j 具有函数关系,由当前的不匹配位置 j,可以计算出滑动位置 k。

2. next 数组的建立

一般用一个一维数组 next 记录模式 T 的所有字符对应的滑动位置 k,即 $k=\text{next}[j]$。next$[j]$ 表明当模式中第 j 个字符与主串中的相应字符不相等时,在模式中需要重新和主串中该字符进行比较的位置,表 4-1 中的 next[6] 表示与模式串第 6 个字符与主串对应位置不匹配时,next[6]=3,即应该回退到模式串的第 3 个字符继续比较,此时模式串的第 4、5 个字符与第 1、2 个字符对应相等,不必再重复比较。

表 4-1 模式串 next 数组示例

j	1	2	3	4	5	6	7	8
模式串	a	b	a	a	b	c	a	c
next$[j]$	0	1	1	2	2	3	1	2

next 数组元素定义如下：

$$\text{next}[j] = \begin{cases} 0 & \text{当 } j = 1 \text{ 时} \\ \max\{k \mid 1 < k < j, \text{并且 } t_1 t_2 \cdots t_{k-1} = t_{j-k+1} t_{j-k+2} \cdots t_{j-1}\}, & \text{集合非空时} \\ 1 & \text{其他情况} \end{cases}$$

(4-2)

【例 4-1】 设模式串 T＝"abaabcac"，计算模式串的各个位置的滑动值。

【题目分析】 滑动值 $k=$ next$[j]$，将 j 代入式(4-2)即可计算得到。

【解】

(1) $j=1$ 时，next$[1]=0$；

(2) $j=2$ 时，k 的取值为 $(1,j)$ 的开区间，显然整数 k 不存在，因而 next$[2]=1$；

(3) $j=3$ 时，对于式(4-2)的条件 $1<k<j$，此时 $k=2$，则 $t_1 t_2 \cdots t_{k-1} = t_1 = a$，$t_{j-k+1} t_{j-k+2} \cdots t_{j-1} = t_2 = b$，即 $t_1 \neq t_2$，属于式(4-2)的第 3 种情况，因此 next$[3]=1$；

(4) $j=4$ 时，对于 $1<k<j$，所以 $k=2$ 或者 $k=3$。

① 当 $k=3$ 时，因为 $t_1 t_2 \cdots t_{k-1} = t_1 t_2 = ab$，$t_{j-k+1} t_{j-k+2} \cdots t_{j-1} = t_2 t_3 = bc$，即 $t_1 t_2 \neq t_2 t_3$，此时 k 不满足式(4-2)中第 2 种情况。

② 当 $k=2$ 时，因为 $t_1 t_2 \cdots t_{k-1} = t_1 = a$，$t_{j-k+1} t_{j-k+2} \cdots t_{j-1} = t_3 = a$，即 $t_1 = t_3$，此时的 k 满足式(4-2)中第 2 种情况，因此 next$[4]=2$；

(5) $j=5$ 时，对于 $1<k<j$，所以 $k=2$、$k=3$ 或者 $k=4$。

① 当 $k=4$ 时，因为 $t_1 t_2 \cdots t_{k-1} = t_1 t_2 t_3 = abc$，$t_{j-k+1} t_{j-k+2} \cdots t_{j-1} = t_2 t_3 t_4 = bca$，即 $t_1 t_2 t_3 \neq t_2 t_3 t_4$，此时 k 不满足要求；

② 当 $k=3$ 时，因为 $t_1 t_2 \cdots t_{k-1} = t_1 t_2 = ab$，$t_{j-k+1} t_{j-k+2} \cdots t_{j-1} = t_3 t_4 = ca$，即 $t_1 t_2 \neq t_3 t_4$，此时 k 不满足要求；

③ 当 $k=2$ 时，因为 $t_1 t_2 \cdots t_{k-1} = t_1 = a$，$t_{j-k+1} t_{j-k+2} \cdots t_{j-1} = t_4 = a$，即 $t_1 = t_4$，此时的 k 满足要求，因此 next$[5]=2$；

(6) $j=6$ 时，对于 $1<k<j$，所以 $k=2$、$k=3$、$k=4$ 或者 $k=5$。

① 当 $k=5$ 时，$t_1 t_2 t_3 t_4 \neq t_2 t_3 t_4 t_5$，此时 k 不满足要求；

② 当 $k=4$ 时，$t_1 t_2 t_3 \neq t_3 t_4 t_5$，此时 k 不满足要求；

③ 若 $k=3$ 时，$t_1 t_2 = t_4 t_5$，此时 k 满足要求，next$[6]=3$；

(7) $j=7$ 时，k 的取值为 $(1,7)$ 的开区间。

① 当 $k=6$ 时，$t_1 t_2 t_3 t_4 t_5 \neq t_2 t_3 t_4 t_5 t_6$，此时 k 不满足要求；

② 当 $k=5$ 时，$t_1 t_2 t_3 t_4 \neq t_3 t_4 t_5 t_6$，此时 k 不满足要求；

③ 当 $k=4$ 时，$t_1 t_2 t_3 \neq t_4 t_5 t_6$，此时 k 不满足要求；

④ 当 $k=3$ 时，$t_1 t_2 \neq t_5 t_6$，此时 k 不满足要求；

⑤ 当 $k=2$ 时，$t_1 \neq t_6$，此时 k 不满足要求；

因此 next$[7]=1$；

同理易得 next$[8]=2$。

由上面 next 数组的求解方法可知，除了 next$[1]=0$，next$[2]=1$，后面求解每一位的 next 值时，可以通过前一位进行比较而得。例如，$j=6$ 时，首先将前一位 b 与其 next 值

next[5]=2 对应的内容即第 2 个字符 b 进行比较,如果相等,则该第 6 位的 next 值就是前一位的 next 值加上 1,即 next[6]=next[5]+1;如果不等,向前继续寻找 next 值对应的内容来与前一位进行比较,直到找到某个位上内容的 next 值对应的内容与前一位相等为止,则这个位对应的值加上 1 即为需求的 next 值;如果找到第一位都没有找到与前一位相等的内容,那么需求的位上的 next 值即为 1。

3. 建立 next 数组的算法

根据上述建立 next 数组的方法可以给出其实现算法。

【算法步骤】

① next[1]=0, i=1, j=0;

② 当没到模式串尾时,重复下面过程:
- 将 $T[i]$ 与 $T[j]$ 比较,若 $T[i]=T[j]$,则++i,++j,next[i]=j;
- 否则,j 重新取值 next[j],即 j=next[j],再将 $T[i]$ 与 $T[j]$ 比较;如此反复,直到某个 j 值使 $T[i]= T[j]$ 或 j=0。

算法 4-5 next 数组的算法

```
void get_next(SString T, int next[])
{
   next[1]=0;
   i=1; j=0;
   while(i<T[0])
   {
      if(j==0 || T[i]==T[j])
      {
         ++i; ++j; next[i]=j;
      }
      else j=next[j]            //若字符不相同,则 j 值回溯
   }
}
```

4. KMP 算法

先由 next 函数的定义求得模式串的 next 数组之后,就可以给出 KMP 算法了,匹配可按如下步骤进行:

【算法步骤】

① 以指针 i 和 j 分别指示主串和模式串中正比较的字符,初值 i=pos, j=1;

② 若 $S[i]=T[j]$,则 i++, j++,否则 i 不变,j 退回 next[j]的位置再比较;

③ 重复步骤②,直到出现下面两种情况:
- j 退回到某个 next 值时字符比较相等则各自指针增 1,继续进行匹配;
- j 退回到 0,则此时需要将模式继续向右滑动一个位置,即从主串的下一个字符 $S[i+1]$ 起和模式串重新开始匹配。

算法 4-6　KMP 模式匹配算法

```
Int index_KMP(SString S, SString T, int pos)
{
    i=pos; j=1;
    while(i<=S[0] &&j<=T[0])
    {
        if(j==0||S[i]==T[j])
        {
            i++;
            j++;
        }
        else j=next[j];
    }
    if(j>T[0]) return i-T[0];
    else       return 0;
}
```

【算法分析】 KMP 算法的核心思想是利用已经得到的部分匹配信息来进行后面的匹配过程，它的时间复杂度为 $O(m+n)$。

4.4　数　　组

数组是高级程序设计语言常见的一种数据类型，是应用十分广泛的一种数据结构。在程序设计中，重点学习数组类型的使用，本节重点介绍在计算机中数组的内部实现。

4.4.1　数组的类型定义

1. 数组的抽象数据类型定义

数组的抽象数据类型可形式地定义为：

```
ADT Array{
    数据对象：j_i= 0,…,b_i- 1,i= 1,2,…n,
              D= {a_{j_1,j_2,…,j_n} ,|n(>0)称为数组的维数,b_i 是数组第 i 维的长度,
              j_i 是数组元素的第 i 维下标,a_{j_1,j_2,…,j_n} ∈ Elemset}
    数据关系：R= {R1,R2,…, Rn}
              Ri= {< a_{j_1,…,j_i,…,j_n} ,a_{j_1,…,j_i+1,…,j_n} > |0≤j_i≤b_i- 2,
              a_{j_1,…,j_i,…,j_n} ,a_{j_1,…,j_i+1,…,j_n} ∈ D,i= 2,…,n}}
    基本操作：
    InitArray(&A,n,bound1,…,boundn)          //数组初始化
        操作结果：若维数 n 和各维长度 bound1,…,boundn 合法,则构造相应的数组 A,并返
                 回 OK。
```

```
DestroyArray(&A)                              //数组销毁
    操作结果：销毁数组 A。
Value(A,&e,index1,…,indexn)                   //数组取值
    初始条件：A 是 n 维数组，e 为元素变量，index1,…,indexn 是 n 个下标值。
    操作结果：若各下标不超界，则 e 赋值为所指定的 A 的元素值，并返回 OK。
Assign(&A,e,index1,…,indexn)                  //数组赋值
    初始条件：A 是 n 维数组，e 为元素变量，index1,…,indexn 是 n 个下标值。
    操作结果：若下标不超界，则将 e 的值赋给所指定的 A 的元素，并返回 OK。
} ADT Array
```

在上面的定义中，n 维数组中含有 $\prod_{i=1}^{n} b_i$ 个数据元素，每个元素都受着 n 个关系的约束。在每个关系中，元素 $a_{j_1,\cdots,j_i,\cdots,j_n}$（$0 \leqslant j_i \leqslant b_i - 2$）都有一个直接后继，因此就单个关系而言，这 n 个关系仍然是线性关系。和线性表一样，所有的元素都必须同属于一种数据类型。数组中每个数据元素都对应于一组下标 $(j_1, j_2, \cdots, j_n)$，每个下标的取值范围是 $0 \leqslant j_i \leqslant b_i - 1$，$b_i$ 称为第 i 维的长度（$i = 1, 2, \cdots, n$）。

2. 数组与线性表的关系

当 $n=1$ 时，n 维数组就退化为定长的线性表，反之 n 维数组也可以看成是线性表的推广，其特点是数组中的元素本身可以是具有某种结构的数据，但属于同一数据类型。一维数组即为线性表，而二维数组可以定义为"其数据元素为一维数组（线性表）"的线性表。以此类推，即可得到多维数组的定义，如图 4-8 所示。

$$A_{m \times n} = \begin{bmatrix} a_{0,0} & a_{0,1} & a_{0,2} & a_{0,n-1} \\ a_{1,0} & a_{1,1} & a_{1,2} & a_{1,n-1} \\ a_{m-1,0} & a_{m-1,1} & a_{m-1,2} & a_{m-1,n-1} \end{bmatrix} \qquad A_{m \times n} = \begin{bmatrix} \begin{bmatrix} a_{0,0} \\ a_{1,0} \\ \vdots \\ a_{m-1,0} \end{bmatrix} \begin{bmatrix} a_{0,1} \\ a_{1,1} \\ \vdots \\ a_{m-1,1} \end{bmatrix} \cdots \begin{bmatrix} a_{0,n-1} \\ a_{1,n-1} \\ \vdots \\ a_{m-1,n-1} \end{bmatrix} \end{bmatrix}$$

(a) 矩阵形式表示　　　　　　　　　　　(b) 列向量的一维数组

$$A_{m \times n} = \begin{bmatrix} (a_{0,0} & a_{0,1} & \cdots & a_{0,n-1}) \\ (a_{1,0} & a_{1,1} & \cdots & a_{1,n-1}) \\ (a_{m-1,0} & a_{m-1,1} & \cdots & a_{m-1,n-1}) \end{bmatrix}$$

(c) 行向量的一维数组

图 4-8　二维数组图例

$$A = (a_0, a_1, \cdots, a_p) \quad (p = m-1 \text{ 或 } n-1)$$

其中每个数据元素 a_j 是一个列向量形式的线性表（见图 4-8(b)）：

$$a_j = (a_{0,j}, a_{1,j}, \cdots, a_{m-1,j}) \quad 0 \leqslant j \leqslant n-1$$

或者 a_i 是一个行向量形式的线性表（见图 4-8(c)）：

$$a_i = (a_{i,0}, a_{i,1}, \cdots, a_{i,n-1}) \quad 0 \leqslant i \leqslant m-1$$

在 C 语言中，一个二维数组类型可以定义为其分量类型为一维数组类型的一维数组

类型,也就是说,

```
typedef ElemType Array2[m][n];
```

等价于

```
typedef ElemType Array1[n];
typedef Array1 Array2[m];
```

同理,一个 n 维数组类型可以定义为其数据元素为 $n-1$ 维数组类型的一维数组类型。

3. 数组的运算

数组是一组有确定个数的元素的集合,如二维数组 $A[3][4]$,它有 3 行 4 列,由 12 个元素组成。数组一旦被定义,它的维数和维界就不再改变,这个性质使得对数组的操作不像线性表的操作那样可以在表中任意一个合法的位置上插入或删除一个元素。除了初始化和销毁之外,对于数组的操作一般只有两类:一是获得特定位置的元素值,二是修改特定位置的元素值。因此数组的操作主要是数据元素的定位,即给定元素的下标,得到该元素在计算机中的存放位置,其本质上就是地址计算问题。

4.4.2 数组的顺序存储

数组是一种特殊的数据结构,并且给定了数组的维数及各维长度 $b_i(1 \leqslant i \leqslant n)$,数组中元素的个数是确定的,对数组通常不做插入或删除操作,不涉及数组结构的变化,因此适宜采用顺序存储表示。

1. 数组的两种顺序存储方式

在计算机中,内存储器的结构是一维的,对于一维数组可直接采用顺序存储。用一维的内存存储表示多维数组,就必须按某种次序将数组中元素排成一个线性序列,即约定多维数组中的数据元素在一维空间的存储次序,然后将这个线性序列存放在一维的内存储器中。顺序存储通常有两种存储方式。

1) 以行序为主序的存储方式

将数组元素按行排序,先存放第 0 行,之后存储第 1 行,……,直到最后一行,如图 4-9(b)所示。

2) 以列序为主序的存储方式

将数组元素按列排序,先存放第 0 列,之后存储第 1 列,……,直到最后一列,如图 4-9(c)所示。

在扩展 BASIC、Pascal、Java 和 C 语言中,都使用以行序为主序的存储结构,而在 FORTRAN 语言中,使用以列序为主序的存储结构。

以上规则可以推广到多维数组的情况:以行序为主序的存储方式可规定为先排最右

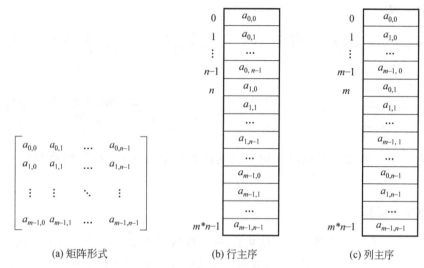

图 4-9 数组的两种顺序存储方式

的下标,从右到左,最后排最左下标,如图 4-10 所示为以 3×4×2 的三维数组的行优先主序存储的示意图。

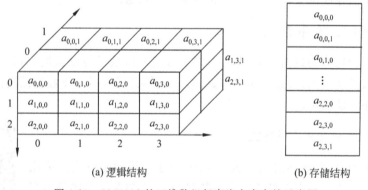

图 4-10 3×4×2 的三维数组行序为主序存储示意图

2. 数组中任意数据元素存储地址的计算

对于数组,一旦规定了其维数和各维的长度,便可为它分配存储空间。反之,只要给出一组下标便可求得相应数组元素的存储地址。下面仅以行序为主序的存储结构为例予以说明。

1) 一维数组中任意元素地址的计算

假设一维数组中每个数据元素占 L 个存储单元,首个元素 a_0 的存储地址为 $LOC(a_0)$,则任一元素 a_i 的存储地址 $LOC(a_i)$ 可由下式确定:

$$LOC(a_i) = LOC(a_0) + i \times L \tag{4-3}$$

2) 二维数组中任意元素地址的计算

假设每个数据元素占 L 个存储单元,则二维数组 $A[m][n]$ 中任一元素 $a_{i,j}$ 的存储地

址 $LOC(a_{i,j})$ 可由下式确定：
$$LOC(a_{i,j}) = LOC(a_{0,0}) + (n \times i + j) \times L \qquad (4\text{-}4)$$
式中，$LOC(a_{0,0})$ 是元素 $a_{0,0}$ 的存储地址，也是二维数组 A 的起始存储地址，也称为基地址或基址。

3) 多维数组中任意元素地址的计算

将式(4-4)推广到一般情况，可得到 n 维数组 $A[b1][b2][bn]$ 的数据元素存储地址的计算公式：
$$LOC(a_{j_1,j_2,\cdots,j_n}) = LOC(a_{0,0,\cdots,0}) + (b_2 \times \cdots \times b_n \times j_1 + b_3 \times \cdots$$
$$\times b_n \times j_2 + \cdots + b_n \times j_{n-1} + j_n) \times L \qquad (4\text{-}5)$$
其中，$LOC(a_{0,0,\cdots,0})$ 是 n 维数组的起始地址，式(4-5)称为 n 维数组的映像函数。由此很容易看出，数组元素的存储地址是其下标的线性函数，由于计算各个元素存储地址的时间相等，所以存取数组中任一元素的时间也相等，即数组是一种随机存取结构。

【例 4-2】 假设以行序为主序顺序存储整数数组 $A_{8\times3\times5\times6}$，已知第一个元素的字节地址是 200，每个整数占 4 字节。计算下列元素的存储地址。

(1) $a_{0,0,0,0}$　(2) $a_{1,1,1,1}$　(3) $a_{2,3,4,1}$

【问题分析】 本题主要考核以行序为主序的多维数组给定下标存储地址的计算，将已知数组各维长度、每个数据元素所占空间大小、给定下标和数组存储起始地址带入式(4-5)即可求解。

【解】
$$LOC(a_{0,0,0,0}) = 200$$
$$LOC(a_{1,1,1,1}) = 200 + (3\times5\times6\times1 + 5\times6\times1 + 6\times1 + 1) \times 4 = 708$$
$$LOC(a_{2,3,4,1}) = 200 + (3\times5\times6\times2 + 5\times6\times3 + 6\times4 + 1) \times 4 = 1380$$

4.4.3 特殊矩阵的压缩存储

二维数组在形式上是矩阵，因此在高级计算机语言中，矩阵通常可以采用二维数组的形式来描述。但是在有些高阶矩阵中，有很多值相同或者为零的元素，此时若仍采用二维数组顺序存放，将造成存储空间的巨大浪费。另外，还有一些矩阵其元素的分布有一定规律，可以利用这些规律，只存储部分元素，从而提高存储空间的利用率。

若矩阵中值相同的元素或者零元素的分布有一定规律，则称此类矩阵为特殊矩阵，主要包括对称矩阵、三角矩阵和对角矩阵等。为多个值相同的元素分配相同的存储空间，对零元素不分配存储空间，即为压缩存储。

1. 对称矩阵

若 n 阶矩阵 A 中的元满足下述性质
$$a_{i,j} = a_{j,i} \quad 1 \leqslant i,j \leqslant n$$
则称为 n 阶对称矩阵。

对称矩阵中的元素关于主对角线对称，故只需要存储矩阵的上三角或下三角矩阵，即

可将 n^2 个矩阵元素压缩存储到 $n(n+1)/2$ 个元素空间中,节省近一半的空间。不失一般性,可以行序为主序存储其下三角(包括对角线)中的元素。

假设以一维数组 $sa[n(n+1)/2]$ 作为 n 阶对称矩阵 A 的存储结构,则 $sa[k]$ 和矩阵元 $a_{i,j}$ 之间存在着一一对应的关系:

$$k = \begin{cases} \dfrac{i(i+1)}{2}+j & \text{当 } i \geqslant j \\ \dfrac{j(j+1)}{2}+i & \text{当 } i < j \end{cases} \tag{4-6}$$

对于任意给定的一组下标 (i,j),均可在 sa 中找到矩阵元 a_{ij},反之,对所有的 $k=0,1,2,\cdots,\dfrac{n(n+1)}{2}-1$,都能确定 $sa[k]$ 中的元素在矩阵中的位置 (i,j)。由此,称数组 $sa[n(n+1)/2]$ 为 n 阶对称矩阵 A 的压缩存储,如图 4-11 所示。

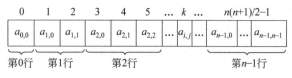

(a) 对称矩阵的下三角示意图

(b) 对称矩阵的下三角存储示意图

图 4-11 对称矩阵的压缩存储

2. 三角矩阵

以主对角线划分,三角矩阵有上三角矩阵和下三角矩阵两种。把矩阵主对角以下(不包括对角线)的元素均为常数 c 的 n 阶矩阵,称作上三角矩阵;下三角矩阵与之相反。三角矩阵中的常数 c 在大多数情况下为 0。对三角矩阵进行压缩存储时,除了和对称矩阵一样,只存储其上(下)三角中的元素之外,再加一个存储常数 c 的存储空间即可。

3. 对角矩阵

对角矩阵是指所有的非零元素都集中在以主对角线为中心的带状区域中,即除了主对角线上和直接在对角线上、下方若干条对角线上的元之外,所有其他的元皆为零,如图 4-12 所示。对这种矩阵,也可按某个原则(或以行为主,或以对角线的顺序)将其压缩存储到一维数组上。

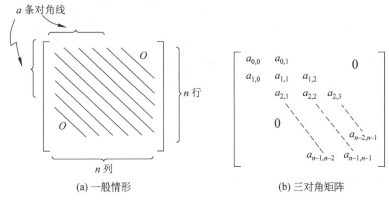

(a) 一般情形　　　　　　　　(b) 三对角矩阵

图 4-12　对角矩阵

在上述这些特殊矩阵中，非零元素的分布都有明显的规律，从而可将其压缩存储到一维数组中，并找到每个非零元素在一维数组中的存储地址。以 n 阶三对角阵为例，共 $3n-2$ 个元素，存入 sa$[0,1,\cdots,3n-3]$ 中，元素在一维数组 sa 中的下标 k 和元素在矩阵中的下标 (i,j) 的对应关系为：

(1) $|i-j|>1$：元素 $a_{i,j}$ 位于三条对角线以外，是零元素不必存储；

(2) $|i-j|\leqslant 1$：元素 $a_{i,j}$ 位于三条对角线上，$k=2i+j$（$0\leqslant i,j\leqslant n-1$；$0\leqslant k\leqslant 3n-3$）。

4. 稀疏矩阵

一般认为，在一个较大的矩阵中，相同值或者值为零的元素个数在整个矩阵中比较多时，就称该矩阵为稀疏矩阵。假定在 $m\times n$ 的矩阵中含 t 个非零元素，设 $\delta=\dfrac{t}{m\times n}$，则称 δ 为稀疏因子。通常认为 $\delta\leqslant 0.05$ 时是稀疏矩阵，但不是绝对的。

1）稀疏矩阵的三元组表表示法

采取只存储非零元素的方法进行稀疏矩阵的压缩存储。由于稀疏矩阵中非零元分布没有规律，因此，在存储非零元素值的同时还必须存储该元素在矩阵的位置信息，这就是稀疏矩阵的三元组表表示法。

为处理方便，将稀疏矩阵中非零元素对应的三元组按"行序为主序"的一维结构体数组进行存放，将矩阵的每行（行由小到大）的全部非零元素的三元组按列号递增存放，这种稀疏矩阵的顺序存储结构称为三元组顺序表。例如，图 4-13(a)所示稀疏矩阵 **M**，其对应的三元组序列为((1,2,12),(1,3,9),(3,1,-3),(3,6,14),(4,3,24),(5,2,18),(6,1,15),(6,4,-7))。

三元组顺序表的存储结构定义描述如下：

```
#define MAXSIZE 12500           //矩阵中非零元素个数的最大值
typedef struct{
    int i,j;                    //该非零元素的行下标和列下标
    ElemType e;                 //该非零元素的值
}Triple;                        //三元组类型
```

```
typedef union{                    //稀疏矩阵类型为共用体类型
    Triple data[MAXSIZE+1];       //data为非零元素三元组表,各非零元素从data[1]开
                                  //始存储
    int mu,nu,tu;                 //矩阵的行数、列数和非零元素个数
}TSMatrix;                        //稀疏矩阵类型
```

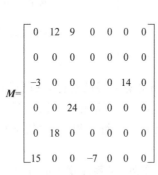

(a) 稀疏矩阵　　　　　　　　(b) 三组顺序表存储

图 4-13　稀疏矩阵

三元组顺序表的存储结构中,矩阵元素按照(行,列,元素值),即类型定义中的(i,j,e)的方式存储于数组 data[1]起始的单元中,由共用体类型的意义可知,data[0]分别存储稀疏矩阵的行数、列数和非零元素个数,如图 4-13(b)所示。

2) 三元组表实现稀疏矩阵的转置运算

矩阵的转置就是将一个 $m \times n$ 矩阵的 M,变成一个 $n \times m$ 的矩阵 T,并且 $T[i][j] = M[j][i]$ $(1 \leqslant i \leqslant n-1, 1 \leqslant j \leqslant m-1)$,即矩阵 T 的列是 M 的行,矩阵 T 的行是矩阵 M 的列。

(1) 传统转置方法。

设稀疏矩阵 A 是按行顺序压缩存储在三元组表 M.data 中,如果只是简单地交换 M.data 中 i 和 j 的内容,那么得到的 T.data 将是一个按列优先顺序存储的稀疏矩阵 T,要得到按行优先顺序存储的 T.data,就必须重新排列三元组的顺序,如图 4-14 所示。

(2) 按矩阵列序转置。

如果按 M 的列序转置即按 T 中三元组行次序转置,具体而言是依次在 M 中找到相应的列序为 1 的元素转置,变为 T 的第 1 行的非零元素;之后转置列序为 2 的非零元素,变为 T 的第 2 行的非零元素,……,直至第 n 列。由于 M 中以行序为主序,所以由此得到的正好是 T 中以行序为序应有的顺序,为找到 M 中每一列所有非零元素,需对其三元组表从第一行起扫描一遍,如图 4-15 所示。

【算法步骤】

① T.mu=M.nu;T.nu=M.mu;T.tu=M.tu;

	i	j	e
0	6	7	8
1	1	2	12
2	1	3	9
3	3	1	−3
4	3	6	14
5	4	3	24
6	5	2	18
7	6	1	15
8	6	4	−7

(a) 三元组顺序表

i	j	v
7	6	8
2	1	12
3	1	9
1	3	−3
6	3	14
3	4	24
2	5	18
1	6	15
4	6	−7

(b) 稀疏矩阵简单转置

i	j	v
7	6	8
1	3	−3
1	6	15
2	1	12
2	5	18
3	1	9
3	4	24
4	6	−7
6	3	14

(c) 稀疏矩阵简单转置后的重新排列

图 4-14 稀疏矩阵

	i	j	e	转置顺序
0	6	7	8	
1	1	2	12	3
2	1	3	9	5
3	3	1	−3	1
4	3	6	14	8
5	4	3	24	6
6	5	2	18	4
7	6	1	15	2
8	6	4	−7	7

data

图 4-15 列序转置示意图

② 若 M.tu＞0,则进入步骤③,否则返回 ERROR；
③ q＝1,指示转置后三元组顺序表的存放位置；
④ 从 1 到 T.nu,依次考查三元组顺序表的每一列 col,重复下面的过程：
- 依次考查三元组顺序表的每一个元素；
- 若当前元素的列值＝col,则对当前元素转置到 q 位置,并且为 q＋＋。

算法 4-7 稀疏矩阵三元组顺序表的列序转置算法

```
Status TransposeSMatrix(TSMatrix M,TSMatrix &T)
{  //稀疏矩阵的三元组表示,将矩阵 M 转置为新的三元组顺序表 T
T.mu=M.nu;   T.nu=M.mu;    T.tu=M.tu;
//转置前后行列数互换,非零元素个数不变
    if(T.tu<=0)                  //若不存在非零元素
        return ERROR;
    else
```

```
    {
        q=1;
        for(col=1;col<=M.nu;col++)
            for(p=1;p<=M.tu;p++)
                if(M.data[p].j==col)
    {
                    T.data[q].i=M.data[p].j;
                    T.data[q].j=M.data[p].i;
                    T.data[q].e=M.data[p].e;
                    q++;
    }
    }
    return OK ;
}
```

【算法分析】 按照矩阵 M 的列序进行转置算法的时间复杂度主要花费在 col 和 p 的双重循环上,对于 $m \times n$、含 t 个非零元素的矩阵,该算法的时间复杂度为 $O(M.nu * M.tu)$。

(3) 按矩阵列序转置算法的改进。

矩阵 M 的列序来进行转置,每次找第 col 列的元素时,必须从头开始遍历。若知道矩阵 M 每一行的非零元素转置后的位置,此时就可以直接按照稀疏矩阵 M 的三元组表 M.data 的次序依次顺序转换,就可把算法的时间复杂度降低。

基于这种解决方式的关键在于如何确定当前从 M 中取出的三元组在 T 中的位置。仔细分析可知:M 中第 1 列的第一个非零元素一定存储在 T 中下标为 1 的位置上,该列中的其他非零元素应存放在 T 中后面连续的位置上,那么矩阵 M 第 2 列的第一个非零元素在 T 中的位置便等于第 1 列的第一个非零元素在 T 中的位置加上第 1 列的非零元素的个数,以此类推。

若能预先确定原矩阵 M 中每一列(即 T 中每一行)的第一个非零元素在 T.data 中应有的位置,则在作转置时就可直接放在 T.data 中恰当的位置。因此,应先求得 M 中每一列的非零元素的个数。

为了统计矩阵 M 中每一列上有多少个非零元素和每一列的第一个非零元素在 T 中的位置,设置两个数组,num[col]表示矩阵 M 中第 col 列中非零元素的个数,cpot[col]表示 M 中第 col 列的第一个非零元素在 T 中的位置,则计算公式为

$$\begin{cases} cpot[1] = 1 \\ cpot[col] = cpot[col-1] + num[col-1]; 2 \leqslant col \leqslant M.nu \end{cases} \tag{4-7}$$

例如,对图 4-13(a)所示的矩阵 M,num 和 cpot 的值见表 4-2。

表 4-2 矩阵的 num 和 cpot 值

col	1	2	3	4	5	6	7
num[col]	2	2	2	1	0	1	0
cpot[col]	1	3	5	7	8	8	9

【算法步骤】

① T.mu=M.nu;T.nu=M.mu;T.tu=M.tu;

② 若 M.tu>0,则进入步骤③,否则返回 ERROR;

③ 初始化 num;

④ 计算每列非零元素个数,存储到 num 数组;

⑤ cpot[1]=1;

⑥ 依次计算各列中第一个非零元素在转置后三元组 T.data 的序号,并依次考查三元组顺序表 M 的每一个元素:

- 取得当前元素所在的列号,以及该列所对应的新三元组的位置序号 q;
- 三元组 M 的当前元素转置到三元组 T 的 q 位置;
- 更新该列的存储位置,即 cpot[col]++。

算法 4-8　稀疏矩阵三元组顺序表的列序转置算法

```
Status FastTransposeSMatrix(TSmatrix M,TSmatrix &T)
{
    T.mu=M.nu; T.nu=M.nu; T.tu=M.tu;
    if(T.tu) {
        for(col=1;col<=M.nu;++col)   num[col]=0;   //初始化 num
        for(t=1;t<=M.tu;t++)   ++num[M.data[t].j];
            //计算每列非零元素个数
        cpot[1]=1;
        for(col=2;col<=M.nu;col++)
            cpot[col]=cpot[col-1]+num[col-1];
            //计算每列在新三元组的初始位置
        for(p=1;p<=M.tu;++p){
            col=M.data[p].j;   q=cpot[col];
            T.data[q].i=M.data[p].j;      T.data[q].j=M.data[p].i;
            T.data[q].e=M.data[p].e;
            cpot[col]++;
        }
    }
    return OK;
}
```

【算法分析】 三元组表的矩阵快速转置算法中用了 4 个并列的 for 循环,对于 $m\times n$、含 t 个非零元素的矩阵,循环次数分别为 M.nu 和 M.tu 两个,因此算法 4-8 的时间复

杂度为 $O(M.nu+M.tu)$，显然优于前两种转置算法。

4.5 广义表

在线性表的定义中，要求每个结点都应该有相同类型的数据元素。在广义表(Lists)中，每个结点既可以属于基本数据类型，也可以属于广义表类型，是线性表的一种推广。广义表被广泛应用于人工智能等领域的表处理语言 LISP 中。在 LISP 语言中，广义表是一种最基本的数据结构，LISP 语言编写的程序也表示为一系列的广义表。

4.5.1 广义表的定义

1. 广义表及其基本概念

广义表一般记作：

$$LS = (a_1, a_2, \cdots, a_n)$$

其中，LS 是广义表 $(a_1, a_2, \cdots, a_n)$ 的名称，n 是其长度。

在线性表的定义中，$a_i(1 \leq i \leq n)$ 只限于是单个元素。而在广义表的定义中，a_i 可以是单个元素，也可以是广义表，分别称为广义表 LS 的原子和子表。习惯上，用大写字母表示广义表的名称，用小写字母表示原子。

当广义表 LS 非空时：a_1 称为 LS 的表头(head)，其余元素组成的表 $(a_2, \cdots, a_n)$ 称作 LS 的表尾(tail)。

广义表的长度是指表中数据元素的个数，需要注意的是数据元素可能是原子，也可能是子表。广义表的深度是指表中层次关系的最大深度，即所含括弧的重数。需要注意，"原子"的深度为 0，"空表"的深度为 1。

广义表的定义是一个递归的定义，因为在描述广义表时又用到了广义表的概念。下面列举一些广义表的例子。

(1) $A = (\ )$ ——A 是一个空表，其长度为零，深度为 1，表头是()，表尾是()。

(2) $B = (m, n)$ ——B 有 2 个原子，其长度为 2，深度为 1，表头是 m，表尾是 (n)。

(3) $C = (a, (b, c, d))$ ——C 的长度为 2，两个元素分别为原子 a 和子表 (b, c, d)，深度为 2，表头是 (a)，表尾是 $((b, c, d))$。

(4) $D = (A, B, C)$ ——D 的长度为 3，3 个元素都是广义表。将子表的值代入后，则有 $D = ((\ ), (m, n), (a, (b, c, d)))$。

(5) $E = (a, E)$ ——这是一个递归的表，其长度为 2，E 相当于一个无限深度的广义表 $E = (a, (a, (a, \cdots)))$。

2. 广义表特性

(1) 广义表的元素可以是子表，而子表的元素还可以是子表……由此，广义表是一个多层次的结构，可以用图形象地表示。例如，图 4-16 表示的是广义表 D，图中以圆圈表示广义表，以方块表示原子。

(2) 广义表可为其他广义表所共享。例如，在上述例子中，广义表 A、B 和 C 为 D 的子表，则在 D 中可以不必列出子表的值，而是通过子表的名称来引用。

(3) 广义表可以是一个递归的表，即广义表也可以是其本身的一个子表。例如，表 E 就是一个递归的表。

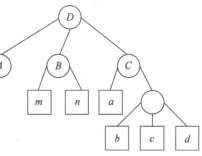

图 4-16 广义表的图形表示

3. 广义表运算

由于广义表的结构比较复杂，其各种运算的实现也不如线性表简单，其中，最重要的两个运算如下：

(1) 取表头 GetHead(LS)：取出的表头为非空广义表的第一个元素，它可以是一个原子，也可以是一个子表。

(2) 取表尾 GetTail(LS)：取出的表尾为除去表头之外，由其余元素构成的表，即表尾一定是一个广义表。

例如：

$$GetHead(B)=m \quad GetTail(B)=(n)$$
$$GetHead(D)=A \quad GetTail(D)=(B,C)$$

由于 (B,C) 为非空广义表，则可继续分解得到：

$$GetHead(B,C)=B \quad GetTail(B,C)=(C)$$

值得提醒的是，广义表()和(())不同。前者为空表，长度 $n=0$；后者长度 $n=1$，可分解得到其表头、表尾均为空表()。

4.5.2 广义表的存储结构

由于广义表中的数据元素可以有不同的结构（或是原子，或是列表），因此难以用顺序存储结构表示，通常采用链式存储结构。相应地，与线性表链式存储结构单一的结点结构不同，需要分别定义存储原子的结点结构和存储表的结点结构。

常用的链式存储结构有两种，头尾链表的存储结构和扩展线性链表的存储结构。

1. 头尾链表的存储结构

任何一个非空的广义表都可以将其分解成表头和表尾两部分，反之，确定的表头和表尾可以唯一地确定一个广义表。广义表的头尾链表存储结构将广义表分为表头和表尾两部分表示广义表，由两种结构的结点组成：原子结点和表结点。

① 表结点：有 3 个域组成，即标志域 tag=1、指示表头的指针域 hp 和指示表尾的指针域 tp，如图 4-17(a)所示。

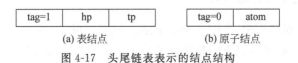

图 4-17 头尾链表表示的结点结构

② 原子结点：有两个域组成，即标志域 tag＝0 和值域 atom，如图 4-17(b)所示。其形式定义说明如下：

```
//--------广义表的头尾链表存储表示--------
typedef enum{ATOM,LIST} ElemTag;   //ATOM=0;原子;LIST=1;子表
typedef struct GLNode
{
    ElemTag tag;                   //公共部分,用于区分原子结点和表结点
    Union{
        AtomType atom;             //atom是原子结点的值域,AtomType 由用户定义
        struct{struct GLNode *hp,*tp;
        }ptr;                      //ptr是表结点的指针域,ptr.hp 和 ptr.tp 分别指向表头和表尾
    };
}*GList;                           //广义表类型
```

在头尾表示法中，主要有以下特点。

(1) 除空表的表头指针为空外，对任何非空广义表，其表头指针均指向一个表结点，且该结点中的 hp 域指示广义表表头(或为原子结点，或为表结点)，tp 域指向广义表表尾(除非表尾为空，则指针为空，否则必为表结点)。

(2) 容易分清列表中原子和子表所在层次。如在广义表 D 中，原子 a 和 m、n 在同一层次上，而 b、c 和 d 在同一层次且比 a 和 m、n 低一层，B 和 C 是同一层的子表。

(3) 最高层的表结点个数即为广义表的长度。

以上 3 个特点在某种程度上给广义表的操作带来方便。

如广义表 A=( ), B=(e,f), C=(a,(b,c)), D=(B,A,C), E=(a,E)，它们的存储结构如图 4-18 所示。

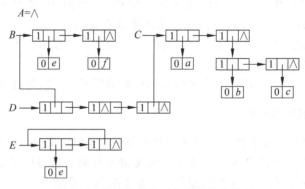

图 4-18　头尾链表表示的存储结构示例

2. 扩展线性链表的存储结构

在扩展线性链表结构中，表结点和原子结点的结构相同，都由 3 部分组成，但意义不同。表结点由标志域、指示表头的指针域和指示兄弟的指针域三个域组成；原子结点由标志域、值域和指示兄弟的指针域 3 个域组成。其结点结构如图 4-19 所示。

图 4-19 扩展线性链表表示的结点结构

广义表 $A=(), B=(e,f), C=(a,(b,c)), D=(B,A,C), E=(a,E)$，所对应的扩展线性链表表示法的存储结构，如图 4-20 所示。

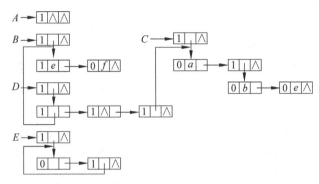

图 4-20 扩展线性链表表示的存储结构示例

小 结

本章介绍了 3 种数据结构：串、数组和广义表，主要内容如下。

(1) 串是内容受限的线性表，它限定了表中的元素为字符。串有两种基本存储结构：顺序存储和链式存储，但多采用顺序存储结构。串的常用算法是模式匹配算法，主要有 BF 算法和 KMP 算法。BF 算法实现简单，但存在回溯，效率低，时间复杂度为 $O(m \times n)$。KMP 算法对 BF 算法进行改进，消除回溯，提高了效率，时间复杂度为 $O(m+n)$。

(2) 多维数组可以看成是线性表的推广，其特点是结构中的元素本身可以是具有某种结构的数据，但属于同一数据类型。一个 n 维数组实质上是 n 个线性表的组合，其每一维都是一个线性表。数组一般采用顺序存储结构，故存储多维数组时，应先将其转换为一维结构，有按"行"转换和按"列"转换两种。科学与工程计算中的矩阵通常用二维数组来表示，为了节省存储空间，对于几种常见形式的特殊矩阵，如对称矩阵、三角矩阵和对角矩阵，在存储时可进行压缩存储，即为多个值相同的元素分配同一存储空间，对零元素不分配空间。

(3) 广义表是另外一种线性表的推广形式，表中的元素可以是称为原子的单个元素，也可以是一个子表，所以线性表可以看成广义表的特例。广义表的结构相当灵活，在某种前提下，它可以兼容线性表、数组、树和有向图等各种常用的数据结构。广义表的常用操作有取表头和取表尾。广义表通常采用链式存储结构，即头尾链表的存储结构和扩展线性链表的存储结构。

习 题

一、单项选择题

1. 串是一种特殊的线性表,其特殊性体现在( )。
   A. 可以顺序存储　　　　　　　　　B. 数据元素是一个字符
   C. 可以链式存储　　　　　　　　　D. 数据元素可以是多个字符

2. 以下关于串的叙述中正确的是( )。
   A. 串是一种特殊的线性表　　　　　B. 串中元素只能是字母
   C. 空串就是空白串　　　　　　　　D. 串的长度必须大于零

3. 串的长度是( )。
   A. 串中不同字母的个数　　　　　　B. 串中不同字符的个数
   C. 串中所含字符的个数,且大于 0　 D. 串中所含字符的个数

4. 两个字符串相等的条件是( )。
   A. 串的长度相等　　　　　　　　　B. 含有相同的字符集
   C. 都是非空串　　　　　　　　　　D. 串的长度相等且对应的字符相同

5. 若串 S="software",其子串个数是( )。
   A. 8　　　　　B. 37　　　　　C. 36　　　　　D. 9

6. 在 BF 模式匹配算法中,当模式串位 j 与目标串中位 i 比较时两字符不相等,则 j 的位移方式是( )。
   A. $j++$　　　B. $j=0$　　　C. $j=i-j+1$　　D. $j=j-i+1$

7. 在 KMP 模式匹配中用 next 数组存放模式串的部分匹配信息,当模式串 j 位与目标串位 i 比较时两字符不相等,则 i 的位移方式是( )。
   A. $i-\text{next}[j]$　　B. i 不变　　C. $i=0$　　D. $i=i-j+1$

8. 数组 $a[0..5, 0..6]$ 的每个元素占 5 个单元,将其按列优先次序存储在起始地址为 1000 的连续内存单元中,则元素 $a[5][5]$ 的地址为( )。
   A. 1175　　　B. 1180　　　C. 1205　　　D. 1210

9. 设二维数组 $a[1..5, 1..8]$,若按列优先的顺序存放数组的元素,则 $a[4][6]$ 元素的前面有( )个元素。
   A. 6　　　　　B. 28　　　　　C. 29　　　　　D. 40

10. 矩阵 $a[m][n]$ 和矩阵 $b[n][p]$ 相乘,其时间复杂度为( )。
    A. $O(n)$　　B. $O(m\times n)$　　C. $O(m\times n\times p)$　　D. $O(n\times n\times n)$

11. 一个 n 阶上三角矩阵 a 按行优先顺序压缩存放在一维数组 b 中,则 b 中的元素个数是( )。
    A. n　　　B. $n2$　　　C. $n(n+1)/2$　　D. $n(n+1)/2+1$

12. 在下列 4 个广义表中,长度为 1、深度为 4 的广义表是( )。
    A. ((),((a)))　　　　　　　　　　B. ((((a),b)),c)

C. $(((a,b),(c)))$ D. $(((a,(b),c)))$

13. 空的广义表是指广义表（　　）。
   A. 深度为 0   B. 尚未赋值
   C. 不含任何原子   D. 不含任何元素
14. 对于广义表$((a,b),(()),(a,(b)))$来说，其（　　）。
   A. 长度为 4   B. 深度为 4   C. 有两个原子   D. 有 3 个元素
15. 在广义表$((a,b),c,((d),e),(f,j,(g),(h)))$中，第 4 个元素的第 3 个元素是（　　）。
   A. 原子 g B. 子表 (g) C. 原子 e D. 子表 $((d),e)$

二、简答题

1. C/C++ 语言中提供了字符串的一组功能函数，为什么在数据结构中还要讨论串？
2. 空串与空格串有何区别？
3. 已知模式串 t="abcaabbabcab"，写出用 KMP 法求得的每个字符对应的 next 函数值。
4. 为什么数组极少使用链式结构存储？
5. 设二维数组 $a[0..9,0..19]$ 采用顺序存储方式，每个数组元素占用一个存储单元，$a[0][0]$ 的存储地址为 200，$a[6][2]$ 的存储地址是 322，问该数组采用的是按行优先存放还是按列优先存放的方式？

三、算法设计题

1. 设计一个高效算法，将顺序串的所有字符逆置，要求算法的空间复杂度为 $O(1)$。
2. 对于采用顺序结构存储的串，设计一个比较这两个串是否相等的算法 Equal()。
3. 假设有一个 m 行 n 列的二维数组 a，其中所有元素为整数。其大量的运算是求左上角为 $a[i,j]$，右下角为 $a[s,t]$ $(i<s,j<t)$ 的子矩阵的所有元素之和。请设计一个时间复杂度为 $O(1)$ 的算法求给定子矩阵中的所有元素之和。

第5章 树和二叉树

学习目标

1. 掌握树的定义及相关概念,熟练掌握二叉树的定义及其性质。
2. 熟练掌握二叉树的顺序存储结构和链式存储结构。
3. 熟练掌握二叉树遍历的概念,熟练掌握前序、中序、后序和层次遍历的方法及算法实现,掌握递归遍历算法向非递归算法转换的过程。
4. 掌握遍历算法的应用。
5. 理解线索二叉树的概念与存储结构,了解二叉树线索化的方法。
6. 理解树、森林与二叉树之间的转化方法。
7. 掌握 WPL、哈夫曼树的定义,掌握构造哈夫曼树的过程和算法。

知识结构图

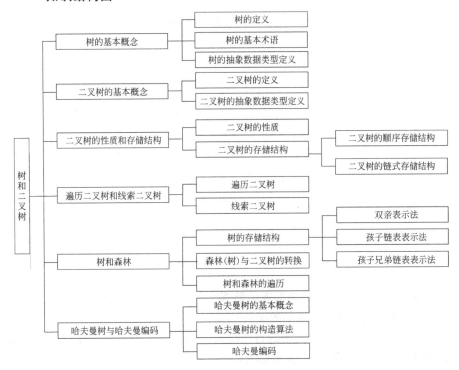

5.1 树的基本概念

树是一种应用广泛和重要的数据结构,可用来描述有层次结构的数据,属于一种分层的非线性结构。树的应用范围很广,包括图书分类结构、计算机的文件目录、大学的组织机构图等均是一种树状结构的应用。

5.1.1 树的定义

树(tree)是 $n(n \geqslant 0)$ 个结点所组成的有限集合。若 $n=0$,称为空树。否则,在任何一棵非空树中满足以下条件:

(1) 有且仅有一个特定的没有前驱的结点,称为树的根(root);

(2) 除根以外的其余结点可分为 $m(m>0)$ 个互不相交的有限集合 $T_1, T_2, \cdots, T_m$,其中每个集合本身又是一棵树,称为根的子树(subtree)。

在定义"树"的概念中使用了"子树"的概念,说明了树具有递归的特性。

"$T_1, T_2, \cdots, T_m$ 是互不相交的有限集",即不允许子树之间有任何连接,保证了树中结点前驱和后继之间一对多的特性;"每一个集合本身又是一棵树,称为根的子树"说明各棵子树 $T_1, T_2, \cdots, T_m$ 具有与树相同的特性。

如图 5-1 所示,图(a)是只有一个根结点的树;图(b)是有 10 个结点的树,其中 A 是根,其余结点分成 2 个互不相交的子集:$T_1 = \{B, D, E, F, I, J\}, T_2 = \{C, G, H\}$。$T_1$ 和 T_2 都是根 A 的子树,且本身也是一棵树。例如 T_1,其根为 B,其余结点分为 3 个互不相交的子集:$T_{11} = \{D\}, T_{12} = \{E, I, J\}, T_{13} = \{F\}$。$T_{11}$、$T_{12}$ 和 T_{13} 都是 B 的子树。而 T_{12} 中 E 是根,$\{I\}$ 和 $\{J\}$ 是 E 的两棵互不相交的子树,其本身又是只有一个根结点的树。

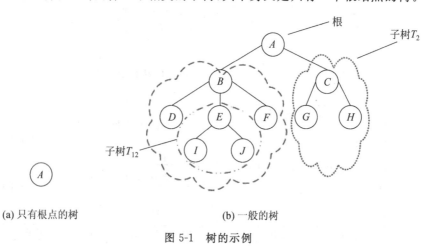

图 5-1 树的示例

树还可有如下 3 种其他的表示形式。

(1) 凹入表示法(类似书的编目)

树的凹入表示法,如同书的目录结构。树的凹入表示法主要用于树的屏幕显示和打印输出。图 5-1(b)的凹入表示如图 5-2 所示。

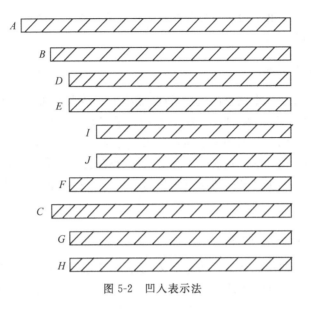

图 5-2 凹入表示法

(2) 嵌套集合表示法。

树的嵌套集合表示法,是指使用一些集合的集体,对于其中任意两个集合,或者互不相交,或者一个包含另一个。用嵌套集合的形式表示树,就是将根结点视为一个大的集合,其若干棵子树构成这个大集合中的若干个互不相交的子集,如此嵌套下去,即构成一棵树的嵌套集合,图 5-1(b)的嵌套集合表示如图 5-3 所示。

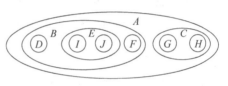

图 5-3 嵌套集合表示法

(3) 广义表的形式。

树的广义表表示就是将由子树所组成的表作为根。表的名称写在表的左边,这样依次将树表示出来。下式就是图 5-1(b)的广义表表示。

$$(A(B(D,E(I,J),F),C(G,H)))$$

表示方法的多样化,正说明了树结构在日常生活及计算机程序设计中的重要性。一般来说,分等级的分类方案都可用层次结构来表示,也就是说,都可由一个树结构来表示。

5.1.2 树的基本术语

1. 结点的度和树的度

(1) 结点:树中的一个独立单元。包含一个数据元素及若干指向其子树的分支,如图 5-1(b)中的 A、B、C、D 等(下面术语均以图 5-1(b)为例来说明)。

(2) 结点的度:在树中一个结点的子结点个数称为结点的度。例如,A 的度为 2,C 的度为 2,F 的度为 0。

(3) 树的度:树中度数最大的结点的度数。图 5-1(b)所示的树的度为 3。

(4) 叶子:度为 0 的结点称为叶子或终端结点。结点 D、I、J、F、G、H 都是树的叶子。

(5) 非终端结点：度不为 0 的结点称为非终端结点或分支结点。除根结点之外，非终端结点也称为内部结点。

2. 双亲、孩子和兄弟

(1) 孩子和双亲：每个结点的直接后继，被称为该结点的孩子。相应地，该结点被称为孩子结点的双亲。例如，B 的双亲为 A，B 的孩子有 D、E 和 F。

(2) 兄弟：具有同一双亲的孩子结点互相称为兄弟。例如，I 和 J 互为兄弟。

(3) 祖先：是从根到该结点所经过分支上的所有结点。例如，J 的祖先为 A、B、E。

(4) 子孙：结点的子孙是以该结点为根的子树上的所有结点。例如，B 的子孙为 D、E、F、I、J。

3. 结点的层次和树的深度

(1) 层次：结点的层次从根开始起定义，根为第 1 层，根的孩子为第 2 层。树中任一结点的层次等于其双亲结点的层次加 1。例如，A、B、F 结点的层次分别为 1、2、3 层。

(2) 堂兄弟：双亲在同一层的结点互为堂兄弟。例如，结点 G 与 D、E、H 互为堂兄弟。

(3) 树的深度：空树的深度为 0；在非空树中，所有结点的最大层次称为树的深度（或高度）。例如，图 5-1(b) 树的深度为 4。

4. 路径、路径长度

(1) 路径：对于任意两个结点 K_i 和 K_j，若树中存在一个结点序列，使得序列中除 K_i 外任一结点都是其在序列中的前一个结点的后继，则称该结点序列为从 K_i 到 K_j 的一条路径。

(2) 路径长度：路径上经过的分支数目称为路径长度。例如，图 5-1(b) 中 A 到 I 路径长度为 3。

5. 有序树和无序树

对子树的次序不加区别的树叫作无序树。对子树之间的次序加以区别的树叫作有序树。在有序树中最左边的子树的根称为第一个孩子，最右边的称为最后一个孩子。

6. 森林

森林是 $m(m \geqslant 0)$ 棵互不相交的树的集合。对树中每个结点而言，其子树的集合即为森林。由此，也可以用森林和树相互递归的定义来描述树。

就逻辑结构而言，任何一棵树都是一个二元组 Tree=(root,F)，其中 root 是数据元素，称作树的根结点；F 是 $m(m \geqslant 0)$ 棵树的森林，$F=(T_1,T_2,T_m)$，其中 $T_i=(r_i,F_i)$ 称作根 root 的第 i 棵子树；此时，在树根和其子树森林之间存在下列关系：

$$RF = \{<\text{root},r_i> | i=1,2,\cdots,m, m \geqslant 0\}$$

这个定义将有助于得到森林和树与二叉树之间转换的递归定义。

5.1.3 树的抽象类型定义

下面给出树的抽象数据类型定义：

```
ADT Tree{
    数据对象：D是具有相同特性的数据元素的集合。
    数据关系：若D为空集,则称为空树;若D仅含一个数据元素,则R为空集,否则R={H},H
是如下二元关系:
(1) 在D中存在唯一的称为根的数据元素root,它在关系H下无前驱;
(2) 除root以外,D中每个结点在关系H下都有且仅有一个前驱。
    基本操作：
        InitTree(&T)
            操作结果：构造空树T。
        DestroyTree(&T)
            初始条件：树T存在。
            操作结果：销毁树T。
        CreateTree(&T,definition)
            初始条件：definition给出树T的定义。
            操作结果：按definition构造树T。
        ClearTree(&T)
            初始条件：树T存在。
            操作结果：将树T清为空树。
        TreeEmpty(T)
            初始条件：树T存在。
            操作结果：若T为空树,则返回true,否则false。
        TreeDepth(T)
            初始条件：树T存在。
            操作结果：返回T的深度。
        Root(T)
            初始条件：树T存在。
            操作结果：返回T的根。
        Value(T,cur_e)
            初始条件：树T存在,cur_e是T中某个结点。
            操作结果：返回cur_e的值。
        Assign(T,cur_e,value)
            初始条件：树T存在,cur_e是T中某个结点。
            操作结果：结点cur_e赋值为value。
        Parent(T,cur_e)
            初始条件：树T存在,cur_e是T中某个结点。
            操作结果：若cur_e是T的非根结点,则返回它的双亲,否则函数值为"空"。
```

```
LeftChild(T,cur_e)
    初始条件：树 T 存在,cur_e 是 T 中某个结点。
    操作结果：若 cur_e 是 T 的非叶子结点,则返回它的最左孩子,否则返回"空"。
RightSibling(T,cur_e)
    初始条件：树 T 存在,cur_e 是 T 中某个结点。
    操作结果：若 cur_e 有右兄弟,则返回它的右兄弟,否则函数值为"空"。
InsertChild(&T,p,i,c)
    初始条件：树 T 存在,p 指向 T 中某个结点,非空树 c 与 T 不相交。
    操作结果：插入 c 为 T 中 p 指结点的第 i 棵子树。
DeleteChild(&T,p,i)
    初始条件：树 T 存在,p 指向 T 中某个结点,1≤i≤d,d 为 p 所指向结点的度。
    操作结果：删除 T 中 p 所指结点的第 i 棵子树。
TraverseTree(T)
    初始条件：树 T 存在。
    操作结果：按某种次序对 T 的每个结点访问一次。
}ADT Tree
```

5.2 二叉树基本概念

二叉树(binary tree)又称二分树,它在树状结构中具有非常重要的作用,特别是广泛地应用在计算机领域中。二叉树具有处理方便、存储简单等特点,而且任何一棵树都可以转换成二叉树,从而对于树的表示与处理便可用二叉树的表示和相关运算来实现。这样就解决了树的存储结构及其运算中所存在的复杂性问题。

5.2.1 二叉树的定义

二叉树可以定义为结点的有限集合,这个集合或者为空集,或者由一个称为根的结点和两棵不相交的分别称作这个根的左子树和右子树的二叉树组成。

显然,二叉树的上述定义是个递归定义。二叉树可以是个空集合,这时的二叉树称为空二叉树。二叉树也可以是只有一个结点的集合,这个结点只能是根,它的左子树和右子树均是空二叉树。

由此,二叉树可以有 5 种基本形态,如图 5-4 所示。

(a) 空二叉树　　(b) 只有根结点的二叉树　　(c) 右子树为空的二叉树　　(d) 左子树为空的二叉树　　(e) 左右子树均为非空的二叉树

图 5-4　二叉树的 5 种形态

5.2.2 二叉树的抽象数据类型定义

二叉树的抽象数据类型定义如下:

```
ADT BinaryTree{
    数据对象:D是具有相同特性的数据元素的集合。
    数据关系:
    若D=φ,则R=φ,称BinaryTree为空二叉树;
    若D≠φ,则R={H},H是如下二元关系:
    (1) 在D中存在唯一的称为根的数据元素root,它在关系H下无前驱;
    (2) 若D-{root}≠φ,则存在D-{root}={D_l,D_r},且D_l∩D_r=φ;
    (3) 若D_l≠φ,则D_l中存在唯一的元素x_l,<root,x_l>∈H,且存在D_l上的关系H_l⊂H;若
        D_r≠φ,则D_r中存在唯一的元素x_r,<root,x_r>∈H,且存在D_r上的关系H_r⊂H;H={<
        root,x_l>,<root,x_r>,H_l,H_r};
    (4) (D_l,{H_l})是一棵符合本定义的二叉树,称为根的左子树,(D_r,{H_r})是一棵符合本定
        义的二叉树,称为根的右子树。
    基本操作:
    InitBiTree(&T)
        初始条件:二叉树T不存在。
        操作结果:构造一颗空二叉树T。
    DestroyBiTree(&T)
        初始条件:二叉树T存在。
        操作结果:销毁二叉树T。
    CreateBiTree(&T,definition)
        初始条件:definition给出二叉树T的定义。
        操作结果:按definition构造二叉树T。
    ClearBiTree(&T)
        初始条件:二叉树T存在。
        操作结果:将二叉树T清为空树。
    BiTreeEmpty(T)
        初始条件:二叉树T存在。
        操作结果:若T为空二叉树,则返回true,否则false。
    BiTreeDepth(T)
        初始条件:二叉树T存在。
        操作结果:返回T的深度。
    Root(T)
        初始条件:二叉树T存在。
        操作结果:返回T的根。
    Value(T,e)
        初始条件:二叉树T存在,e是T中某个结点。
        操作结果:返回e的值。
```

Assign(T,&e,value)

　　初始条件：二叉树T存在，e是T中某个结点。

　　操作结果：结点e赋值为value。

Parent(T,e)

　　初始条件：二叉树T存在，e是T中某个结点。

　　操作结果：若e是T的非根结点，则返回它的双亲，否则返回"空"。

LeftChild(T,e)

　　初始条件：二叉树T存在，e是T中某个结点。

　　操作结果：返回e的左孩子。若e无左孩子，则返回"空"。

RightChild(T,e)

　　初始条件：二叉树T存在，e是T中某个结点。

　　操作结果：返回e的右孩子。若e无右孩子，则返回"空"。

LeftSibling(T,e)

　　初始条件：二叉树T存在，e是T中某个结点。

　　操作结果：返回e的左兄弟。若e是T的左孩子或无左兄弟，则返回"空"。

RightSibling(T,e)

　　初始条件：二叉树T存在，e是T中某个结点。

　　操作结果：返回e的右兄弟。若e是T的右孩子或无右兄弟，则返回"空"。

InsertChild(&T,p,LR,c)

　　初始条件：二叉树T存在，p指向T中某个结点，LR为0或1，非空二叉树c与T不相交且右子树为空。

　　操作结果：根据LR为0或1，插入c为T中p所指结点的左或右子树。p所指结点的原有左或右子树则成为c的右子树。

DeleteChild(&T,p,LR)

　　初始条件：二叉树T存在，p指向T中某个结点，LR为0或1。

　　操作结果：根据LR为0或1，删除T中p所指结点的左或右子树。

PreOrderTraverse(T)

　　初始条件：二叉树T存在。

　　操作结果：先序遍历T，对每个结点访问一次。

InOrderTraverse(T)

　　初始条件：二叉树T存在。

　　操作结果：中序遍历T，对每个结点访问一次。

PostOrderTraverse(T)

　　初始条件：二叉树T存在。

　　操作结果：后序遍历T，对每个结点访问一次。

LevelOrderTraverse(T)

　　初始条件：二叉树T存在。

　　操作结果：层序遍历T，对每个结点访问一次。

}ADT BinaryTree

5.3 二叉树的性质和存储结构

5.3.1 二叉树的性质

二叉树具有一些非常重要的性质,如下所述:

性质 1 在二叉树的第 i 层上至多有 2^{i-1} 个结点($i>0$)。

证明 采用归纳法来证明。

$i=1$ 层时,只有一个根结点:故 $2^{i-1}=2^0=1$,命题成立。

现在假设对所有的 j,$1 \leqslant j<i$,命题成立,即 j 层上至多有 2^{j-1} 个结点。

由归纳证明:二叉树上每个结点至多有两棵子树,故在第 i 层上的结点数至多是第 $i-1$ 上最大结点数的 2 倍,即第 i 层的结点数至多为: $2^{i-2} \times 2 = 2^{i-1}$,命题成立。

性质 2 深度为 k 的二叉树上至多含 2^k-1 个结点($k \geqslant 1$)。

证明 由性质 1 可知,深度为 k 的二叉树的最大结点数为:

$$\sum_{i=1}^{k}(\text{第 } i \text{ 层最多的结点数}) = \sum_{i=1}^{k} 2^{i-1} = 2^k - 1 \tag{5-1}$$

性质 3 对于任何一棵非空二叉树,如果它含有 n_0 个叶子结点,度为 2 的结点数为 n_2 个,则有:$n_0 = n_2 + 1$。

证明 设一棵非空二叉树中有 n 个结点,度为 1 的结点个数为 n_1,因为二叉树中所有结点的度数均不大于 2,所以

$$n = n_0 + n_1 + n_2 \tag{5-2}$$

在二叉树中,除根结点外,其余每个结点都有并且仅有一个前驱(一个从其父结点指向它的边)。假设边的总数为 B,则有

$$B = n - 1 \tag{5-3}$$

又由于二叉树中的边都是由度数为 1 和 2 的结点发出的,所以有

$$B = n_1 + 2n_2 \tag{5-4}$$

综合式(5-2)~(5-4)式可得 $n_0 = n_2 + 1$。

现在介绍两种特殊形态的二叉树,它们是满二叉树和完全二叉树。

满二叉树:在一棵二叉树中,如果所有分支结点的度均为 2,且所有叶子结点在同一层上,则这棵二叉树称为满二叉树,如图 5-5 所示,是一棵深度为 4 的满二叉树。

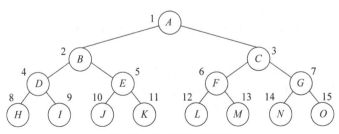

图 5-5 满二叉树示意图

满二叉树的特点:每一层上的结点数都是最大结点数,即每一层 i 的结点数都具有最大值 2^{i-1}。

性质 4 在满二叉树中,叶子结点的个数比分支结点个数多 1。

证明 由于在满二叉树中,分支结点度数全部为 2,其他结点都是叶结点。根据性质 3,可以得到此性质。

可以对满二叉树的结点进行连续编号,约定编号从根结点起,自上而下,自左至右。由此可引出完全二叉树的定义。

完全二叉树:深度为 k 的,有 n 个结点的二叉树,当且仅当其每一个结点都与深度为 k 的满二叉树中编号从 1 至 n 的结点一一对应时,称为完全二叉树。图 5-6 所示为一棵深度为 4 的完全二叉树。

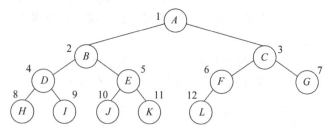

图 5-6 完全二叉树示意图

完全二叉树的特点如下。

(1) 叶子结点只可能在层次最大的两层上出现;

(2) 对任一结点,若其右分支下的子孙的最大层次为 r,则其左分支下的子孙的最大层次必为 r 或 $r+1$。图 5-7 中(a)和(b)不是完全二叉树。

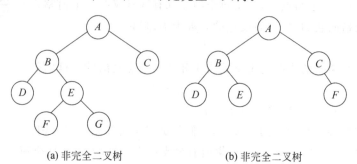

(a) 非完全二叉树   (b) 非完全二叉树

图 5-7 特殊形态的二叉树

完全二叉树在很多场合下出现,下面的性质 5 和性质 6 是完全二叉树的两个重要特性。

性质 5 具有 n 个结点的完全二叉树的深度 k 为 $[\log_2 n]+1$。

证明 根据性质 2 和完全二叉树的定义可知

$$2^{k-1}-1 < n \leqslant 2^k-1$$

即

$$2^{k-1} \leqslant n < 2^k$$

对不等式中每项取对数有
$$k-1 \leqslant \log_2 n < k$$
由于 k 为整数,所以 $k=[\log_2 n]+1$,其中 $[\log_2 n]$ 是不大于 $\log_2 n$ 的最大整数。

性质6 如果对一棵有 n 个结点的完全二叉树(其深度为 $[\log_2 n]+1$)的结点按层序编号(从第 1 层到第 $[\log_2 n]+1$ 层,每层从左到右),则对任一结点 $i(1 \leqslant i \leqslant n)$,有

(1) 如果 $i=1$,则结点 i 是二叉树的根,无双亲;如果 $i>1$,则其双亲 PARENT(i) 是结点 $\lfloor i/2 \rfloor$(向下取整)。

(2) 如果 $2i>n$,则结点 i 无孩子(结点 i 为叶子结点);否则其左孩子 LCHILD(i) 是结点 $2i$。

(3) 如果 $2i+1>n$,则结点 i 无右孩子;否则其右孩子 RCHILD(i) 是结点 $2i+1$。

在此省略证明过程,读者可由图 5-8 直观地看出性质 5 所描述的结点与编号的对应关系。

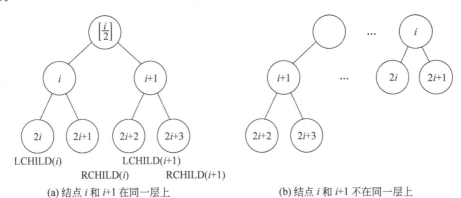

(a) 结点 i 和 $i+1$ 在同一层上　　　　(b) 结点 i 和 $i+1$ 不在同一层上

图 5-8　完全二叉树中结点 i 和 $i+1$ 的左、右孩子

5.3.2　二叉树的存储结构

二叉树的存储结构和线性结构类似,可以采用顺序存储和链式存储两种方式来实现,但由于二叉树的非线性特性,大多数情况下采用链式存储方式来实现。本节将讨论二叉树存储方式的优缺点,并详细阐述二叉树链式存储的特点。

1. 二叉树的顺序存储结构

二叉树的顺序存储结构是用一组地址连续的存储单元来存放二叉树的数据元素。在这种存储结构中,二叉树按照完全二叉树的编号原则,将编号为 i 的结点存储到下标为 $i-1$ 的数组单元中,利用性质 6 很容易找到结点的双亲、孩子和兄弟。如图 5-9 所示,一个具有 7 个结点的二叉树顺序存储于数组中。

容易看出,顺序存储结构对于完全二叉树而言,既简单又节省存储空间。但是对于一般二叉树,则会造成部分存储空间的浪费。在最坏的情况下,深度为 k 的右单支二叉树只有 k 个结点,却要占用 2^k-1 个存储单元。如图 5-10 所示,只有 4 个结点的右单支二叉树

却要占用 15 个存储单元。为了克服这个缺点,下一节引入二叉树的链式存储结构。

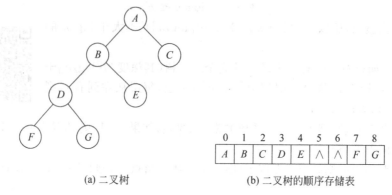

图 5-9　二叉树及其顺序存储表

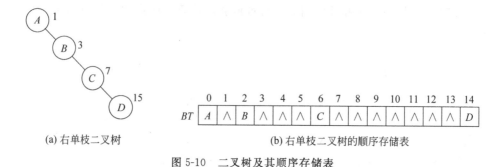

图 5-10　二叉树及其顺序存储表

下面给出二叉树顺序存储结构的定义:

```
#define MAXTSIZE 100                    //二叉树的最大结点数
typedef TElemType SqBiTree[MAXTSIZE];   //0号单元存储根结点
SqBiTree bt;
```

2. 二叉树的链式存储结构

在链式存储结构中,结点之间的逻辑关系是通过指针实现的。由于二叉树中每个结点最多有两个孩子结点,所以每个结点结构中除了数据域 data 外,还需要设置两个指针域 lchild 和 rchild,分别指向左孩子和右孩子,这种存储结构称为二叉链表,如图 5-11(a)所示。二叉链表便于找某个结点的孩子,但有时为了便于找结点的双亲,在结点结构中增加一个指向其双亲的指针域 parent,这种存储结构称为三叉链表,如图 5-11(b)所示。它的作用是指向该结点的双亲结点。这种存储结构既便于查找孩子结点,又便于查找双亲结点;但是,相对于二叉链表存储结构而言,它增加了空间开销。

如图 5-12 所示,给出了一棵二叉树 T 的二叉链表表示和三叉链表表示。

在不同的存储结构中,实现二叉树的操作方法也不同,如找结点 x 的双亲 parent,在三叉链表中很容易实现,而在二叉链表中则需从根指针出发寻查。由此,在具体应用中采

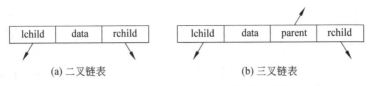

图 5-11　二叉链表与三叉链表的结点结构

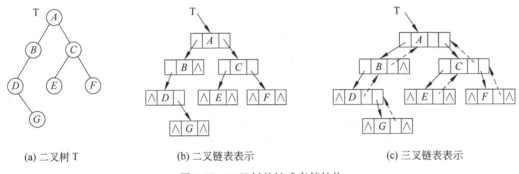

图 5-12　二叉树的链式存储结构

用什么存储结构,除考虑二叉树的形态之外还应考虑需进行何种操作。读者可以 5.4.1 节中定义的各种操作为例,对以上定义的各种存储结构进行比较。在 5.4 节的二叉树遍历及其应用的算法均采用以下定义的二叉链表存储结构来实现。

下面给出二叉链表存储结构的定义:

```
typedef struct BiTNode {
    TElemType data;                //数据域
    struct BiTNode *rchild;
    struct BiTNode *lchild;        //指向左右孩子的指针
}BiTNode, * BiTree;
```

三叉链表存储结构的定义只需增加一个指向双亲的 parent 指针即可,在此不再赘述。

二叉树的二叉链表和三叉链表有如下特点:

(1) 它们均由根 root 唯一确定,如二叉树为空,则 root=NULL。

(2) 具有 n 个结点的二叉链表,共有 $2n$ 个指针域,其中具有 $n+1$ 个空链域。

(3) 在三叉链表中易于查找某个结点的双亲,而在二叉链表中则需要遍历整棵树才能查找到某结点的双亲。

5.4　遍历二叉树和线索二叉树

基于二叉树的两种存储结构,本节将继续讨论二叉树基本操作的实现算法。二叉树的遍历操作是对二叉树进行各种操作的基础,因此,本节将重点介绍二叉树的遍历操作,并在遍历算法的基础上给出二叉树的创建、统计叶子结点数目和求深度等操作的实现算法。

5.4.1 遍历二叉树

遍历二叉树(traversing binary Tree)是指按照某种顺序访问二叉树中的结点,使得每个结点被访问一次且仅被访问一次。在实际应用问题中,常常需要按一定顺序对二叉树中的每个结点逐个进行访问,或者查找具有某一特点的结点,然后对这些满足条件的结点进行处理,因此遍历是二叉树中经常要用到的一种操作。

这里访问的含义很多,是指对结点做各种处理,如修改结点的值、对结点进行统计、调整结点之间的关系或是输出结点的信息。遍历二叉树操作也是二叉树其他各种操作的基础,遍历的实质是对二叉树进行线性化的过程,即遍历的结果是将非线性结构的树中结点排成一个线性序列。由于二叉树的每个结点都可能有两棵子树,因而需要寻找一种规律,以便使二叉树上的结点能排列在一个线性队列上,从而便于遍历。由于二叉树是非线性结构,所以确定访问各结点的次序,以便不重不漏地访问所有结点成为解决问题的关键。

回顾二叉树的递归定义可知,二叉树是由 3 个基本单元组成:根结点、左子树和右子树,如图 5-13 所示。因此,若能依次遍历这 3 部分,便是遍历了整个二叉树。假如以 L、D、R 分别表示遍历左子树、访问根结点和遍历右子树,则可有 DLR、LDR、LRD、DRL、RDL、RLD 这 6 种遍历二叉树的方案。若限定先左后右,则只有前 3 种情况,分别称为先(根)序遍历、中(根)序遍历和后(根)序遍历。

图 5-13 二叉树的组成

基于二叉树的递归定义,可得下述遍历二叉树的递归算法定义。

(1) 先序遍历二叉树的操作定义如下。

若二叉树为空,则为空操作,否则依次执行如下操作:

① 访问根结点;

② 先序遍历左子树;

③ 先序遍历右子树。

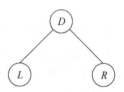

特别注意的是,在遍历左右子树时仍然采用先序遍历的方法,这是递归的定义方式。中序遍历和后序遍历与此相似。

(2) 中序遍历二叉树的操作定义如下。

若二叉树为空,则为空操作,否则依次执行如下操作:

① 中序遍历左子树;

② 访问根结点;

③ 中序遍历右子树。

(3) 后序遍历二叉树的操作定义如下。

若二叉树为空,则空操作,否则依次执行如下操作:

① 后序遍历左子树;

② 后序遍历右子树;

③ 访问根结点。

例如,如图 5-14 所示的二叉树表示下述表达式 a+b×(c－d)－e/f。若先序遍历此二叉树,按访问结点的先后次序将结点排列起来,可得到二叉树的先序序列为:

$$-+a\times b-cd/ef \qquad (5-5)$$

类似地,中序遍历此二叉树,可得此二叉树的中序序列为:

$$a+b\times c-d-e/f \qquad (5-6)$$

后序遍历此二叉树,可得此二叉树的后序序列为:

$$abcd-\times+ef/- \qquad (5-7)$$

从表达式来看,以上 3 个序列式(5-5)、式(5-6)和式(5-7)恰好为表达式的前缀表示(波兰式)、中缀表示和后缀表示(逆波兰式)。

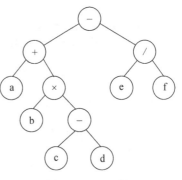

图 5-14 二叉树

1. 遍历二叉树算法

下面以二叉链表作为存储结构来具体讨论二叉树的遍历算法。

(1) 先序遍历二叉树的递归算法。

【算法步骤】 若二叉树为空,则结束遍历操作。否则,依次执行以下操作。

① 访问根结点;
② 前序遍历根结点的左子树;
③ 前序遍历根结点的右子树。

算法 5-1 先序遍历二叉树的递归算法

```
void PreOrder(BiTree root)
/*先序遍历二叉树,root 为指向二叉树(或某一子树)根结点的指针*/
{
    if(root!=NULL)
    {
        Visit(root->data);            /*访问根结点*/
        PreOrder(root->lchild);       /*先序遍历左子树*/
        PreOrder(root->rchild);       /*先序遍历右子树*/
    }
}
```

(2) 中序遍历二叉树的递归算法。

【算法步骤】 若二叉树为空,则结束遍历操作。否则,依次执行以下操作:

① 中序遍历根结点的左子树;
② 访问根结点;

③ 中序遍历根结点的右子树。

算法 5-2　中序遍历二叉树的递归算法

```
void InOrder(BiTree root)
/*中序遍历二叉树,root 为指向二叉树(或某一子树)根结点的指针*/
{
    if(root!=NULL)
    {
        InOrder(root->lchild);      /*中序遍历左子树*/
        Visit(root->data);          /*访问根结点*/
        InOrder(root->rchild);      /*中序遍历右子树*/
    }
}
```

(3) 后序遍历二叉树的递归算法。

【算法步骤】　若二叉树为空,则结束遍历操作。否则,依次执行以下操作:
① 后序遍历根结点的左子树;
② 后序遍历根结点的右子树;
③ 访问根结点。

算法 5-3　后序遍历二叉树的递归算法

```
void  PostOrder(BiTree root)
/*后序遍历二叉树,root 为指向二叉树(或某一子树)根结点的指针*/
{
    if(root!=NULL)
    {
        PostOrder(root->lchild);    /*后序遍历左子树*/
        PostOrder(root->rchild);    /*后序遍历右子树*/
        Visit(root->data);          /*访问根结点*/
    }
}
```

观察前面 3 种递归遍历算法,这 3 种算法的访问路径是相同的,只是访问根结点的时刻不同。对图中结点的遍历如图 5-15 所示,从根结点出发到终点的路径上,每个结点不同的遍历顺序用带编号的结点表示,如 A 结点对应的 $A1$、$A2$、$A3$ 分别表示前序、中序和后序访问 A 结点;"(1)"表示子树为空,只经过一次。先序遍历序列为 $A1B1C1D1E1$ 即 $ABCDE$;中序遍历序列为 $B2D2C2A2E2$ 即 $BDCAE$;后序遍历序列为 $D3C3B3E3A3$ 即 $DCBEA$。二叉树遍历的时间效率,因为每个结点只访问一次,所以为 $O(n)$;当为单支树时空间效率最低,此时栈占用的辅助空间最大为 $O(n)$。

遍历路径相同而遍历结果不同的原因在于遍历访问的时机不同:先序遍历是在深入时遇到结点就访问,中序遍历是在从左子树返回时遇到结点访问,后序遍历是在从右子树返回时遇到结点访问。在这一过程中,返回结点的顺序与深入结点的顺序相反,即后深入的结点先返回,正好符合栈结构后进先出的特点。因此,仿照递归算法的执行过程中递归工作栈的状态变化状况,可以直接写出相应的非递归算法,如算法 5-4 所示,其过程如下:

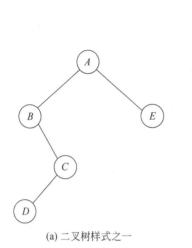
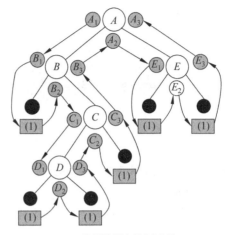

(a) 二叉树样式之一　　　　　　　(b) 遍历的递归执行过程

图 5-15　二叉树的遍历过程示意图

在沿左子树深入时,深入一个结点入栈一个结点,若为先序遍历,则在入栈之前访问该结点;当沿左分支深入不下去时,则返回,即从堆栈中弹出前面压入的结点;若为中序遍历,则此时访问该结点,然后从该结点的右子树继续深入;若为后序遍历,则将此结点再次入栈,然后从该结点的右子树继续深入,与前面类同,仍为深入一个结点入栈一个结点,深入不下去再返回,直到第 2 次从栈里弹出该结点并且访问此结点。

中序遍历的非递归算法如下。

【算法步骤】
① 初始化一个空栈 S,指针 p 指向根结点。
② 当 p 非空或者栈 S 非空时,循环执行以下操作:
- 如果 p 非空,则将 p 进栈,p 指向该结点的左孩子;
- 如果 p 为空,则弹出栈顶元素并访问,将 p 指向该结点的右孩子。

算法 5-4　中序遍历的非递归算法

```
void InOrder(BiTree root)          /*中序遍历二叉树的非递归算法*/
{
    InitStack(&S);
    p=root;
    while(p!=NULL || !StackEmpty(&S))
    {
        if(p!=NULL)                /*根指针进栈,遍历左子树*/
        {
            Push(&S,p);
            p=p->lchild;
        }
```

```
        else
        {                              /*根指针退栈,访问根结点,遍历右子树*/
            Pop(&S,&p);
            Visit(p->data);
            p=p->rchild;
        }
    }
}
```

按上述算法,如图 5-16(a)所示的二叉树的中序非递归遍历的栈 S 的变化过程如图 5-16(b)所示。

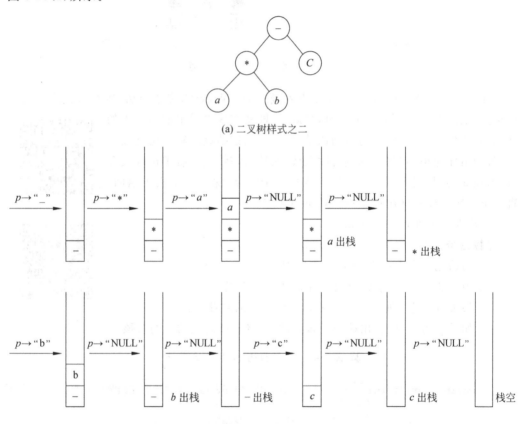

(a) 二叉树样式之二

(b) 非递归中序遍历时栈 S 的变化情况

图 5-16　非递归中序遍历时栈 S 的变化情况

【算法分析】　比较实现二叉树遍历的递归和非递归两种算法,递归实现算法易于理解,但是消耗了大量的内存资源,如果递归层次多,势必带来资源耗尽的危险;非递归算法则有一定的难度,必须深刻理解递归算法执行的实际步骤。

无论是递归还是非递归遍历二叉树,因为每个结点被访问一次,则不论按哪一种次序进行遍历,对含 n 个结点的二叉树,其时间复杂度均为 $O(n)$。所需辅助空间为遍历过程中栈的最大容量,即树的深度,最坏情况下为 n,则空间复杂度也为 $O(n)$。

二叉树的先序、中序和后序遍历是最常用的3种遍历方式。此外,还有一种按层次遍历二叉树的方式,所谓层次遍历是指从二叉树的第一层(根结点)开始,从上至下逐层遍历,在同一层中,则按从左到右的顺序对结点逐个访问。

由层次遍历的定义可以推知,在进行层次遍历时,对某一层结点访问之后,要按照对该层结点的访问次序对各个结点的左孩子和右孩子依次访问,这样一层一层进行,先遇到的结点先访问,这与队列的操作原则比较吻合。因此,在进行层次遍历时,可设置一个队列结构,遍历从二叉树的根结点开始,过程如下。

(1) 将根结点指针入队列。
(2) 从队列取出一个元素,每取一个元素,执行下面两个操作:
① 访问该元素所指结点;
② 若该元素所指结点的左、右孩子结点非空,则将该元素所指结点的左孩子指针和右孩子指针顺序入队。
(3) 不断重复过程(2),当队列为空时,二叉树的层次遍历结束。

2. 根据遍历序列确定二叉树

从前面讨论的二叉树的遍历知道,若二叉树中各结点的值均不相同,任意一棵二叉树结点的先序序列、中序序列和后序序列都是唯一的。反过来,若已知二叉树遍历的任意两种序列,能否确定这棵二叉树呢?这样确定的二叉树是否是唯一的呢?

在遍历二叉树的过程中,将结点按其访问的次序排列起来,所得到的结点序列称为遍历序列,显然对于一个给定的二叉树,其先序遍历序列、中序遍历序列和后序遍历序列都是唯一的,如果给定一棵二叉树的先序和中序序列,或由其后序序列和中序序列均能唯一地确定一棵二叉树。

根据定义,二叉树的先序遍历是先访问根结点,其次按先序遍历方式遍历根结点的左子树,最后按先序遍历方式遍历根结点的右子树。这就是说,在先序序列中,第一个结点一定是二叉树的根结点。另一方面,由于中序遍历是先中序遍历左子树,然后访问根结点,最后再中序遍历右子树。这样,根结点在中序序列中必然将中序序列分割成两个子序列,前一个子序列是根结点的左子树的中序序列,简称左子序列,而后一个子序列是根结点的右子树的中序序列,简称右子序列。然后再取先序序列的下一结点,如果该结点在左子序列中,则该结点为左子树的根结点,如果该结点位于右子序列中,则该结点是右子序列的根结点,同时该结点将相应的子序列分成了两个更小的子序列,如此重复这个过程,直到取尽先序序列中的所有结点时,便可以得到一棵二叉树。

同理,由二叉树的后序序列和中序序列也可唯一地确定一棵二叉树。依据后序遍历和中序遍历的定义,后序序列的最后一个结点,就如同先序序列的第一个结点,可将中序序列分成两个子序列,分别为这个结点左子树的中序序列和右子树的中序序列,再拿出后序序列的倒数第二个结点,并继续分割中序序列,如此递归下去,当倒着取尽后序序列中的结点时,便可以得到一棵二叉树。

【例 5-1】 已知一棵二叉树的中序序列和后序序列分别是 *BDCEAFHG* 和 *DECBHGFA*,请画出这棵二叉树。

【问题分析】

（1）由后序遍历特征，根结点必在后序序列尾部，即根结点是 A；

（2）由中序遍历特征，根结点必在其中间，而且其左部必然全部是左子树子孙（$BDCE$），其右部必然全部是右子树子孙（FHG）；

（3）根据后序中的 $DECB$ 子树可确定 B 为 A 的左孩子，根据 HGF 子序列可确定 F 为 A 的右孩子；依此类推，可以唯一地确定一棵二叉树，如图 5-17 所示。

但是，由一棵二叉树的先序序列和后序序列不能唯一确定一棵二叉树，因为无法确定左右子树两部分。例如，如果有先序序列 AB，后序序列 BA，因为无法确定 B 为左子树还是右子树，所以可得到如图 5-18 所示的两棵不同的二叉树。

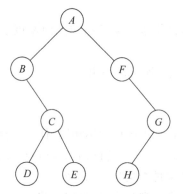

图 5-17　由中序序列和后序序列确定的二叉树

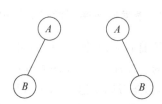

图 5-18　两棵不同的二叉树

3. 二叉树遍历算法的应用

遍历是二叉树各种操作的基础，假设访问结点的具体操作不仅局限于输出结点数据域的值，而把"访问"延伸到对结点的判别、计数等其他操作，可以解决一些关于二叉树的其他实际问题。如果在遍历过程中生成结点，这样便可建立二叉树的存储结构。

（1）创建二叉树的存储结构——二叉链表。

为简化问题，设二叉树中结点的元素均为一个单字符。假设按先序遍历的顺序建立二叉链表，T 为指向根结点的指针，对于给定的一个字符序列，依次读入字符，从根结点开始，递归创建二叉树。

【算法步骤】

① 扫描字符序列，读入字符 ch。

② 如果 ch 是一个"＃"字符，则表明该二叉树为空树，即 T 为 NULL；否则执行以下操作：

- 申请一个结点空间 T；
- 将 ch 赋给 T->data；
- 递归创建 T 的左子树；
- 递归创建 T 的右子树。

算法 5-5　先序遍历的顺序建立二叉链表

```
void CreateBiTree(BiTree * T)
{
//按先序次序输入二叉树中结点的值(一个字符),创建二叉链表表示的二叉树 T
    char val;
    scanf("%c",&val);
    if(val=='#')
        * T=NULL;                                       //递归结束,建立空树
    else
    {
        * T=(BiTree)malloc(sizeof(BiTreeNode));
        (* T)->data=val;                                //根结点数据域置为 ch
        CreateBiTree(&(* T)->lchild);                   //递归创建左子树
        CreateBiTree(&(* T)->rchild);                   //递归创建右子树
    }
}
```

(2) 复制二叉树。

复制二叉树就是利用已有的一棵二叉树复制得到另外一棵与其完全相同的二叉树。根据二叉树的特点,复制步骤如下:若二叉树不空,则首先复制根结点,这相当于二叉树先序遍历算法中访问根结点的语句;然后分别复制二叉树根结点的左子树和右子树,这相当于先序遍历中递归遍历左子树和右子树的语句。因此,复制函数的实现与二叉树先序遍历的实现非常类似。

【算法步骤】

如果是空树,递归结束,否则执行以下操作:

① 申请一个新结点空间,复制根结点;

② 递归复制左子树;

③ 递归复制右子树。

算法 5-6　复制二叉树

```
void Copy(BiTree T,BiTree &NewT)
{ //复制一棵和 T 完全相同的二叉树
    if(T==NULL)                                         //如果是空树,递归结束
    {
        NewT=NULL;
        return;
    }
    else
    {
        NewT=(BiTNode) malloc(sizeof(BiTNode));
```

```
        NewT->data=T->data;                    //复制根结点
        Copy(T->lchild,NewT->lchild);          //递归复制左子树
        Copy(T->rchild,NewT->rchild);          //递归复制右子树
    }
}
```

(3) 计算二叉树的深度。

二叉树的深度为树中结点的最大层次,二叉树的深度为左右子树深度的较大者加1。

【算法步骤】 如果是空树,递归结束,深度为0,否则执行以下操作:

① 递归计算左子树的深度记为 m;

② 递归计算右子树的深度记为 n;

③ 如果 m 大于 n,二叉树的深度为 $m+1$,否则为 $n+1$。

算法 5-7 计算二叉树的深度

```
int Depth(BiTree T)
{ //计算二叉树 T 的深度
    if(T==NULL) return 0;         //如果是空树,深度为 0,递归结束
    else
    {
        m=Depth(T->lchild);        //递归计算左子树的深度记为 m
        n=Depth(T->rchild);        //递归计算右子树的深度记为 n
        if(m>n) return (m+1);      //二叉树的深度为 m 与 n 的较大者加 1
        else return(n+1);
    }
}
```

显然,计算二叉树的深度是在后序遍历二叉树的基础上进行的运算。

(4) 统计二叉树中结点的个数。

如果是空树,则结点个数为0;否则,结点个数为左子树的结点个数加上右子树的结点个数再加上1。

【算法步骤】

① 采用递归算法,如果是空树,返回0;

② 如果只有一个结点,返回1;

③ 否则为左右子树的叶子结点数之和。

算法 5-8 统计二叉树中结点的个数

```
int leaf_b(BiTree root)
{
    int LeafCount;
    if(root==NULL)
        LeafCount=0;
    else
```

```
        if((root->lchild==NULL)&&(root->rchild==NULL))
            LeafCount=1;
        else
            LeafCount=1+leaf_b(root->lchild)+leaf_b(root->rchild);
    /*叶子数为左右子树的叶子数目之和*/
    return LeafCount;
}
```

读者可以模仿此算法,写出以下算法:统计二叉树中叶结点(度为 0)的个数,度为 1 的结点个数和度为 2 的结点个数。算法实现的关键是如何表示度为 0、度为 1 或度为 2 的结点。

5.4.2 线索二叉树

通过遍历二叉树的结果可以求得二叉树中结点的一个线性序列,其本质上是将一个非线性结构转化为线性结构。在这个线性序列中除了第一个结点和最后一个结点外,每个结点有且仅有一个直接前驱和直接后继,所以可以像在单链表中一样,求二叉树中某一结点的前驱和后继。

1. 线索二叉树的基本概念

遍历二叉树是以一定规则将二叉树中的结点排列成一个线性序列,得到二叉树中结点的先序序列、中序序列或后序序列。这实质上是对一个非线性结构进行线性化操作,使每个结点(除第一个和最后一个外)在这些线性序列中有且仅有一个直接前驱和直接后继。但是当以二叉链表作为存储结构时,只能找到结点的左、右孩子的信息,而不能直接得到结点在遍历序列中的直接前驱和直接后继信息,不同的遍历方式结点的先后顺序不同,二叉树线索化的实质是建立结点在某种遍历序列中与其前驱和后继之间的直接联系。

一个具有 n 个结点的二叉树若采用二叉链表存储结构,那么它共有 $2n$ 个指针域,但只有 $n-1$ 个指针域是用来存储结点孩子的地址,而另外 $n+1$ 个指针域都是空的。因此,可以利用某结点空的左指针域(lchild)指出该结点在某种遍历序列中的直接前驱结点的存储地址,利用该结点空的右指针域(rchild)指出该结点在某种遍历序列中的直接后继结点的存储地址;对于那些非空的指针域,则仍然存放指向该结点左、右孩子的指针。这样,就得到了一棵线索二叉树。此时需要附加左右两个标志位,目的是区分对应指针域的类型是子树还是线索。线索二叉树的结点结构如图 5-19 所示,并做如下规定:若结点有左子树,则其 lchild 域指示其左孩子,否则令 lchild 域指示其前驱;若结点有右子树,则其 rchild 域指示其右孩子,否则令 rchild 域指示其后继。为了避免混淆,尚需改变结点结构,增加两个标志域。

| lchild | LTag | data | RTag | rchild |

图 5-19 线索二叉树结点结构

$$LTag = \begin{cases} 0, & \text{lchild 域为左指针,指向其左孩子} \\ 1, & \text{lchild 域为左线索,指向其前驱} \end{cases}$$

$$RTag = \begin{cases} 0, & \text{rchild 域为右指针,指向其右孩子} \\ 1, & \text{lchild 域为右线索,指向其后继} \end{cases}$$

(5-8)

二叉树的二叉线索类型定义如下:

```
//--------二叉树的二叉线索存储表示--------
typedef struct BiThrNode
{
    TElemType data;
    struct BiThrNode *lchild,*rchild;      //左右孩子指针
    int LTag,RTag;                          //左右标志
}BiThrNode,*BiThrTree;
```

在这种存储结构中,指向结点前驱和后继的指针称为线索。以这种结构组成的二叉链表作为二叉树的存储结构,称为线索链表,其中加上线索的二叉树称为线索二叉树(threaded binary tree)。对二叉树以某种次序遍历使其变为线索二叉树的过程称为线索化。

由于遍历序列可由不同的遍历方法得到,因此,线索树有先序线索二叉树、中序线索二叉树和后序线索二叉树 3 种。线索化前首先要写出遍历的结果,之后将二叉链表的空指针域改变为各自结点的前驱或后继,同时修改标志域,如图 5-20 所示,以中序线索二叉树为例说明了二叉链表(图 5-20(a))与中序线索二叉树的存储形式(图 5-20(b))。其中实线为指针(指向左、右子树),虚线为线索(指向前驱和后继)。

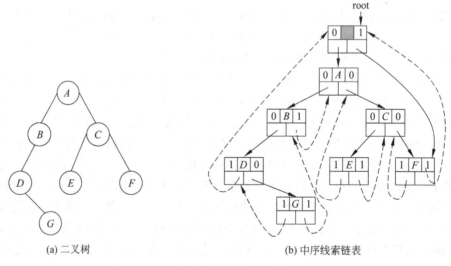

(a) 二叉树　　　　　　　　　　　(b) 中序线索链表

图 5-20　二叉链表与其线索化链表的存储形式

为了方便起见,仿照线性表的存储结构,在二叉树的线索链表上也添加一个头结点,并令其 lchild 域的指针指向二叉树的根结点,其 rchild 域的指针指向遍历序列中最后一

个结点;对于二叉树中序序列,就是将第一个结点的 lchild 域指针和最后一个结点 rchild 域的指针均指向头结点。这好比为二叉树建立了一个双向线索链表,既可从第一个结点起沿着后继进行遍历,也可从最后一个结点起沿着前驱进行遍历。

2. 构造线索二叉树

由于线索二叉树构造的实质是将二叉链表中的空指针改为指向前驱或后继的线索,而前驱或后继的信息只有在遍历时才能得到,因此线索化的过程即为在遍历的过程中修改空指针的过程,可用递归算法。对二叉树按照不同的遍历次序进行线索化,可以得到不同的线索二叉树。下面重点介绍中序线索化的算法。

为了记下遍历过程中访问结点的先后关系,附设一个指针 pre 始终指向刚刚访问过的结点,而指针 p 指向当前访问的结点,由此记录下遍历过程中访问结点的先后关系。算法 5-9 是对树中任意一点 p 为根的子树进行中序线索化的过程,算法 5-10 通过调用算法 5-9 来完成整个二叉树的中序线索化。

【算法步骤】

① 如果 p 非空,左子树递归线索化。

② 如果 p 的左孩子为空,则给 p 加上左线索,将其 LTag 置为 1,让 p 的左孩子指针指向 pre(前驱);否则将 p 的 LTag 置为 0。

③ 如果 pre 的右孩子为空,则给 pre 加上右线索,将其 RTag 置为 1,让 pre 的右孩子指针指向 p(后继);否则将 pre 的 RTag 置为 0。

④ 将 pre 指向刚访问过的结点 p,即 pre=p。

⑤ 右子树递归线索化。

算法 5-9 以结点 p 为根的子树中序线索化

```
void InThreading(BiThrTree p)
{ //pre是全局变量,初始化时其右孩子指针为空,便于在树的最左点开始建线索
  if (P)
  {
    InThreading(p->lchild);          //左子树递归线索化
    if(!p->lchild)                   //p的左孩子为空
    {
        p->LTag=1;   p->lchild=pre;  //给p加上左线索,左孩子指向前驱
    }
    else p->LTag=0;
    if(!pre->rchild)                 //pre的右孩子为空
    {
        pre->RTag=1;pre->rchild=p;   //给pre加上右线索,右孩子指向后继
    }
    else p->RTag=0;
    pre=p;                           //保持pre指向p的前驱
    InThrending(p->rchild);          //右子树递归线索化
  }
}
```

算法 5-10　带头结点的二叉树中序线索化

```
void InOrderThreading(BiThrTree &Thrt, BiThrTree T)
{ //中序遍历二叉树 T,并将其中序线索化,Thrt 指向头结点
    Thrt=(BiThrNode *)malloc(sizeof(BiThrNode));       //建头结点
    Thrt->LTag=0;                   //若树非空,头结点有左孩子,其左孩子为树根结点
    Thrt->RTag=1;                   //头结点的右孩子指针为右线索
    Thrt->rchild=Thrt;              //初始化时右指针指向自己
    if(!T) Thrt->lchild=Thrt;       //若树为空,则左指针也指向自己
    else
    {
        Thrt->lchild=T; pre=Thrt;//头结点的左孩子指向根,pre 初值指向头结点
        InThreading(T);             //调用算法 5-9,对以 T 为根的二叉树进行中序线索化
        pre->rchild=Thrt;
        //算法 5-9 结束后,pre 为最右结点,pre 的右线索指向头结点
        pre->RTag=1;
        Thrt->rchild=pre;           //头结点的右线索指向 pre
    }
}
```

3. 遍历线索二叉树

由于有了结点的前驱和后继信息,线索二叉树的遍历和在指定次序下查找结点的前驱和后继算法都变得简单。因此,若需经常查找结点在所遍历线性序列中的前驱和后继,则采用线索链表作为存储结构。

下面分 3 种情况讨论在线索二叉树中如何查找结点的前驱和后继。

(1) 在中序线索二叉树中查找

① 查找 p 指针所指结点的前驱:

- 若 p->LTag 为 1,则 p 的左链指示其前驱;
- 若 p->LTag 为 0,则说明 p 有左子树,结点的前驱是遍历左子树时最后访问的一个结点(左子树中最右下的结点)。

② 查找 p 指针所指结点的后继:

- 若 p->RTag 为 1,则 p 的右链指示其后继;
- 若 p->RTag 为 0,则说明 p 有右子树。根据中序遍历的规律可知,结点的后继应是遍历其右子树时访问的第一个结点,即右子树中最左下的结点。

(2) 在先序线索二叉树中查找。

① 查找 p 指针所指结点的前驱:

- 若 p->LTag 为 1,则 p 的左链指示其前驱;
- 若 p->LTag 为 0,则说明 p 有左子树。此时 p 的前驱有两种情况:若 *p 是其双

亲的左孩子,则其前驱为其双亲结点;否则应是其双亲的左子树上先序遍历最后访问到的结点。

② 查找 p 指针所指结点的后继:
- 若 p->RTag 为 1,则 p 的右链指示其后继;
- 若 p->RTag 为 0,则说明 p 有右子树。按先序遍历的规则可知,*p 的后继必为其左子树根(若存在)或右子树根(*p 无左子树时)。

(3) 在后序线索二叉树中查找。

① 查找 p 指针所指结点的前驱:
- 若 p->LTag 为 1,则 p 的左链指示其前驱;
- 若 p->LTag 为 0,当 p->RTag 也为 0 时,则 p 的右链指示其前驱;若 p->LTag 为 0,而 p->RTag 为 1 时,则 p 的左链指示其前驱。

② 查找 p 指针所指结点的后继情况比较复杂,分以下情况讨论:
- 若 *p 是二叉树的根,则其后继为空;
- 若 *p 是其双亲的右孩子,则其后继为双亲结点;
- 若 *p 是其双亲的左孩子,且 *p 没有右兄弟,则其后继为双亲结点;
- 若 *p 是其双亲的左孩子,且 *p 有右兄弟,则其后继为双亲的右子树上按后序遍历列出的第一个结点(即右子树中"最左下"的叶结点)。

如图 5-21 所示为后序线索二叉树,结点 B 的后继为结点 C,结点 C 的后继为结点 D,结点 F 的后继为结点 G,而结点 D 的后继为结点 E。

可见,在后序线索树上找前驱或在后序线索树上找后继时都比较复杂,此时若需要,可直接建立含 4 个指针的线索链表。

由于有了结点的前驱和后继信息,线索二叉树的遍历操作无须设栈,避免了频繁的进栈、出栈,因此在时间和空间上都较遍历二叉树节省。如果遍历某种次序的线索二叉树,则只要从该次序下的根结点出发,反复查找其在该次序下的后继,直到叶子结点。下面以遍历中序线索二叉树为例介绍该算法。

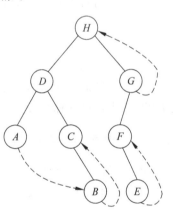

图 5-21 后序线索二叉树

【算法步骤】

① 指针 p 指向根结点。

② p 为非空树或遍历未结束时,循环执行以下操作:
- 沿左孩子向下,到达最左下结点 *p,它是中序的第一个结点;
- 访问 *p;
- 沿右线索反复查找当前结点 *p 的后继结点并访问后继结点,直至右线索为 0 或者遍历结束;
- 转向 p 的右子树。

算法 5-11　遍历中序线索二叉树

```
void InOrderTraverse_Thr(BiThrTree T)
{   //T 指向头结点,头结点的左链 lchild 指向根结点。
    //中序遍历二叉线索树 T 的非递归算法,对每个数据元素直接输出
    p=T->lchild;                              //p 指向根结点
    while(p!=T)                               //空树或遍历结束时,p==T
    {
        while(p->LTag==0) p=p->lchild;        //沿左孩子向下
        if(!Visit(p->data)) return ERROR;     //访问其左子树为空的结点
        while(p->RTag==1&&p->rchild!=T)
        {
            p=p->rchild;
            if(!Visit(p->data)) return ERROR; //沿右线索访问后继结点
        }
        p=p->rchild;                          //转向 p 的右子树
    }
}
```

【算法分析】 遍历线索二叉树的时间复杂度为 $O(n)$,空间复杂度为 $O(1)$,这是因为线索二叉树的遍历不需要使用栈来实现递归操作。

5.5　树和森林

本节将讨论树和森林的有关内容,包括树和森林的存储形式,树(森林)和二叉树之间的相互转化,树(森林)的遍历等。

5.5.1　树的存储结构

树有多种存储结构,其中最常见的是双亲表示法、孩子链表表示法和孩子兄弟链表表示法。不同的结构对有关运算的实现有较大的差异。

1. 双亲表示法

在树中除根结点外其余每个结点都有唯一的双亲结点,双亲表示法就是定义结构数组存放树的结点,数组的长度即树中结点的个数,每个结点含两个域:一个是存放结点本身信息的数据域(data),一个是指示本结点的双亲结点在数组中位置的双亲域(parent),其结点形式如图 5-22 所示。其中根结点的双亲地址不存在,可以用 -1 来表示。如图 5-23(a) 所示的树的双亲表示如图 5-23(b) 所示。

| data | parent |

图 5-22　双亲表示法的结点形式

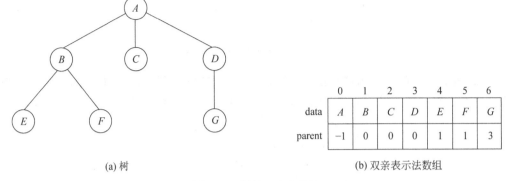

(a) 树　　　　　　　　　　　　(b) 双亲表示法数组

图 5-23　树的双亲表示法

双亲表示法定义如下：

```
#define Max 100           //结点数目的最大值
typedef struct TNode{
    TElemType data;       //数据域
    int parent;           //双亲位置域
}TNode;
```

树可以定义如下：

```
typedef struct {
    TNode tree[Max];
    int nodeNum;          //结点数
}ParentTree;
```

这种存储结构利用了每个结点（除根以外）只有唯一双亲的性质。在这种存储结构下，使得查找某个结点的双亲十分方便，也很容易找到树的根，但求结点的孩子时需要遍历整个结构。

在这种表示方法中求某个结点的最左子结点运算很容易实现，找到结点的全部子结点也很容易，但求某个结点的右兄弟实现起来比较费事，因为要找某结点的父结点，必须依次检查哪个结点的子表中包含该结点，而要找某结点右兄弟时则首先要找到其双亲结点，然后再从双亲结点的子表中找寻它的右兄弟结点。所以比较耗费时间。若要求更有效地搜索孩子结点，则需要重新选择存储结构。

2．孩子链表表示法

孩子链表表示法就是把每个结点的孩子结点连接成一个单链表，然后将各表头指针放在一个表中构成一个整体结构。n 个结点共有 n 个孩子链表，而 n 个头指针组成一个线性表。为了便于查找头指针，采用一维数组来存放，所以孩子链表表示法中存在两类结点：孩子结点和表头结点，如图 5-24 所示。

data	firstchild		child	nextchild

(a) 表头结点　　　　　　(b) 孩子结点

图 5-24　孩子链表表示法的结点结构

图 5-23(a) 中的树采用这种存储结构，其结果如图 5-25 所示。与双亲表示法比较，该表示法便于查找任意结点的孩子结点，但不便于查找各结点的双亲结点。

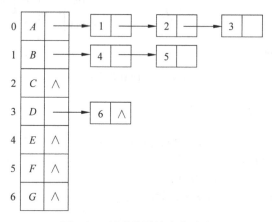

图 5-25　树的孩子链表表示法

孩子链表表示法定义如下：

```
#define Max 100
typedef struct CTNode{              /*孩子链表孩子结点结构定义*/
    int child;                      /*孩子结点的位置*/
    Struct CTNode * nextChild;      /*指向下一个孩子结点*/
}ChildPtr;
typedef struct {                    /*孩子链表表头结点结构表头定义*/
    TElemType data;                 /*孩子链表头结点的数据域*/
    ChildPtr * firstChild;          /*指向第一个孩子结点*/
}DataNode;
typedef struct{                     /*孩子链表存储结构定义*/
    DataNode nodes[Max];            /*孩子链表头结点数组*/
    int num,root;                   /*孩子结点数和根结点的位置*/
}CTree;
```

3. 孩子兄弟链表表示法

孩子兄弟链表表示法是对树中每个结点用一个链表结点来存储，每个链表结点中除了存放结点的值外，还有两个指针，一个用于指向该结点的第一个孩子结点，另一个用于指向该结点的下一个兄弟结点，故有此名。结点结构如图 5-26 所示。如图 5-23(a) 中的树的孩子兄弟链表结构如图 5-27 所示。

图 5-26 孩子兄弟链表表示法

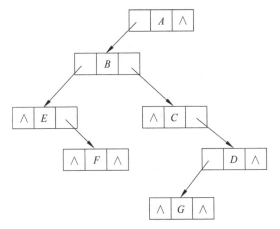

图 5-27 树的孩子兄弟链表表示法

孩子兄弟链表表示法定义如下：

```
typedef struct CSNode{
    TelemType data;                    /*结点信息*/
    struct CSNode * firstchild;        /*第一个孩子*/
    struct CSNode * nextsibling;       /*下一个兄弟*/
}CSNode, * CSTree;
```

可以看出该链表事实上就是前面所介绍的二叉树的存储结构之一，即二叉链表结构。由于每个二叉链表对应唯一一棵二叉树，由此可知，每棵树对应唯一一棵二叉树。也正因为如此，也称这种表示法为二叉链表表示法或二叉树表示法。

孩子兄弟表示法的最大优点是结点结构的统一，与二叉树的二叉链表表示法完全一致，因此可以利用二叉树的算法来实现对树的操作。孩子兄弟表示法的缺点是寻找某个指定结点的双亲结点比较麻烦，需要对树进行遍历，遍历时检查被访问的结点的各个子结点的位置是不是指定结点。

如果要存储森林，可以这样实现：将每棵树的根结点看作是兄弟结点。在这种约定下即可方便地实现森林的存储。

5.5.2 森林(树)与二叉树的转换

二叉树经常使用二叉链表进行存储，其左右指针域分别存放左右子树，树采用孩子兄弟链表存储时与二叉链表具有对应关系，如图 5-28 所示。由图中可以看出二叉树的二叉链表存储与树的孩子兄弟表示法存储后，二者的存储结构完全一致，说明二者有对应的关系，可以相互转换。图 5-29 所示为森林与二叉树的对应关系。

下面就介绍树与二叉树的转换方法。

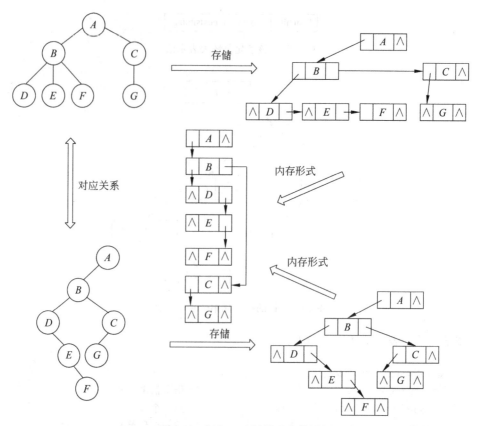

图 5-28 树与二叉树的对应关系

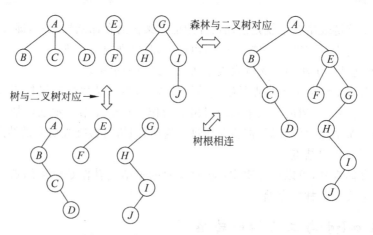

图 5-29 森林与二叉树之间的对应关系

1) 树转换成二叉树

(1) 加线：在兄弟之间加一连线；

(2) 抹线：对每个结点，除了其左孩子外，去除与其余孩子之间的关系；

(3) 旋转：以树的根结点为轴心，将整树顺时针转 45°。

2) 二叉树转换成树

(1) 加线：若 p 结点是双亲结点的左孩子，则将 p 的右孩子，右孩子的右孩子，……，沿分支找到的所有右孩子，都与 p 的双亲用线连起来；

(2) 抹线：抹掉原二叉树中双亲与右孩子之间的连线；

(3) 调整：将结点按层次排列，形成树结构。

3) 森林转换为二叉树

森林由多棵树组成，因此也与二叉树具有对应关系，也就是说，任何森林都唯一地对应到一棵二叉树；反过来，任何二叉树也都唯一地对应到一个森林。

由树和二叉树的转换可知，任意一棵和树对应的二叉树，其右子树一定为空，若把森林中的第二棵树的根结点看成是第一棵树的根结点的兄弟，则可以导出森林与二叉树的对应关系。

(1) 将各棵树分别转换成二叉树；

(2) 将每棵树的根结点用线相连。

(3) 以第一棵树根结点为二叉树的根，再以根结点为轴心，顺时针旋转，构成二叉树状结构。

4) 二叉树转换为森林

(1) 抹线：将二叉树中根结点与其右孩子连线，及沿右分支搜索到的所有右孩子间连线全部抹掉，使之变成孤立的二叉树。

(2) 还原：将孤立的二叉树还原成树。

5.5.3 树和森林的遍历

1. 树的遍历

由树结构的定义可引出两种次序遍历树的方法：先根（次序）遍历树和后根（次序）遍历，还有层次遍历方式。

① 先根（次序）遍历：若树不空，则先访问根结点，然后依次先根遍历各棵子树。

② 后根（次序）遍历：若树不空，则先依次后根遍历各棵子树，然后访问根结点。

③ 按层次遍历：若树不空，则自上而下从左到右访问树中每个结点。

如图 5-30 所示的树进行先根遍历，可得树的先根序列为 *ABEFKLGCHIDJ*。

若对此树进行后根遍历，则得树的后根序列为 *EKLFGBHICJDA*。

层次遍历的结果是 *ABCDEFGHIJKL*。

2. 森林的遍历

森林的遍历是对树遍历的推广，可以推出森林的两种主要遍历方法：先序遍历和中序遍历。

1) 先序遍历森林

若森林非空，则可按下述规则遍历：

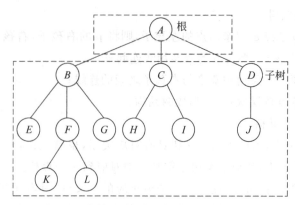

图 5-30　树的结构划分

(1) 访问森林中第一棵树的根结点；
(2) 先序遍历第一棵树的根结点的子树森林；
(3) 先序遍历除去第一棵树之后剩余的树构成的森林。

2) 中序遍历森林

若森林非空，则可按下述规则遍历：

(1) 中序遍历森林中第一棵树的根结点的子树森林；
(2) 访问第一棵树的根结点；
(3) 中序遍历除去第一棵树之后剩余的树构成的森林。

如图 5-31 所示的森林遍历结果如下，先序遍历森林为 $BEFKLGCHIDJ$；中序遍历森林为 $EKLFGBHICJD$。

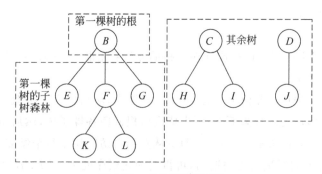

图 5-31　森林的结构划分

由森林与二叉树之间转换的规则可知，当森林转换成二叉树时，其第一棵树的子树森林转换成左子树，剩余树的森林转换成右子树，则上述森林的先序和中序遍历即为其对应的二叉树的先序和中序遍历。若对图 5-31 中所示的和森林对应的二叉树分别进行先序和中序遍历，可得和上述相同的序列。

由此可见，当以二叉链表做树的存储结构时，树的先根遍历和后根遍历可借用二叉树的先序遍历和中序遍历的算法实现。

5.6 哈夫曼树与哈夫曼编码

哈夫曼树(Huffman tree)又称最优二叉树，是一类带权路径长度最短的树，有着广泛的应用，如将其应用于建立最佳判定树、通信及数据传送中的二进制编码和文本文件的压缩等方面。本节介绍哈夫曼树的概念和构造算法，详细阐述了利用哈夫曼树解决最优前缀编码问题的过程。

5.6.1 哈夫曼树的基本概念

哈夫曼树的基本概念如下。

(1) 路径和路径长度：树中一个结点到另一个结点之间的分支称为这两个结点之间的路径，路径上分支的数目称为路径长度。

(2) 树的路径长度：树根到每个结点的路径长度之和，称为树的路径长度。

(3) 带权路径长度：结点到根的路径长度与结点上权值的乘积。

(4) 树的带权路径长度(Weighted Path Length, WPL)：树中所有叶子结点的带权路径长度之和。计算公式如下：

$$\mathrm{WPL} = \sum_{k=1}^{n} w_k l_k \tag{5-9}$$

其中，w_k 是每个叶子结点的权值，l_k 是叶子结点到根结点的路径长度，树的带权路径长度最小的二叉树就称为哈夫曼树或者最优二叉树。如图 5-32 所示不同形态的二叉树，都含 4 个叶子结点叶子且对应结点的权值相同，分别带权 1、2、3、5，但带权路径长度各不相同。

(a) WPL=5×2+3×2+2×2+1×2=22；
(b) WPL=5×1+3×2+2×3+1×3=20；
(c) WPL=5×3+3×3+2×2+1×1=29。

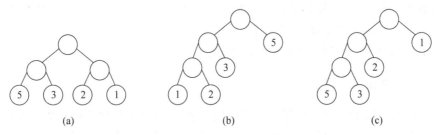

图 5-32 不同形态二叉树

(5) 哈夫曼树：假设有 n 个权值 $\{w_1, w_2, \cdots, w_n\}$，可以构造一棵含 n 个叶子结点的二叉树，每个叶子结点的权为 w_i，则其中带权路径长度 WPL 最小的二叉树称作最优二叉树或哈夫曼树。

如图 5-32 所示的 3 棵二叉树，其中以图 5-32(b)的树为最小。可以验证，它恰为哈夫曼树，即其带权路径长度在所有带权为 1、2、3、5 的 4 个叶子结点的二叉树中最小。哈夫曼树中具有不同权值的叶子结点的分布有什么特点呢？从上面的例子中,可以直观地发现,要使树带权路径长度小,必须让权值大的叶子的高度尽可能小,即尽可能靠近根结点,根据这个特点,哈夫曼最早给出了一个构造哈夫曼树的方法,称哈夫曼算法。一般来说,哈夫曼树的形态不是唯一的。

5.6.2 哈夫曼树的构造算法

1. 哈夫曼树的构造过程

（1）根据给定的 n 个权值 $\{w_1, w_2, \cdots, w_n\}$,构造 n 棵只有根结点的二叉树,这 n 棵二叉树构成一个森林 F。

（2）在森林 F 中选取两棵根结点的权值最小的树作为左右子树构造一棵新的二叉树,且置新的二叉树的根结点的权值为其左、右子树上根结点的权值之和。

（3）在森林 F 中删除这两棵树,同时将新得到的二叉树加入 F 中。

（4）重复(2)和(3),直到 F 只含一棵树为止。这棵树便是哈夫曼树。

在哈夫曼树的构造过程中,没有特别说明"选取两棵根结点权值最小的树作左右子树,构造一棵新的二叉树"时,左右子树哪一个存放最小值,因此用同一组权值构造出的哈夫曼树不唯一。

构造哈夫曼树时,需要指定哈夫曼树的 n 个权值,即意味着该树有 n 个叶子结点,合并后得到的哈夫曼树共有结点总数为 $2n-1$ 个结点,结点数目是确定的;而且每次都是选择两棵根结点权值最小的树作左右子树,构造一棵新的二叉树,即由孩子结点构造双亲结点,哈夫曼树中没有度为1的结点,所以设计算法时往往不用二叉链表的形式作为其存储结构,而是采用顺序存储结构,算法中需要频繁找到两个最小权值,顺序结构也更加易于实现。

【例 5-2】 给定字母 A,B,C,D,E 的使用频率为 $0.09, 0.15, 0.4, 0.28, 0.08$。设计哈夫曼树,并计算带权路径长度。

【分析】 哈夫曼树的构造是每次找到两个权值最小的结点经过 $n-1$ 次的合并的过程,构造的哈夫曼树过程如图 5-33 所示。

【解】 构造的哈夫曼树如图 5-33(e)所示。

2. 哈夫曼算法的实现

哈夫曼树的成用很广泛,根据不同的应用要求,可以赋予带权路径长度不同的解释。

哈夫曼树是一种二叉树,在线性结构中,由于元素之间具有简单的线性关系,使得找元素的算法比较简单清晰。但是,对于非线性结构,如本章讨论的二叉树和后面更加复杂的图等,由于每个结点的前驱和后继结点都可能不唯一,所以造成搜索的策略比较复杂。

搜索是数据结构中许多操作(如插入、删除、定位等)的基础。本节的目的就是抽象地(不依赖于具体存储结构)介绍在二叉树中进行系统搜索的主要策略。

当然可以采用前面介绍过的通用存储方法,由于哈夫曼树中没有度为1的结点,一棵有 n 个叶子结点的哈夫曼树共有 $2n-1$ 个结点,可以存储在一个大小为 $2n-1$ 的一维数

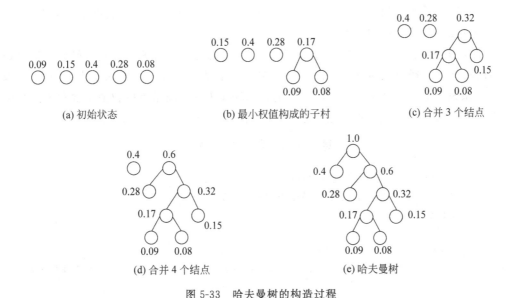

图 5-33 哈夫曼树的构造过程

组中。树中每个结点还要包含其双亲信息和孩子结点的信息,由此,每个结点的存储结构设计如图 5-34 所示。

| weight | parent | lchild | rchild |

图 5-34 哈夫曼树结点的形式

哈夫曼树的存储表示:

```
typedef struct{
    int weight;                      //结点的权值
    int parent,lchild,rchild;        //结点的双亲、左孩子、右孩子的下标
}HTNode, * HuffmanTree;              //动态分配数组存储哈夫曼树
```

哈夫曼树的各结点存储在由 HuffmanTree 定义的动态分配的数组中,为了实现方便,数组的 0 号单元不使用,从 1 号单元开始使用,所以数组的大小为 $2n$。将叶子结点集中存储在前面部分 $1\sim n$ 个位置,而后面的 $n-1$ 个位置存储其余非叶子结点。

构建哈夫曼树算法介绍如下。

【算法步骤】 在算法开始时,先按照算法思想的第一步,在数组 ht 中,由给定的 n 个权值构造成 n 棵只有一个外部结点的扩充二叉树;后 $n-1$ 个为内部结点,在构造过程中逐个确定。

根据上述表示的哈夫曼树,可以把哈夫曼算法的思想加以精化,得到下面给出的构造一棵哈夫曼树的算法。算法中的 MAXINT 是一个相当大的整数(大于所有权值之和),在选取权比较小的子二叉树时,用它作为默认的初值。

构造哈夫曼树算法的实现可以分成两大部分。

① 初始化:首先动态申请 $2n$ 个单元;然后循环 $2n-1$ 次,从 1 号单元开始,依次将 1

至 $2n-1$ 所有单元中的双亲、左孩子、右孩子的下标都初始化为 0；最后再循环 n 次，输入前 n 个单元中叶子结点的权值。

② 创建树：循环 $n-1$ 次，通过 $n-1$ 次的选择、删除与合并来创建哈夫曼树。选择是从当前森林中选择双亲为 0 且权值最小的两个树根结点 $s1$ 和 $s2$；删除是指将结点 $s1$ 和 $s2$ 的双亲改为非 0；合并就是将 $s1$ 和 $s2$ 的权值和作为一个新结点的权值依次存入到数组的第 $n+1$ 之后的单元中，同时记录这个新结点左孩子的下标为 $s1$，右孩子的下标为 $s2$。

算法 5-12 构造哈夫曼树

```
void CrtHuffmanTree(HuffmanTree * ht ,int * w,int n)
{ /* w存放已知的n个权值,构造哈夫曼树ht */
    int m,i;
    int s1,s2;
    m=2*n-1;
    * ht=(HuffmanTree)malloc((m+1) * sizeof(HTNode));   /* 0号单元未使用 */
    for(i=1;i<=n;i++)
        {/* 1~n号放叶子结点,初始化 */
        (* ht)[i].weight=w[i];
        (* ht)[i].lchild=0;
        (* ht)[i].parent=0;
        (* ht)[i].rchild=0;
        }
    for(i=n+1;i<=m;i++)
    {
        (* ht)[i].weight=0;
        (* ht)[i].lchild=0;
        (* ht)[i].parent=0;
        (* ht)[i].rchild=0;
    } /* 非叶子结点初始化 */
/* ------------初始化完毕！对应算法步骤1--------- */

    for(i=n+1;i<=m;i++)       /* 创建非叶子结点,建哈夫曼树 */
    { /* 在(* ht)[1]~(* ht)[i-1]的范围内选择两个parent为0且weight最小的结
         点,其序号分别赋值给s1、s2返回 */
        select(ht,i-1,&s1,&s2);
        (* ht)[s1].parent=i;
        (* ht)[s2].parent=i;
        (* ht)[i].lchild=s1;
        (* ht)[i].rchild=s2;
        (* ht)[i].weight=(* ht)[s1].weight+(* ht)[s2].weight;
    }
}/* 哈夫曼树建立完毕 */
```

【例 5-3】 已知 $w=(5,29,7,8,14,23,3,11)$，利用算法 5-12 试构造一棵哈夫曼树，

计算树的带权路径长度,并给出其构造过程中存储结构 HT 的初始状态和终结状态。

【解】 由题可知 $n=8$,则 $m=15$,按算法 5-10 可构造一棵哈夫曼树,如图 5-35 所示。

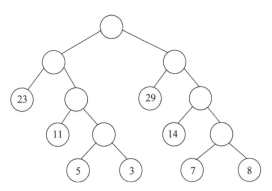

图 5-35 一棵哈夫曼树

树的带权路径长度计算如下:

$$\text{WPL} = \sum_{k=1}^{n} w_k l_k$$
$$= 23 \times 2 + 11 \times 3 + 5 \times 4 + 3 \times 4 + 29 \times 2 + 14 \times 3 + 7 \times 4 + 8 \times 4$$
$$= 271$$

其存储结构 HT 的初始状态如表 5-1(a)所示,其终结状态如表 5-2(b)所示。

表 5-1 存储结构

(a) HT 的初态				
结点 i	weight	parent	lchild	rchild
1	5	0	0	0
2	29	0	0	0
3	7	0	0	0
4	8	0	0	0
5	14	0	0	0
6	23	0	0	0
7	3	0	0	0
8	11	0	0	0
9	—	0	0	0
10	—	0	0	0
11	—	0	0	0
12	—	0	0	0
13	—	0	0	0
14	—	0	0	0
15	—	0	0	0

续表

(b)HT 的终态

结点 i	weight	parent	lchild	rchild
1	5	9	0	0
2	29	14	0	0
3	7	10	0	0
4	8	10	0	0
5	14	12	0	0
6	23	13	0	0
7	3	9	0	0
8	11	11	0	0
9	8	11	1	7
10	15	12	3	4
11	19	13	8	9
12	29	14	5	10
13	42	15	6	11
14	58	15	2	12
15	100	0	13	14

哈夫曼树在通信、编码和数据压缩等技术领域有着广泛的应用,下面讨论一个构造通信编码的典型应用——哈夫曼编码。

5.6.3 哈夫曼编码

哈夫曼树可以直接应用于通信及数据传送中的二进制编码。设:
$d=\{d_1,d_2,\cdots,d_n\}$ 为需要编码的字符集合;
$w=\{w_1,w_2,\cdots,w_n\}$ 为 d 中各字符出现的频率。
现要对 d 中的字符进行二进制编码,使得:
(1) 按给出的编码传输文件时,通信编码总长最短;
(2) 若 $d_i \neq d_j$,则 d_i 的编码不可能是 d_j 的编码的开始部分(前缀)。
满足上述要求的二进制编码称为最优前缀编码。

上述要求的第 1 条是为了提高传输的速度,第 2 条是为了保证传输的信息在译码时无二义性,所以在字符的编码中间不需要添加任意的分割符。

这个问题可以利用哈夫曼树加以解决:用 $d_1,d_2,\cdots,d_n$ 作为叶子结点,$w_1,w_2,\cdots,w_n$ 作为叶子结点的权,构造哈夫曼树。在哈夫曼树中把从每个结点引向其左子结点的边标上二进制数 0,把从每个结点引向右子结点的边标上二进制数 1,从根到每个叶结点的路径上的二进制数连接起来,就是这个叶结点所代表字符的最优前缀编码。通常把这种编码称为哈夫曼编码。

1. 哈夫曼编码的主要思想

哈夫曼树最典型的应用就是进行哈夫曼编码。在远距离传送电文时,字符的传送可以有多种方式,最直接的方式就是传送字符的 ASCII 码,但每个字符需要占用一个字节,变长编码技术可以使频度高的字符编码短,而频度低的字符编码长,但是变长编码可能使解码产生二义性。如 00、01、0001 这三个码无法在解码时确定是哪一个,所以要求在字符编码时任意一个字符的编码都不是其他字符编码的前缀,即不是前缀编码,所谓前缀编码是指在一个编码方案中,任一个编码都不是其他任何编码的前缀(最左子串)。

哈夫曼编码是指对一棵具有 n 个叶子的哈夫曼树,若对树中的每个左分支赋予 0,右分支赋予 1,则从根到每个叶子的路径上,各分支的赋值分别构成一个二进制串,该二进制串就称为哈夫曼编码。因为构造出哈夫曼树后向左分支为 0,向右分支为 1,因此从根到叶子的路径构成的编码互不相同,所以哈夫曼编码是前缀编码。对于包括 n 个字符的数据文件,分别以它们的出现次数为权值构造哈夫曼树,则利用该树对应的哈夫曼编码对文件进行编码,能使该文件压缩后对应的二进制文件的长度最短。因而哈夫曼编码是最优前缀编码。

在编码技术上哈夫曼树的应用很广泛,它能够容易地求出给定字符集及其概率分布,保证权值较大的字符(使用率高)对应的编码比较短,权值较小(使用频率低)对应的码比较长,这样会使整个电文的平均长度最短。

哈夫曼树的具体构造过程可以参考算法 5-12 和图 5-33 所示的哈夫曼树的构造过程。在该哈夫曼树中,约定左分支标记为 0,右分支标记为 1,则根结点到每个叶子结点路径上的 0、1 序列即为相应字符的编码。

由于哈夫曼编码是一种最优前缀编码,所以在解码时也十分容易,只要从二叉树的根结点开始,用需要解码的二进制位串从头开始与二叉树根结点到子结点边上标的 0、1 相匹配,确定一条到达树叶结点的路径。一旦到达树叶结点,则译出一个字符。然后再回到根结点,从二进制位串中的下一位开始继续解码。

2. 哈夫曼编码的算法实现

在构造哈夫曼树之后,求哈夫曼编码的主要思想是依次以叶子为出发点,向上回溯至根结点为止。回溯时走左分支则生成代码 0,走右分支则生成代码 1。

由于每个哈夫曼编码是变长编码,因此使用一个指针数组来存放每个字符编码串的首地址。

哈夫曼编码表的存储表示:

```
typedef char **HuffmanCode;        //动态分配数组存储哈夫曼编码表
```

各字符的哈夫曼编码存储在由 HuffmanCode 定义的动态分配的数组 HC 中,为了实现方便,数组的 0 号单元不使用,从 1 号单元开始使用,所以数组 HC 的大小为 $n+1$,即编码表 HC 包括 $n+1$ 行。但因为每个字符编码的长度事先不能确定,所以不能预先为每个字符分配大小合适的存储空间。为不浪费存储空间,动态分配一个长度为 n(字符编码长度一定小于 n)的一维数组 cd,用来临时存放当前正在求解的第 $i(1 \leqslant i \leqslant n)$ 个字符的编码,当第 i 个字符的编码求解完毕后,根据数组 cd 的字符串长度分配 HC[i]的空间,然后将数组 cd 中的编码复制到 HC[i]中。

因为求解编码时是从哈夫曼树的叶子出发,向上回溯至根结点。所以对于每个字符,得到的编码顺序是从右向左的,故将编码向数组 cd 存放的顺序也是从后向前的,即每个字符的第 1 个编码存放在 cd[$n-2$]中(cd[$n-1$]存放字符串结束标志'\0'),第 2 个编码存放在 cd[$n-3$]中,依此类推,直到全部编码存放完毕。

根据哈夫曼树求哈夫曼编码算法介绍如下。

【算法步骤】

(1) 分配存储 n 个字符编码的编码表空间 HC,长度为 $n+1$;分配临时存储每个字符编码的动态数组空间 cd,cd[$n-1$]置为'\0'。

(2) 逐个求解 n 个字符的编码,循环 n 次,执行以下操作:

① 设置变量 start 用于记录编码在 cd 中存放的位置,start 初始时指向最后,即编码结束符位置 $n-1$;

② 设置变量 c 用于记录从叶子结点向上回溯至根结点所经过的结点下标,c 初始时为当前待编码字符的下标 i,p 用于记录 i 的双亲结点的下标;

③ 从叶子结点向上回溯至根结点,求得字符 i 的编码,当 p 没有到达根结点时,循环执行以下操作:

- 回溯一次 start 向前指一个位置,即--start;
- 若结点 c 是 p 的左孩子,则生成代码 0,否则生成代码 1,生成的代码 0 或 1 保存在 cd[start]中;
- 继续向上回溯,改变 c 和 p 的值。

④ 根据数组 cd 的字符串长度为第 i 个字符编码分配空间 HC[i],然后将数组 cd 中的编码复制到 HC[i]中。

(3) 释放临时空间 cd。

算法 5-13　根据哈夫曼树求哈夫曼编码

```
void CrtHuffmanCode(HuffmanTree * ht,HuffmanCode * hc,int n)
/*从叶子结点到根,逆向求每个叶子结点对应的哈夫曼编码*/
{
    char * cd;
    int i;
    unsigned int c;
    int start;
    int p;
    hc=(HuffmanCode * )malloc((n+1) * sizeof(char * ));
                                    /*分配 n 个编码的头指针*/
```

```
cd=(char*)malloc(n* sizeof(char));      /*分配求当前编码的工作空间*/
cd[n-1]='\0';                            /*从右向左逐位存放编码,首先存放编码结束符*/
for(i=1;i<=n;i++)                        /*求n个叶子结点对应的哈夫曼编码*/
{
    start=n-1;                           /*初始化编码起始指针*/
    for(c=i,p=(*ht)[i].parent; p!=0; c=p,p=(*ht)[p].parent)
                                         /*从叶子到根结点求编码*/
        if((*ht)[p].lchild==c)
            cd[--start]='0';             /*左分支标0*/
        else
            cd[--start]='1';             /*右分支标1*/
    hc[i]=(char*)malloc((n-start)*sizeof(char));  /*为第i个编码分配空间*/
    strcpy(hc[i],&cd[start]);
}
free(cd);
for(i=1;i<=n;i++)
    printf("%d编码为%s\n",(*ht)[i].weight,hc[i]);
}
```

【例 5-4】 已知某系统在通信联络中只可能出现 8 种字符,其概率分别为 0.05,0.29,0.07,0.08,0.14,0.23,0.03,0.11,试设计哈夫曼编码。

【解】 根据其出现的概率可设 8 个字符的权值为:$w=(5,29,7,8,14,23,3,11)$,其对应的哈夫曼树如图 5-36 所示。将树的左分支标记为 0,右分支标记为 1,便得到其哈夫曼编码表。

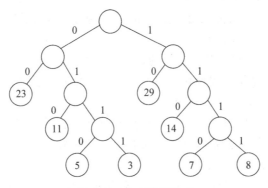

图 5-36 哈夫曼编码表

由图可知各个概率的字符的编码如下:

0.05:0110	0.29:10	0.07:1110	0.08:1111
0.14:110	0.23:00	0.03:0111	0.11:010

3. 文件的编码和译码

1) 编码

有了字符集的哈夫曼编码表之后，对数据文件的编码过程是：依次读入文件中的字符 c，在哈夫曼编码表 HC 中找到此字符，将字符 c 转换为编码表中存放的编码串。

2) 译码

对编码后的文件进行译码的过程必须借助于哈夫曼树。具体过程是依次读入文件的二进制码，从哈夫曼树的根结点（即 $HT[m]$）出发，若当前读入 0，则走向左孩子，否则走向右孩子。一旦到达某一叶子 $HT[i]$ 时便译出相应的字符编码 $HC[i]$。然后重新从根出发继续译码，直至文件结束。

具体编码和译码的算法此处不再详述。

小　　结

树和二叉树是一类具有层次关系的非线性数据结构，本章主要内容如下。

(1) 二叉树是一种最常用的树状结构，二叉树具有一些特殊的性质，而满二叉树和完全二叉树又是两种特殊形态的二叉树。

(2) 二叉树有两种存储表示：顺序存储和链式存储。顺序存储就是把二叉树的所有结点按照层次顺序存储到连续的存储单元中，这种存储更适用于完全二叉树。链式存储又称二叉链表，每个结点包括两个指针，分别指向其左孩子和右孩子。链式存储是二叉树常用的存储结构。

(3) 树的存储结构有 3 种：双亲表示法、孩子链表表示法和孩子兄弟链表表示法，孩子兄弟链表表示法是常用的表示法，任意一棵树都能通过孩子兄弟链表表示法转换为二叉树进行存储。森林与二叉树之间也存在相应的转换方法，通过这些转换，可以利用二叉树的操作解决一般树的有关问题。

(4) 二叉树的遍历算法是其他运算的基础，通过遍历得到了二叉树中结点访问的线性序列，实现了非线性结构的线性化。根据访问结点的次序不同有 3 种遍历：先序遍历、中序遍历、后序遍历，时间复杂度均为 $O(n)$。

(5) 在线索二叉树中，利用二叉链表中的 $n+1$ 个空指针域来存放指向某种遍历次序下的前驱结点和后继结点的指针，这些附加的指针就称为"线索"。引入二叉线索树的目的是加快查找结点前驱或后继的速度。

(6) 遍历是树上的重要操作，主要有深度优先和广度优先两种方式，在深度优先遍历中又分为先根次序遍历和后根次序遍历。广度优先遍历主要指树的层次遍历方式。

(7) 采用哈夫曼算法可以构造出一种非常有用的二叉树——哈夫曼树，哈夫曼编码仅仅是其应用的一个特例。

(8) 哈夫曼树在通信编码技术上有广泛的应用，只要构造了哈夫曼树，按分支情况在左路径上写代码 0，右路径上写代码 1，然后从根结点到叶结点相应路径上的代码序列就是该叶结点的最优前缀编码，即哈夫曼编码。

习　题

一、单项选择题

1. 对于一棵具有 n 个结点、度为 4 的树来说，(　　)。
   A. 树的高度最多是 $n-3$　　　　　B. 树的高度最多是 $n-4$
   C. 第 i 层上最多有 $4(i-1)$ 个结点　　D. 至少在某一层上正好有 4 个结点

2. 一棵完全二叉树上有 1001 个结点，其中叶子结点的个数是(　　)。
   A. 250　　　　B. 254　　　　C. 500　　　　D. 501

3. 以下 4 棵二叉树中，(　　)不是完全二叉树。

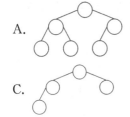

4. 具有 35 个结点的完全二叉树的深度为(　　)。
   A. 5　　　　B. 6　　　　C. 7　　　　D. 8

5. 一棵非空的二叉树的先序遍历序列与后序遍历序列正好相同，则该二叉树一定满足(　　)。
   A. 所有的结点均无左孩子　　　　B. 所有的结点均无右孩子
   C. 只有一个结点　　　　　　　　D. 是任意一棵二叉树

6. 已知某二叉树的后序遍历序列是 41253，中序遍历序列是 45213，它的前序遍历序列是(　　)。
   A. 13254　　　B. 45312　　　C. 45123　　　D. 35421

7. 若已知一棵二叉树先序序列为 1234567，中序序列为 3241576，则其后序序列为(　　)。
   A. 3427651　　B. 3426751　　C. 3421765　　D. 2341765

8. 若 X 是中序线索二叉树中一个有左孩子的结点，且 X 不为根，则 X 的前驱为(　　)。
   A. X 的双亲　　　　　　　　　B. X 的右子树中最左的结点
   C. X 的左子树中最右结点　　　D. X 的左子树中最右叶结点

9. 下列线索二叉树中(用虚线表示线索)，符合后序线索树定义的是(　　)。

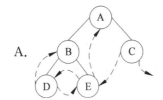 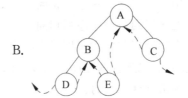

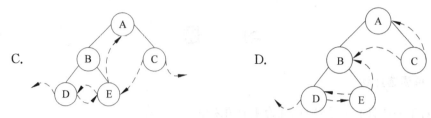

C.　　　　　　　　　　　　　　　　D.

10. 如果将一棵有序树 T 转换为二叉树 B,那么 T 中结点的先根遍历序列就是 B 中结点(　　)序列。

　　A. 先序　　　　B. 中序　　　　C. 后序　　　　D. 层次序

11. 用双亲存储结构表示树,其优点之一是比较方便(　　)。

　　A. 找指定结点的双亲结点　　　　B. 找指定结点的孩子结点
　　C. 找指定结点的兄弟结点　　　　D. 判断某结点是不是叶子结点

12. 下列说法正确的是(　　)。

　　A. 树的先根遍历序列与其对应的二叉树的先根遍历序列相同
　　B. 树的先根遍历序列与其对应的二叉树的后根遍历序列相同
　　C. 树的后根遍历序列与其对应的二叉树的先根遍历序列相同
　　D. 树的后根遍历序列与其对应的二叉树的后根遍历序列相同

13. 权值分别为 11,8,6,2,5 的叶子结点生成一棵哈夫曼树,它的带权路径长度为(　　)。

　　A. 32　　　　B. 71　　　　C. 48　　　　D. 73

14. 对 $n(n \geqslant 2)$ 个权值均不相同的字符构成哈夫曼树,关于该树的叙述中,错误的是(　　)。

　　A. 该树一定是一棵完全二叉树
　　B. 树中一定没有度为 1 的结点
　　C. 树中两个权值最小的结点一定是兄弟结点
　　D. 树中任一非叶结点的权值一定不小于下一层任一结点的权值

二、简答题

1. 简述二叉树与度为 2 的树之间的差别。

2. 已知度为 k 的树中,其度为 $1,2,\cdots,k$ 的结点数分别为 $n_1,n_2,\cdots,n_k$。求该树的结点总数 n 和叶子结点数 n_0,并给出推导过程。

3. 试找出满足下列条件的二叉树。

(1) 先序序列与后序序列相同。
(2) 中序序列与后序序列相同。
(3) 先序序列与中序序列相同。
(4) 中序序列与层次遍历序列相同。

4. 设一棵二叉树的先序序列:ABDFCEGH,中序序列:BFDAGEHC。

(1) 画出这棵二叉树。

(2) 画出这棵二叉树的后序线索树。

(3) 将这棵二叉树转换成对应的树(或森林)。

5. 用一维数组存放一棵完全二叉树 $ABCDEFGHIJKL$，给出后序遍历该二叉树的访问结点序列。

三、算法设计题

1. 已知一棵二叉树按顺序方式存储在数组 $a[1..n]$ 中。设计算法，求编号分别为 i 和 j 的两个结点的最近公共祖先结点的值。

2. 已知一棵含有 n 个结点的二叉树，按顺序方式存储，设计先序遍历二叉树中结点的递归和非递归算法。

3. 假设二叉树中每个结点值为单个字符(所有结点值不相同)，采用二叉链表存储结构存储。设计一个算法 void findparent(BiTNode * b, char x, BiTNode * &p)，求二叉树 b 中指定值为 x 的结点的双亲结点 p。提示：根结点的双亲为 NULL，若在 b 中未找到值为 x 的结点，p 也为 NULL，并假设二叉树中所有结点值是唯一的。

4. 假设二叉树中每个结点值为单个字符，采用二叉链表存储结构存储。设计一个算法，求该二叉树中距离根结点最近的叶子结点。

5. 假设二叉树采用二叉链表存储结构，设计一个算法判断一棵二叉树是否为对称同构。所谓对称同构是指二叉树中任何结点的左、右子树结构是相同的。

第6章 图

学习目标
1. 理解图的逻辑结构、图的常用术语及含义。
2. 熟练掌握图的邻接矩阵和邻接表的特点及适用范围。
3. 熟练掌握图的深度优先遍历和广度优先遍历的基本思想和算法。
4. 了解连通图的概念。
5. 理解最小生成树的概念,掌握最小生成树的构造过程。
6. 理解最短路径的概念,掌握其求解过程。
7. 了解拓扑排序的概念,理解其基本思想和算法。
8. 理解关键路径的求解算法及执行过程。

知识结构图

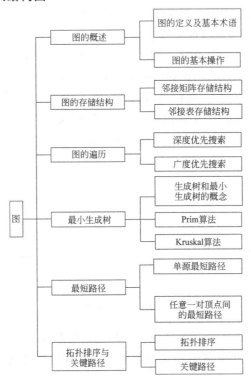

6.1 图的概述

图作为一种非线性数据结构，比线性结构和树结构更为复杂。在线性结构中，结点之间的关系是一对一，一个数据元素只和它的前驱和后继元素有关系。在树中，二叉树、树和森林等的结点间为层次关系，每个结点可以有零个或多个后继元素，但是只能有一个前驱。而在图中，每个结点都可能和其他任意结点有关系，这使得图的存储和运算都比线性结构和树结构更加复杂，即结点之间是多对多关系。因此，图被应用到各个技术领域，常用的领域有人工智能、遗传学、电信工程、计算机网络以及数学等。作为解决问题的数学手段。在离散数学中更侧重对图的理论研究，而在数据结构中，则讨论如何在计算机上实现图的操作，以及应用图来解决一些实际问题。

6.1.1 图的定义及基本术语

图（graph）是由顶点的有穷非空集合和顶点之间的边的集合所组成的，通常记为 $G=(V,E)$，其中 V 是顶点的有穷非空集合，E 是顶点之间的边的集合。$V(G)$ 和 $E(G)$ 通常分别表示图 G 的顶点集合和边集合，$E(G)$ 可以为空集。若 $E(G)$ 为空，此时表示图 G 中只有顶点而没有边。

无向图：在一个图中，若顶点 x 和 y 之间的边没有方向，则称这条边为无向边，用无序偶对 (x,y) 来表示，用一对圆括号括起来，以示区别于有向边，这条边没有特定的方向，(x,y) 与 (y,x) 是同一条边。如图 6-1(a) 所示，图 G_1 中的边 (a,b)、(b,a) 都是无向边。如果图中的任何两个顶点之间的边都是无向边，则称该图为无向图，如图 6-1(a) 所示。

有向图：在一个图中，若顶点 x 和 y 之间存在边而且有方向，则称这条边为有向边（又称弧），用有序偶对 $<x,y>$ 来表示，用一对尖括号括起来，其中，称 x 为弧尾，称 y 为弧头，这个边就是有特定方向的，因此 $<a,b>$ 与 $<b,a>$ 是不同的两条边。如果图的任意两个顶点之间的边都是有向边，则称该图为有向图，如图 6-1(b) 所示。

邻接点：对于无向图 G，如果图的边 $(x,y) \in E$，则称顶点 x 和 y 互为邻接点，即 x 和 y 相邻接。边 (x,y) 依附于顶点 x 和 y，或者说边 (x,y) 与顶点 x 和 y 相关联。

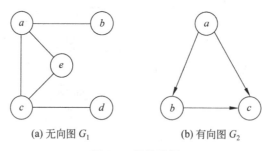

(a) 无向图 G_1 (b) 有向图 G_2

图 6-1 图的示例

无向完全图：在无向图中，如果任意两个顶点之间都有边相连，则称该无向图为无向完全图。对于一个含有 n 个顶点的无向完全图，若不考虑顶点到自身的边，则其共有

$n(n-1)/2$ 条边,如图 6-2(a)所示。

有向完全图:在有向图中,如果任意两个顶点之间都有两条反向的弧相连,则称该有向图为有向完全图。对于一个含有 n 个顶点的有向完全图,如果不考虑顶点到自身的弧,则其共有 $n(n-1)$ 条不同的弧,如图 6-2(b)所示。

子图:假设有两个图 $G=(V,E)$ 和 $G'=(V',E')$,如果 $V'\subseteq V$ 且 $E'\subseteq E$,则称 G' 为 G 的子图。子图理解为在原图上删掉若干个顶点和若干条边后所得到的图。无向图 G_1 的两个子图如图 6-3 所示。

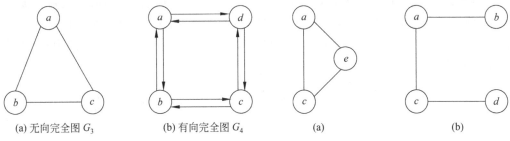

(a) 无向完全图 G_3　　(b) 有向完全图 G_4　　(a)　　(b)

图 6-2　完全图　　　　　　　　图 6-3　无向图 G_1 的子图

稀疏图和稠密图:对于有很少条边或弧的图($e<n\log_2 n$)称为稀疏图,有很多条边或弧的图称为稠密图。

权和网:在实际应用中,有时候图的边或弧往往与具有一定含义的数值有关,如果图的每条边或弧可以标上具有某种含义的数值,则该数值称为边或弧的权。例如,可以用权表示从一个顶点到另一个顶点的距离或耗费等。边或弧带有权的图称为网,并且称带权无向图为无向网,带权有向图为有向网。

度、入度和出度:对于无向图而言,顶点 v 的度是指和 v 相关联的边的数目,记为 $TD(v)$。例如无向图 G_1 的顶点 a 的度是 3,顶点 e 的度是 2。对于有向图而言,顶点 v 的度分入度和出度之分。入度是以顶点 v 为弧头的弧的数目,记为 $ID(v)$;出度是以顶点 v 为弧尾的弧的数目,记为 $OD(v)$。顶点 v 的度为 $TD(v)=ID(v)+OD(v)$。例如,如图 6-1(b)所示,G_2 的顶点 c 的入度 $ID(c)=2$,出度 $OD(c)=0$,度 $TD(c)=ID(c)+OD(c)=2$。一般地,如果顶点 n 的度记为 $TD(n)$,那么一个有 n 个顶点,e 条边的图,则有式(6-1)成立。

$$\sum_{i=1}^{n}TD(v_i)=2e \qquad (6-1)$$

路径:对于无向图,若存在边序列 $(v_i,v_{i1}),(v_{i1}v_{i2}),\cdots,(v_{im-1},v_{im}),(v_{im},v_j)$ 则称从顶点 v_i 到 v_j 有路径(通路),可用上述序列表示该路径,也可表示 $(v_i,v_{i1},v_{i2},\cdots,v_{im},v_j)$。

对于有向图,若存在弧序列,$<v_i,v_{i1}>,<v_{i1},v_{i2}>,\cdots,<v_{im-1},v_{im}>,<v_{im},v_j>$,则称从顶点 v_i 到 v_j 有路径(通路),上述序列称为顶点 v_i 到顶点 v_j 的路径,该路径也可表示为 $<v_i,v_{i1},v_{i2},\cdots,v_{im},v_j>$。

路径长度:路径上的边或弧的数目称为路径长度。

回路、简单路径和简单回路:若在路径 $(v_i,v_{i1},v_{i2},\cdots,v_{im},v_j)$ 中,所有顶点均不相同,

则称该路径为简单路径。若 $v_i = v_j$，则称相应的路径为回路，除 v_i 和 v_j 外，其余顶点各不相同的回路称为简单回路。

连通、连通图和连通分量：在无向图 G 中，若从顶点 v_i 到顶点 v_j 有路径，则称顶点 v_i 和 v_j 是连通的。如果无向图 G 中任意两个顶点都是连通的，则称无向图 G 是连通图，否则称为非连通图。

无向图 G 的极大连通子图称为 G 的连通分量。这里极大的含义是指包含所有连通的顶点以及和这些顶点相关联的所有边。

显然，连通图的连通分量只有一个，就是它本身，而非连通图的连通分量则有多个。例如，前面给出的无向图 G_1 是连通图，而图 6-4(a) 给出的无向图 G_5 则为非连通图，如图 6-4(b) 所示和如图 6-4(c) 所示给出了它的两个连通分量，图 6-4(d) 给出的则不是它的一个连通分量。

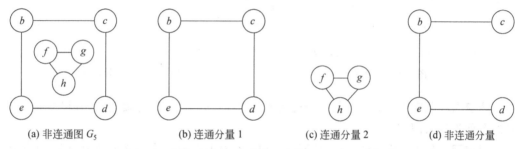

(a) 非连通图 G_5　　(b) 连通分量 1　　(c) 连通分量 2　　(d) 非连通分量

图 6-4　非连通图 G_5 以及它的连通分量和非连通分量

从连通图的定义可知，含有 n 个顶点的无向连通图中至少要有 $n-1$ 条边。

强连通图、强连通分量：在有向图 G 中，若任意两个顶点 v_i 和 v_j 都连通，即从 v_i 到 v_j 和从 v_j 到 v_i 都存在路径，则称有向图 G 是强连通图，否则称为非强连通图。有向图 G 的极大强连通子图称为 G 的强连通分量，这里极大的含义是指包含所有连通的顶点以及和这些顶点相关联的所有弧。

显然，强连通图的强连通分量只有一个，就是它本身，而非强连通图的强连通分量则有多个。例如，前面给出的有向图 G_2 是强连通图，而图 6-5(a) 给出的有向图 G_6 则为非强连通图，如图 6-5(b) 所示和如图 6-5(c) 所示给出了它的两个强连通分量。

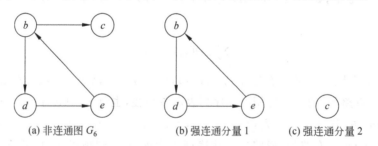

(a) 非连通图 G_6　　(b) 强连通分量 1　　(c) 强连通分量 2

图 6-5　非连通图 G_6 以及它的两个强连通分量

生成树和生成森林：一个含有 n 个顶点的连通图的生成树是一个极小连通子图，它包含图中的所有顶点，但只有足以构成一棵树的 $n-1$ 条边。

所谓极小是指在保证图中所有顶点都连通的情况下,所需要的边的数目最少。n 个顶点的连通图中,若边数少于 $n-1$ 条,则必定不连通;若边数多于 $n-1$ 条,则必定存在回路,存在回路就肯定不是树。所以 n 个顶点的连通图的生成树中必定有且只有 $n-1$ 条边。

例如,如图 6-6(a)所示给出了连通图 G_1 的生成树,如图 6-6(b)所示的则是它的一棵非生成树。

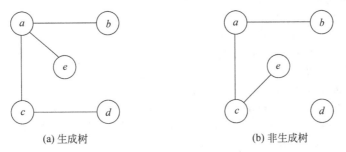

(a) 生成树　　　　　　　　　　(b) 非生成树

图 6-6　无向连通图 G_1 的生成树和非生成树

在非连通图中,由它的每个连通分量可以得到一棵生成树,此连通分量的生成树就构成了非连通图的生成森林。图 6-7 给出了非连通图 G_5 的生成森林。

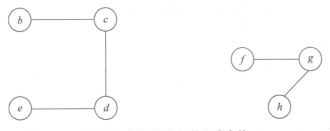

图 6-7　非连通图 G_5 的生成森林

6.1.2　图的类型定义

下面给出图的抽象数据类型定义:

```
ADT Graph{
    数据对象: V 是具有相同特性的数据元素的集合,称为顶点集。
    数据关系: R={VR},
        VR={<v,w>|v,w∈V 且 P(v,w)<v,w>表示从 v 到 w 的弧,谓词 P(v,w)定义了弧
            <v,w>的意义或信息}
    基本操作:
    CreateGraph(&G,V,VR)
        初始条件: V 是图的顶点集,VR 是图中弧的集合。
        操作结果: 按 V 和 VR 的定义构造图 G。
    DestroyGraph(&G)
        初始条件: 图 G 存在。
```

操作结果：销毁图 G。

LocateVex(G,u)
  初始条件：图 G 存在，u 和 G 中顶点有相同特征。
  操作结果：若 G 中存在顶点 u，则返回该顶点在图中的位置；否则返回其他信息。

GetVex(G,v)
  初始条件：图 G 存在，v 是 G 中某个顶点。
  操作结果：返回 v 的值。

PutVex(&G,v,value);
  初始条件：图 G 存在，v 是 G 中某个顶点。
  操作结果：对 v 赋值 value。

FirstAdjVex(G,v)
  初始条件：图 G 存在，v 是 G 中某个顶点。
  操作结果：返回 v 的第一个邻接顶点。若 v 在 G 中没有邻接顶点，则返回"空"。

NextAdjVex(G,v,w)
  初始条件：图 G 存在，v 是 G 中某个顶点，w 是 v 的邻接顶点。
  操作结果：返回 v 的(相对于 w 的)下一个邻接顶点。若 w 是 v 的最后一个邻接点，则返回"空"。

InsertVex(&G,v)
  初始条件：图 G 存在，v 和图中顶点有相同特征。
  操作结果：在图 G 中增添新顶点 v。

DeleteVex(&G,v)
  初始条件：图 G 存在，v 是 G 中某个顶点。
  操作结果：删除 G 中顶点 v 以及与其相关的弧。

InsertArc(&G,v,w)
  初始条件：图 G 存在，v 和 w 是 G 中两个顶点。
  操作结果：在 G 中增添弧<v,w>，若 G 是无向图，则还增添对称弧<w,v>。

DeleteArc(&G,v,w)
  初始条件：图 G 存在，v 和 w 是 G 中两个顶点。
  操作结果：在 G 中删除弧<v,w>，若 G 是无向图，则还删除对称弧<w,v>。

DFSTraverse(G)
  初始条件：图 G 存在。
  操作结果：对图进行深度优先遍历，在遍历过程中对每个顶点访问一次。

BFSTraverse(G)
  初始条件：图 G 存在。
  操作结果：对图进行广度优先遍历，在遍历过程中对每个顶点访问一次。

}ADT Graph

6.2 图的存储结构

  图是一种复杂的数据结构，具体表现在不仅各个顶点的度可以相差很多，而且顶点之间的逻辑关系、邻接关系也是错综复杂的。从图的定义可知，一个图主要包括两个部分的信息：顶点的信息以及描述顶点之间关系（边或弧）的信息。因此，无论采用什么方法来存储图,都要完全准确地反映这两个方面的信息。

在图中,任意两个顶点之间都有可能存在边,所以无法通过顶点的存储位置来反映顶点之间的逻辑关系,因此图没有顺序结构。一般来说,图的存储结构应该根据具体问题的要求来设计,其中用得最多的是邻接矩阵和邻接表两种形式。

6.2.1 邻接矩阵

1. 邻接矩阵存储结构

图的邻接矩阵存储结构又称数组存储结构,采用两个数组来表示图:用一个一维数组来存储图中顶点的信息,用一个二维数组来存储图中顶点之间邻接关系的信息。这个邻接关系数组被称为邻接矩阵,邻接矩阵的每一行和每一列都对应图中的一个顶点,在邻接矩阵的第 i 行和第 j 列的交汇处可以直接体现出第 i 行对应的顶点和第 j 列对应的顶点之间的邻接关系。

设图 $G=(V,E)$ 中含有 n 个顶点,为了说明方便,按其在顶点数组中的存储顺序依次编号为 $v_0,v_1,\cdots,v_{n-1}$,则其邻接矩阵 A 是一个 n 行 n 列的二维数组。在二维数组中这 n 个顶点在行向和列向上依次排列,其数组元素 $A[i][j]$($0 \leqslant i \leqslant n-1, 0 \leqslant j \leqslant n-1$)定义如下。

(1) 若 G 是图,则定义如式(6-2)所示。

$$A[i][j] = \begin{cases} 1, & \text{若图中存在边}(v_i,v_j)\text{或弧}<v_i,v_j> \\ 0 & \text{若图中不存在边}(v_i,v_j)\text{或弧}<v_i,v_j> \end{cases} \quad (6\text{-}2)$$

其含义是若从顶点 v_i 到 v_j 有边或弧存在,则在二维数组中下标为 i 的行与下标为 j 的列的交汇处为 1,否则为 0。

(2) 若 G 是网,则定义如式(6-3)所示。

$$A[i][j] = \begin{cases} \omega_{ij} & \text{若网中存在边}(v_i,v_j)\text{或弧}<v_i,v_j>\text{且其权值} \omega_{ij} \\ \infty & \text{若网中不存在边}(v_i,v_j)\text{或弧}<v_i,v_j> \end{cases} \quad (6\text{-}3)$$

其含义是若从顶点 v_i 到 v_j 有边或弧存在,且边或弧的权值为 w_{ij},则在二维数组中下标为 i 的行与下标为 j 的列的交汇处为 w_{ij},否则为 ∞(∞ 表示计算机所允许的大于所有权值的数)。

如图 6-8 所示给出了一个无向图 G_7 以及它的邻接矩阵。图 6-9 给出了一个有向网 G_8 以及它的邻接矩阵。

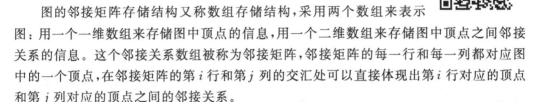

(a) 无向图 G_7　　(b) 存储顶点信息的一维数组 vexs　　(c) 无向图 G_7 的邻接矩阵

图 6-8　无向图 G_7 和它的邻接矩阵

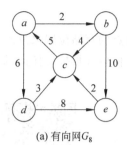
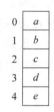
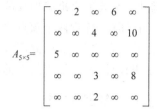

(a) 有向网G_8　　　　(b) 存储顶点信息的一维数组　　　(c) 有向网G_8的邻接矩阵

图 6-9　有向网G_8和它的邻接矩阵

2. 邻接矩阵存储结构的特点

1) 存储空间

对于无向图而言,它的邻接矩阵必定是对称矩阵,因此可以采用特殊矩阵的压缩存储法,在存放矩阵元素时,只需存放下三角的矩阵元素即可。这样,一个具有 n 个顶点的无向图 G 的邻接矩阵需要 $n(n-1)/2$ 个存储空间。对于有向图的邻接矩阵一般不是对称矩阵,有向图的邻接矩阵的存储则需要 n^2 个存储空间。

2) 顶点的度

对于无向图(无向网)来说,邻接矩阵的第 i 行(或第 i 列)中非零元素(非∞元素)的个数正好是第 i 行(或第 i 列)对应的顶点的度。

对于有向图(有向网)来说,邻接矩阵的第 i 行中非零元素(非∞元素)的个数正好是第 i 行对应的顶点的出度,而其第 i 列中非 0 元素(非∞元素)的个数正好是第 i 列对应的顶点的入度。

3) 邻接关系

在邻接矩阵中,容易判断任意两个顶点 v_i 和 v_j 之间是否相邻接,此时只需检查矩阵元素 $A[i][j]$ 即可。容易求得任意一个顶点 v_i 的所有邻接顶点,即当 $A[i][j]\neq 0$ 或 $A[i][j]\neq\infty$ 时,则 v_j 为 v_i 的邻接顶点。

3. 邻接矩阵存储结构的类型定义

邻接矩阵的类型定义如下:

```
//-----图的邻接矩阵存储表示-----
#define MAX_VERTEX_NUM 20                    //最多顶点个数
#define INFINITY 32767                       //表示极大值,即∞
typedef enum{DG, DN, UDG, UDN} GraphKind;
//图的种类:DG 表示有向图,DN 表示有向网,UDG 表示无向图,UDN 表示无向网
typedef char VertexData;                     //假设顶点数据为字符型

typedef struct ArcNode
{
    AdjType adj;        //对于无权图,用 1 或 0 表示是否相邻;对带权图,则为权值类型
    OtherInfo info;
}ArcNode;
```

```
typedef struct
{
    VertexData vexs[MAX_VERTEX_NUM];                    //顶点向量
    ArcNode arcs[MAX_VERTEX_NUM][MAX_VERTEX_NUM];       //邻接矩阵
    int vexnum,arcnum;                                  //图的顶点数和弧数
    GraphKind kind;                                     //图的种类标志
}AdjMatrix;
```

用邻接矩阵表示法表示图,除了一个用于存储邻接矩阵的二维数组外,还需要用一个一维数组来存储顶点信息。

4. 采用邻接矩阵存储结构创建有向网

创建一个图 G,这里假定要创建的是有向网,创建其他种类的图的算法与创建有向网的算法基本类似。基于邻接矩阵存储结构有向网的创建操作的实现见算法 6-1。

【算法步骤】

① 输入顶点数和弧数,并将它们保存为 G->vexnum 和 G->arcnum;
② 输入顶点信息,并保存在 G->vexs[i] 中;
③ 对邻接矩阵进行初始化,矩阵元素的值为 INFINITY;
④ 输入并建立弧的信息。

算法 6-1 邻接矩阵表示的有向网的创建操作算法

```
int CreateDN(AdjMatrix * G)                             //创建一个有向网
{
    G->kind=DN;
    printf("输入图的顶点数和弧数\n");
    fflush(stdin);
    scanf("%d,%d",&G->arcnum,&G->vexnum);               //输入图的弧数和顶点数
    for(i=0;i<G->vexnum;i++)                            //初始化邻接矩阵
        for(j=0;j<G->vexnum;j++)
            G->arcs[i][j].adj=INFINITY;
    for(i=0;i<G->vexnum;i++)
    {
        printf("输入图的顶点\n");
        fflush(stdin);
        scanf("%c",&G->vexs[i]);                        //输入图的顶点
    }
    for(k=0;k<G->arcnum;k++)
    {
        printf("输入一条弧的两个顶点及权值\n");
        fflush(stdin);
        scanf("%c,%c,%d",&v1,&v2,&weight);              //输入一条弧的两个顶点及权值
        i=LocateVex(G,v1);
        j=LocateVertex(G,v2);
        G->arcs[i][j].adj=weight;                       //建立弧
    }
    return(Ok);
}
```

【算法分析】 有向网对应一个有 n 个顶点和 e 条边的,该算法的时间复杂度是 $O(n^2+e\times n)$,其中 $O(n^2)$ 时间耗费在对二维数组 arcs 的每个分量的 adj 域初始化赋值上,$O(e\times n)$ 的时间耗费在有向网中边权的赋值上。

6.2.2 邻接表

1. 邻接表存储结构

虽然图的邻接矩阵存储结构(即图的数组表示法)有其自身的优点,但是对于稀疏图来讲,用邻接矩阵表示法会造成存储空间的巨大浪费。邻接表存储结构实际上是图的一种链式存储结构。在邻接表存储结构中,对图中的每个顶点都建立一个带头结点的边链表,如第 i 个边链表中的结点表示依附于顶点 v_i 的边(若是有向图,则表示以 v_i 为弧尾的弧)。每个边链表的头结点又构成一个表头结点表。这样,n 个顶点的图的邻接表存储结构由表头结点表与边表这两个部分组成。

1) 表头结点表

所有表头结点以顺序结构的形式存储,以便可以随机访问任一顶点的边链表。表头结点由数据域(vexdata)和链域(firstarc)两部分组成,如图 6-10 所示。其中,数据域或其他附加信息,用于存储顶点 v_i 的名称或其他有关信息;链域用于指向链表中第一个结点(即与顶点 v_i 邻接的第一个邻接点)。

2) 边表

边表由表示图中的顶点间邻接关系的 n 个边链表所组成。边表由 3 个部分组成,一是邻接顶点域(adjvex),用于存放与顶点 v_i 相邻接的顶点在图中的位置;二是数据域(info),用于存放顶点 v_i 与其相邻接的顶点之间边或弧上的权值,对于无权图,数据域可取消;三是链域(nextarc),用来指向与顶点 v_i 相邻接的下一个顶点所对应的表结点,如图 6-11 所示。

图 6-10 表头结点　　图 6-11 边或弧结点

如图 6-12 所示,给出了图 6-11(a)所示无向图 G_1 的邻接表。

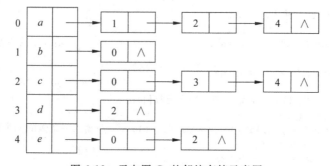

图 6-12 无向图 G_1 的邻接存储示意图

如图 6-13 所示,给出了图 6-9(a)所示有向网 G_8 的邻接表。

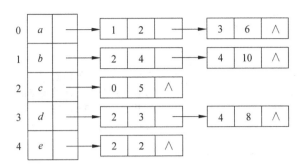

图 6-13 有向网 G_8 的邻接存储示意图

2. 有向图的逆邻接表

对于有向图来说,每个顶点 v_i 既有出边也有入边。如果 v_i 的邻接表中的每个边表中的结点都对应于以 v_i 为弧尾的一条边,则称有向图的邻接表为出边表。反之,如果 v_i 的邻接表中的每个边表中的结点都对应于以 v_i 为弧头的一条边,则称有向图的邻接表为入边表。这种表示方法称为有向图的逆邻接表,如图 6-14 所示。

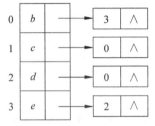

图 6-14 有向图 G_6 的逆邻接表

3. 邻接表存储结构的特点

1) 存储空间

对于具有 n 个顶点、e 条边的无向图而言,若采取邻接表作为其存储结构,则需要 n 个表头结点和 $2e$ 个边表中的结点。显然,在边很稀疏(即 e 的值远远小于 $n(n-1)/2$)的情况下,用邻接表存储结点所需要的空间比邻接矩阵所需要的存储空间($n(n-1)/2$)要节省得多。

2) 无向图的度

在无向图的邻接表中,结点 v_i 的度恰好就是第 i 个边链表上的结点的数目。

3) 有向图的度

在有向图中,第 i 个边链表上的结点的数目是顶点 v_i 的出度,只需要通过表头向量表找到第 i 个顶点的边链表的头指针,以实现顺序链表查找即可。如果要判定任意两个顶点 v_i 和 v_j 之间是否有边或弧相连,则需要搜索整个链表。求得第 i 个顶点的入度,也必须遍历整个邻接表,在所有边链表中查找邻接顶点域的值为 i 的结点并计数。由此可见,对于用邻接表方式存储的有向图,求顶点的入度并不方便,需要通过扫描整个邻接表才能得到结果。而在逆邻接表中,却很容易求出顶点 v_i 的入度(逆邻接表中第 i 个顶点的边表中的结点的数目),但是求出度又不太方便。

4. 邻接表存储结构的类型定义

```
#define MAX_VERTEX_NUM 20
typedef enum{DG, DN, UDG, UDN} GraphKind;        //图的种类
```

```
typedef char VertexData;

typedef struct ArcNode
{                                       //定义边结点的信息
    int adjvex;                         //该边或弧所指向的顶点的位序
    otherInfo info;                     //其他信息,可以忽略
    struct ArcNode * nextarc;           //用于指向下一条边或弧的指针
}ArcNode;
typedef struct Vnode
{                                       //定义表头结点
    VertexData data;                    //顶点的信息
    ArcNode * firstarc;                 //指向第一条依附于该顶点的边或弧的指针
}Vnode,AdjList[MAX_VERTEX_NUM];

typedef struct
{
    AdjList vertices;
    int vexnum,arcnum;
    GraphKind kind;                     //图的种类标志
}ALGraph;
```

5. 采用邻接表存储结构创建无向图

基于上述的邻接表表示法,要创建一个图则需要创建其相应的顶点表和边表。下面以一个无向图为例来说明采用邻接表表示法创建无向图的算法。

【算法步骤】

① 读入顶点数和边数,并将它们保存为 G->vexnum 和 G->arcnum;

② 根据读入的顶点信息建立表头结点表,边表为空;

③ 读入边的信息并将其插入相应的边表中。因为是无向图,所以需要在边所邻接的两个顶点的边表中进行插入操作。

算法 6-2 邻接表结构的无向图的创建操作算法

```
void CreateAdjList(ALGraph * G)
{//创建无向图的邻接表表示
    G->kind=UDG;
    scanf("%d,%d",&G->vexnum ,&G->arcnum);  //读入无向图的顶点数和边数
    for(i=0;i<G->vexnum;i++)                //建立顶点的信息
    {
        G->vertices[i].data=getchar();      //读入顶点的信息
        G->vertices[i].firstarc=NULL;       //将边表置为空
    }
    for(k=0;k<G->arcnum;k++)                //建立边表
    {
        scanf("%d,%d",&i,&j);               //读入边(v_1,v_j)的顶点对的序号
```

```
            s= (ArcNode * )malloc(sizeof(ArcNode));      //生成边表的结点
                s->adjvex=j;                             //邻接顶点的序号为j
                s->nextarc=G->vertices[i].firstarc;
                G->vertices[i].firstarc=s;               //将新结点 * s插入顶点 Vi 的边表的头部
                s= (ArcNode * )malloc(sizeof(ArcNode));
                s->adjvex=i;                             //邻接顶点的序号为i
                s->nextarc=G->vertices[j].firstarc;
                                                         //将新结点 * s插入顶点 Vj 的边表的头部
                G->vertices[j].firstarc=s;
            }
        }
```

【算法分析】 该算法的时间复杂度 $O(n+e)$，其中 e 为边的数目，n 为顶点数目。

建立有向图的邻接表与此类似，只是更加简单：每读入一个顶点对序号 $<i,j>$，仅需生成一个邻接点序号为 j 的边表结点，并将其插入到 v_i 的边链表头部即可。若要创建网的邻接表，可以将边的权值存储在 info 域中。

6.3 图的遍历

图的遍历操作是图的最基本也是最常用的操作，它是求解图的连通性问题的重要基础。图的遍历操作是指从图中的某个顶点出发，按照某种方法对图中的所有顶点进行访问，使每个顶点都被访问且仅被访问一次。图的遍历操作类似于树的遍历操作，但由于图结构本身的复杂性，使得图的遍历操作也比较复杂，主要体现在以下 4 个方面。

(1) 在图中，没有一个确定的开始顶点，任意一个顶点都可以作为遍历的起始顶点，那么如何来选择遍历的起始顶点呢？

(2) 从某个顶点出发，可能到达不了其他所有的顶点，如非连通图中，从一个顶点出发只能访问到它所在的连通分量上的所有顶点，那么如何才能遍历图的所有顶点呢？

(3) 由于图中可能存在回路，某些顶点可能会被重复访问，那么如何才能避免一个顶点被重复访问呢？

(4) 在图中，一个顶点的邻接顶点可能有多个，当访问过某顶点的一个邻接顶点后，如何选取下一个要访问的顶点呢？

问题(1)的解决办法：既然图中没有确定的开始顶点，那么可以从图中的任意顶点出发。不妨按编号的顺序，先从编号较小的顶点开始。

问题(2)的解决办法：要遍历图中的所有顶点，只需要多次调用从某一顶点出发遍历图的算法。所以，下面将只考虑从某一顶点出发来遍历图的问题。

问题(3)的解决办法：为了在图的遍历过程中便于区分顶点是否已经被访问，设置一个访问标志数组 visited[n]，其中 n 为图中的顶点的个数，其初值为未被访问标志 0。如果某个顶点已经被访问，则将该顶点的访问标志置为 1。

问题(4)的解决办法：这就是图的遍历次序的问题。图的遍历通常有深度优先遍历和广度优先遍历这两种方式,它们对无向图和有向图都适用。下面将重点介绍这两种遍历方法。

6.3.1 深度优先遍历

图的深度优先遍历(Depth First Search,DFS)类似于树的先序遍历,是对树的先序遍历方法的推广。

1. 深度优先遍历的过程

图的深度优先遍历是从图的某一顶点 v_0 出发,访问此顶点;然后依次从 v_0 的未被访问的邻接点出发,深度优先搜索图,直至图中所有和 v_0 相通的顶点都被访问到;若此时图中尚有顶点未被访问,则另选图中一个未被访问的顶点作起点,重复上述过程,直至图中所有顶点都被访问为止。

图的深度优先遍历方法中又提到了深度优先搜索,显然这是一个递归的概念,按照图的深度优先遍历的概念,首先访问图中某指定的起始点 v_0,然后由 v_0 出发访问它的任一个邻接点 v_1,再从 v_1 出发访问 v_1 任意一个未被访问的邻接点 v_2,接着从 v_2 出发进行类似的访问,如此进行下去,一直到某顶点已没有未被访问过的邻接点,则退回一步,找前一个顶点的其他尚未被访问的邻接点。如果有尚未被访问的邻接点,则访问此顶点后,再从该顶点出发进行与前述类似的访问;如果退回一步后,前一个顶点也没有未被访问的邻接点则再向前回退一步再进行搜索,重复上述过程,直到所有顶点均被访问过为止。如图 6-15 所示,为深度优先遍历过程。

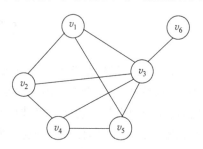

图 6-15 无向图深度优先遍历过程

(1) 假设指定从顶点 v_1 开始进行深度优先遍历,首先访问 v_1,然后访问与 v_1 相邻并且未被访问过的顶点,因为与 v_1 相邻的顶点有 v_2、v_3 和 v_5,都没有被访问过,可以任选一个,假设选择序号小的顶点先访问;

(2) 访问 v_2,与 v_2 相邻并且未被访问过的顶点有 v_3 和 v_4 两个,继续选择序号小的顶点先访问;

(3) 访问 v_3,与 v_3 相邻并且未被访问过的顶点有 v_4、v_5 和 v_6 三个,继续选择序号小的顶点先访问;

(4) 访问 v_4,与 v_4 相邻并且未被访问过的顶点 v_5;

(5) 访问 v_5,v_5 没有未被访问的邻接点,回退到上一个结点;

(6) v_4 没有未被访问的邻接点,回退到上一个结点;

(7) v_3 相邻并且未被访问过的顶点有 v_6,访问该结点,至此,图 G 中的所有顶点访问完,其遍历序列:$v_1 \rightarrow v_2 \rightarrow v_3 \rightarrow v_4 \rightarrow v_5 \rightarrow v_6$。

显然遍历的顺序不是唯一的,如果从 v_1 出发后,相邻的多个顶点优先选择序号大的顶点访问,其遍历序列为:$v_1 \rightarrow v_5 \rightarrow v_4 \rightarrow v_3 \rightarrow v_6 \rightarrow v_2$。

2. 深度优先遍历算法的实现

显然,深度优先搜索遍历连通图是一个递归的过程。为了在遍历过程中便于区分顶点是否已被访问,需附设访问标志数组 visited[n],其初值为 0,一旦某个顶点被访问,则置 visited[n] 的值为 1。

【算法步骤】

① 从图中某个顶点 v 出发,访问 v,并置 visited[v] 的值为 1;

② 依次检查 v 的所有邻接点 w,如果 visited[w] 的值为 0,再从 w 出发进行递归遍历,直到图中所有顶点都被访问过。若是非连通图,上述遍历过程执行之后,图中一定还有顶点未被方向,需要从图中另选一个未被访问的顶点作为起始点,重复上述深度优先搜索过程,直到图中所有顶点均被访问过为止。

算法 6-3　深度优先搜索遍历图

```
int visited[MAX_VERTEX_NUM];            /*访问标志数组*/
void TraverseGraph(Graph G)
{/*对图 G 进行深度优先搜索,Graph 表示图的一种存储结构,如数组表示法或邻接表等*/
    for(vi=0;vi<G.vexnum;vi++)
        visited[vi]=False ;             /*访问标志数组初始化*/
    for(vi=0;vi<G.vexnum;vi++)          /*调用深度遍历连通子图的操作*/
        if(!visited[vi])
            DepthFirstSearch(G,vi);     /*若图 G 是连通图,则此循环调用函数只执
                                          行一次*/
}/*TraverseGraph*/
```

算法 6-4　深度优先搜索遍历递归算法

```
void DepthFirstSearch(Graph G,int v0) /*深度遍历 v0 所在的连通子图*/
{
    visit(v0);
    visited[v0]=True;                   /*访问顶点 v0,并置访问标志数组相应分量值*/
    w=FirstAdjVex(G,v0);
    while(w!=-1)                        /*邻接点存在*/
    {
        if(!visited[w])
            DepthFirstSearch(G,w);      /*递归调用 DepthFirstSearch*/
        w=NextAdjVex(G,v0,w);           /*找下一个邻接点*/
    }
}/*DepthFirstSearch*/
```

对于算法 6-3,每调用一次算法 6-4 将遍历一个连通分量,有多少次调用,就说明图中有多少个连通分量。

在算法 6-4 中,对于查找邻接点的操作 FirstAdjVertex(G,v) 及 NextAdjVertex(G,

v,w)并没有具体展开。如果图的存储结构不同,这两个操作的实现方法不同,时间耗费也不同。下面的算法 6-5 和算法 6-6 分别用邻接矩阵和邻接表具体实现了算法 6-4 的功能。

算法 6-5　采用邻接矩阵表示图的深度优先搜索遍历

```
void DepthFirstSearch(AdjMatrix G,int v0)     /*图 G 为邻接矩阵类型 AdjMatrix*/
{
    visit(v0);
    visited[v0]=True;
    for(vj=0;vj<G.vexnum;vj++)
        if(!visited[vj]&& G.arcs[v0][vj].adj==1)
            DepthFirstSearch(G,vj);
}/*DepthFirstSearch*/
```

算法 6-6　采用邻接表表示图的深度优先搜索遍历

```
void DepthFirstSearch(AlGraph G,int v0)     /*图 G 为邻接表类型 AlGraph*/
{
    visit(v0);
    visited[v0]=True;
    p=G.vertices[v0].firstarc;
    while(p!=NULL)
    {
        if(!visited[p->adjvex])
            DepthFirstSearch(G,p->adjvex);
        p=p->nextarc;
    }
}/*DepthFirstSearch*/
```

【算法分析】　分析上述算法,在遍历图时,对图中每个顶点至多调用一次 DFS 函数,因为一旦某个顶点被标志成已被访问,就不再从它出发进行搜索。因此,遍历图的过程实质上是对每个顶点查找其邻接点的过程,其耗费的时间取决于所采用的存储结构。当用邻接矩阵表示图时,查找每个顶点的邻接点的时间复杂度为 $O(n^2)$,其中 n 为图中顶点数。而当以邻接表作为图的存储结构时,查找邻接点的时间复杂度为 $O(e)$,其中 e 为图中边数。由此,当以邻接表做存储结构时,深度优先搜索遍历图的时间复杂度为 $O(n+e)$。

6.3.2　广度优先遍历

图的广度优先遍历(Breadth First Search,BFS)类似于树的按层次遍历,是对树的层次遍历方法的推广。

1. 广度优先遍历的过程

(1) 从图中的某个顶点 v_0 出发,首先访问顶点 v_0;

(2) 依次访问顶点 v_0 的各个未被访问的邻接顶点;

(3) 分别从这些邻接顶点出发,依次访问它们的各个未被访问的邻接顶点(新的顶点)。在访问时应该保证,如果 v_i 和 v_k 为当前顶点,且 v_i 在 v_k 之前被访问,则顶点 v_i 的所有未被访问的邻接顶点应该在 v_k 的所有未被访问的邻接顶点之前被访问。重复本步骤,直到所有顶点均没有未被访问的邻接顶点为止;

(4) 若此时还有顶点未被访问,则选择一个未被访问的顶点作为初始顶点,重复上述过程,直至所有顶点均被访问过为止。

下面就以如图 6-15 所示的无向图为例,说明广度遍历的过程。

(1) 假设指定从顶点 v_1 开始进行广度优先遍历,访问该顶点;

(2) v_1 相邻的顶点有 v_2、v_3 和 v_5,且未访问过,不妨假设按顶点序号递增顺序访问,因此依次访问 v_2、v_3 和 v_5,此步骤可以视作 v_1 的下一层顶点;

(3) 与 v_2 相邻并且未被访问过的顶点有 v_4,v_4 没有未被访问的邻接点;

(4) 与 v_3 相邻并且未被访问过的顶点有 v_6,访问 v_6。

至此,所有的顶点均被访问过,访问的顺序是 $v_1 \rightarrow v_2 \rightarrow v_3 \rightarrow v_5 \rightarrow v_4 \rightarrow v_6$;显然广度遍历的顺序不是唯一的,如果从 v_1 出发后,相邻的多个顶点优先选择序号大的顶点访问,其遍历序列为:$v_1 \rightarrow v_5 \rightarrow v_3 \rightarrow v_2 \rightarrow v_4 \rightarrow v_6$。

2. 广度优先遍历算法的实现

广度优先搜索遍历的特点是尽可能先对横向进行搜索。设 v_i 和 v_k 是两个相继被访问过的顶点,若当前是以 v_i 为出发点进行搜索,则在访问 v_i 的所有未曾被访问过的邻接点之后,紧接着是以 v_k 为出发点进行横向搜索,并对搜索到的 v_k 的邻接点中尚未被访问的顶点进行访问。也就是说,先访问的顶点其邻接点亦先被访问。为此,算法实现时需引进队列保存已被访问过的顶点。同时在遍历过程中需要设立一个访问标志数组 visited[n],其初值为 0,一旦某个顶点被访问,则置 visited[n] 的值为 1。

【算法步骤】

① 从图中某个顶点 v 出发,访问 v,并置 visited[v] 的值为 1,然后将 v 进队。

② 只要队列不空,则重复下述操作:

- 队头顶点 v 出队;
- 依次检查 v 的所有邻接点 w,如果 visited[w] 的值为 0,则访问 w,并置 visited[w] 的值为 1,然后将 w 进队。

算法 6-7 广度优先搜索遍历连通子图

```
void BreadthFirstSearch(Graph G,int v0)
{/*广度优先搜索图 G中 v0 所在的连通子图*/
    visit(v0);
    visited[v0]=True;
    InitQueue(Q);                    /*初始化空队*/
    EnQueue(Q,v0);                   /*v0 进队*/
    while(!EmptyQueue(Q))
    {
```

```
        DeQueue(Q,v);                /*队头元素出队*/
        w=FirstAdjVex(G,v);          /*求v的第一个邻接点*/
        while(w!=-1)
        {
            if(!visited(w))
            {
                visit(w);
                visited[w]=True;
                EnQueue(Q,w);
            }
            w=NextAdjVex(G,v,w);     /*求v相对于w的下一个邻接点*/
        }
    }
}
```

若是非连通图,上述遍历过程执行之后,图中一定还有顶点未被访问,需要从图中另选一个未被访问的顶点作为起始点,重复上述广度优先搜索过程,直到图中所有顶点均被访问过为止。

对于非连通图的遍历,实现算法类似于算法 6-3,仅需将原算法中的 DFS 函数调用改为 BFS 函数调用。

读者可以参考算法 6-5 和算法 6-6,分别用邻接矩阵和邻接表具体实现算法 6-7 的功能。

3. 广度优先遍历的算法分析

分析上述算法,每个顶点至多进一次队列。遍历图的过程实质上是通过边找邻接点的过程,因此广度优先遍历图的时间复杂度和深度优先遍历相同,即当用邻接矩阵存储时,时间复杂度为 $O(n^2)$;用邻接表存储时,时间复杂度为 $O(n+e)$。两种遍历方法的不同之处仅仅在于对顶点访问的顺序不同。

6.4 最小生成树

6.4.1 生成树和最小生成树的概念

1. 生成树

若连通图 G 的一个子图是一棵包含 G 的所有顶点的树,则该子图称为 G 的生成树。生成树是连通图的极小连通子图。所谓极小是指若在树中任意增加一条边,则将出现一个回路;若去掉一条边,将会使之变成非连通图。

生成树没有确定的根,通常称之为自由树。在自由树中选定一顶点作根,则成为一棵通常的树。从根开始,为每个顶点的孩子规定从左到右的次序,它就成为一棵有序树。

如何得到一个图的生成树？图的生成树包含了图中所有的结点，回顾一下图的遍历方法，遍历时的搜索路径是一个不重复访问图顶点的过程，即是无环路的一个路径，因此用不同的遍历图的方法，可以得到不同的生成树；从不同的顶点出发，也可能得到不同的生成树。生成树如图 6-16 所示，其中图 G 为原图，深度优先生成树是按照深度优先搜索遍历结点的顺序 $v_1 v_2 v_4 v_8 v_5 v_3 v_6 v_7$ 将所有结点连接起来形成的树形结构，同样广度优先生成树是按照广度优先的搜索结点顺序 $v_1 v_2 v_3 v_4 v_5 v_6 v_7 v_8$，将所有结点连接起来形成的树形结构。

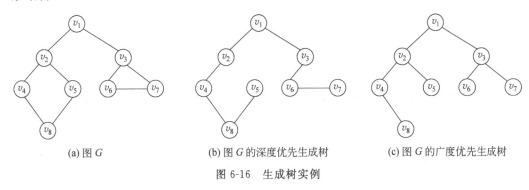

图 6-16　生成树实例

2. 最小生成树

对于一个带权无向连通图（连通网）G 来说，一棵生成树的代价是指树中各条边上的权值之和，在 G 的所有生成树中，各边的权值之和最小的生成树就称为 G 的最小代价生成树，简称为最小生成树。

最小生成树在生活中有着广泛的应用。例如，假设要在 n 个城市之间建立通信网络，若用无向网的顶点表示城市，边表示连接两城市之间的通信线路，边上的权值表示两个城市之间的距离，或者表示两个城市之间建立通信网络所花的代价等，图的生成树就表示了可行的通信网络的方案。n 个城市应铺 $n-1$ 条线路，但因为每条线路都会有对应的经济成本，而 n 个城市可能有 $n(n-1)/2$ 种线路铺设方案，那么，如何选择 $n-1$ 条线路使总费用最少？这实际上就是求该无向网的最小生成树。又如，在某个地区的一些村庄间要修建公路，公路的修建计划可以用一个无向网来表示，用顶点表示村庄，边表示连接两个村庄间的公路，边上的权值表示修建该条公路所需的代价。如果希望修建公路总费用最小且各村庄间都有公路相通，则问题转化为求该公路网的一棵最小生成树。

构造最小生成树的方法有很多，其中比较常用的有两种，即普里姆（Prim）算法和克鲁斯卡尔（Kruskal）算法。下面分别介绍这两种算法。

6.4.2　Prim 算法

1. 基本思想

Prim 算法是从顶点出发构造连通网的最小生成树，每一次所做的选择只是简单地从生成树中的顶点出发，寻找另一个不在生成树中的顶点，要求两个顶点构成边的权值最小,把另一个顶点添加到生成树中;而每向生成树中添加一个顶点,也就相当于向生成树中添加了一条边,不断重复这个过程,直到生成树中包含了连通网的所有顶点为止。

2. 构造的过程

设连通网 $G=(V,E)$ 中共有 n 个顶点,分别为 $v_0,v_1,\cdots,v_{n-1}$,采用邻接矩阵存储结构。用 $T=(S,TE)$ 表示 G 的一棵最小生成树,显然必有 $S=V$ 且生成树中边数 $|TE|=n-1$。Prim 算法的求解过程可用 4 步来完成。

(1) 令 $TE=\phi,S=\{v_0\}$,即从顶点 v_0 来构造最小生成树,$N=V-S$;

(2) 若 $S=V$ 或 $N=\phi$,则算法终止,此时 TE 中的各条边就构成了 G 的最小生成树,否则转向步骤(3);

(3) 选择满足 $v_i\in S,v_j\in N$ 且边 (v_i,v_j) 的权值最小的 v_i 和 v_j,实际上 v_j 就是不在生成树中的最近顶点;

(4) 令 $S=S\cup\{v_j\},N=N-\{v_j\},TE=TE\cup\{(v_i,v_j)\}$,转向步骤(2)。

下面通过一个例子来说明 Prim 算法的求解过程。用 Prim 算法来构造如图 6-17 所示的连通网 G_{11} 的最小生成树,从顶点 v_0 开始。图 6-18 给出了其求解过程,其中括号中的数字表示边的选择顺序。

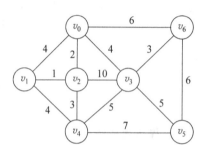

图 6-17 连通网 G_{11}

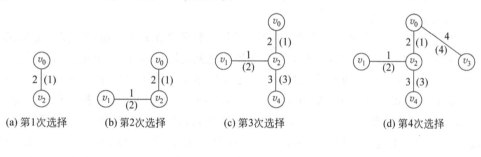

(a) 第1次选择   (b) 第2次选择   (c) 第3次选择   (d) 第4次选择

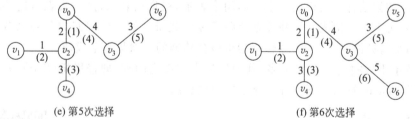

(e) 第5次选择   (f) 第6次选择

图 6-18 G_{11} 最小生成树的构造过程(Prim 算法)

【算法步骤】 为了方便查找权值最小的边,需要附设一个辅助数组 closedge,存放当前生成树内顶点 U 到生成树外其他顶点 $V-U$ 的最短路径。对每个顶点 $vi\in V-U$,在辅助数组中存在一个相应分量 closedge$[i-1]$(下标从 0 开始),它包括两个域。其中,lowcost

存储该边上的权。显然，closedge$[i-1]$.lowcost $=$ Min$\{$cost(u,vi)$|$u$\in$U$\}$，即 vi 到已生成子树的最短距离等于到 U 中所有顶点中的最小边的权值，adjvex 域存储该边依附的在 U 中的顶点。

① 首先将初始顶点 u 加入 U 中，对其余的每一个顶点 v_j，将 closedge$[j]$.lowcost 均初始化为到 u 到 v_j 的权值信息。

② 循环 $n-1$ 次，做如下处理：
- 从各组边 closedge 数组中选出最小边 closedge$[k0]$，输出此边；
- 将 $k0$ 加入 U 中；
- 更新剩余的每组最小边信息 closedge$[j]$，对于 $V-U$ 中的边，新增加了一条从 $k0$ 到 j 的边，如果新边的权值比 closedge$[j]$.lowcost 小，则将 closedge$[j]$.lowcost 更新为新边的权值。

算法 6-8　Prim 算法

```
MiniSpanTree_Prim(AdjMatrix Gn,VertexData u)
/*从顶点 u 出发,按 Prim 算法构造连通网 Gn 的最小生成树,并输出生成树的每条边*/
{
    k=LocateVex(Gn,u);
    closedge[k].lowcost=0;              /*初始化,U={u}*/
    for(i=0;i<Gn.vexnum;i++)
        if (i!=k)                       /*对 V-U 中的顶点 i,初始化 closedge[i]*/
        {
            closedge[i].adjvex=u;
            closedge[i].lowcost=Gn.arcs[k][i].adj;
        }
    for(e=1;e<=Gn.vexnum-1;e++)         /*找 n-1 条边(n=Gn.vexnum)*/
    {
        k0=Minimum(closedge);
                                        /*closedge[k0]中存有当前最小边(u0,v0)的信息*/
        u0=closedge[k0].adjvex;         /*u0∈U*/
        v0=Gn.vexs[k0];                 /*v0∈V-U*/
        printf("%d,%d",u0,v0);          /*输出生成树的当前最小边(u0,v0)*/
        closedge[k0].lowcost=0;         /*将顶点 v0 纳入 U 集合*/
        for(i=0;i<Gn.vexnum;i++)        /*在顶点 v0 并入 U 之后,更新 closedge[i]*/
            if(Gn.arcs[k0][i].adj<closedge[i].lowcost)
            {
                closedge[i].lowcost=Gn.arcs[k0][i].adj;
                closedge[i].adjvex=v0;
            }
    }
}
```

【**算法分析**】　分析算法 6-8，假设网中有 n 个顶点，则第 1 个进行初始化的循环语句

的频度为 n，第 2 个循环语句的频度为 $n-1$。其中第 2 个有两个内循环：其一是在 closedge[v].lowcost 中求最小值，其频度为 $n-1$；其二是重新选择具有最小权值的边，其频度为 n。由此，Prim 算法的时间复杂度为 $O(n^2)$，与网中的边数无关，因此适用于求稠密网的最小生成树。

6.4.3 Kruskal 算法

1. 基本思想

Kruskal 算法是一种按照权值的递增次序选择合适的边来构造最小生成树的方法。

2. 构造过程

设连通网 $G=(V,E)$ 中共有 n 个顶点，分别为 $v_0,v_1,\cdots,v_{n-1}$。采用邻接矩阵存储结构。用 $T=(S,TE)$ 表示 G 的一棵最小生成树，显然必有 $S=V$ 且 $|TE|=n-1$。Kruskal 算法的求解过程可用两步来完成。

（1）令 $S=V$，$TE=\phi$，即最小生成树中包含了连通网中所有顶点，但是一条边也没有；

（2）从边集中选择权值最小的边，若将其加入到 T 中不产生回路，则加入；若产生回路，则舍弃。再从剩余的边中选择权值最小的边，若将其加入到 T 中不产生回路，则加入；若产生回路，则舍弃。不断重复这一过程，直到 $|TE|=n-1$ 时为止。

用 Kruskal 算法来构造图 6-17 中给出的连通网 G_{11} 的最小生成树的过程。如图 6-19 所示，括号表示选择边的顺序。

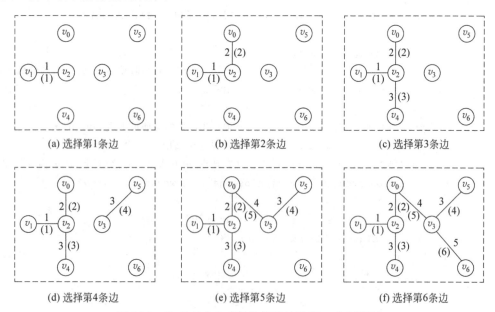

图 6-19　G_{11} 的最小生成树的构造过程（Kruskal 算法）

Kruskal 算法中最耗时的操作是合并两个不同的连通分量,只要采取合适的数据结构,可以证明其执行时间为 $O(\log_2 e)$,由此,Kruskal 算法的时间复杂度为 $O(e\log_2 e)$,与网中的边数有关,与 Prim 算法相比,Kruskal 算法更适合于求稀疏网的最小生成树。

上述讨论了求无向网的最小生成树的两种算法,它们各有优势。Prim 算法是将顶点归并,与边数无关,适于稠密网。Kruskal 是将边归并,适于求稀疏网的最小生成树。

6.5 最短路径

对于无权图,若从一个顶点到另一个顶点之间存在路径,则这条路径的长度定义为路径上边的数目,它等于路径上的顶点数减 1。从一个顶点到另一个顶点可能存在多条路径,其中长度最短的路径称为这两个顶点间的最短路径,其路径长度称为最短路径长度。

对于带权图,考虑到边上的权值,通常把一条路径上各条边的权值之和称为该路径的长度,两个顶点间可能存在多条路径,其中长度最短的路径称为这两个顶点间的最短路径,其路径长度称为最短路径长度。

最短路径问题是一种重要的图算法,在实际生活中有着重要的应用。例如,某人要从 A 城到 B 城,他需要考虑两地之间是否有路可通?在有多条通路的情况下,哪一条路最短?这就是路径选择问题。他的选择有两种,一种是选择中转站少的线路,但另一种是选择花费少的线路,这两种选择都是最短路径问题,但前者指的是由一点到另一点所经过的边最少,这是无权图的最短路径问题;而后者指的是从一点到另一点边的代价和最小,也就是边上的权值之和最小,这是带权图的最短路径问题。而边上的权值内容不同就可表示各种最少、最短、最省的问题,如距离最短、时间或经费最省、花费最少等。

当然,如果每条边上的权值都是 1,这时各条边上权值之和最少也就等价于边数最少,所以本节只讨论带权图的最短路径问题。带权图的最短路径问题可分为两种,即单源最短路径问题和任意两个顶点间的最短路径问题。下面用带权的有向图为例,分别来讨论这两个最短路径问题。

6.5.1 单源最短路径

设有向网 $G=(V,E)$ 中含有 n 个顶点,分别为 $v_0,v_1,\cdots,v_{n-1}$,且各条边上的权值均非负,给定 G 的一个顶点 s,现在要求从 s 到其余各个顶点的最短路径长度,s 称为源点。这就是单源最短路径问题。

例如,如图 6-20 所示的有向网 G_{12} 中,源点为顶点 v_0,表 6-1 给出了从 v_0 到其余各个顶点的最短路径及其路径长度。

求解单源最短路径问题有一个非常著名的算法,即基于贪心策略的 Dijkstra 算法,其思想类似于求最小生成树问题的 Prim 算法。Dijkstra 算法是由荷兰著名的计算机科学家 Dijkstra 在 1959 年提出的,到今天为止,人们一直在用 Dijkstra 算法求解单源最短路径问题,下面将重点介绍该算法。

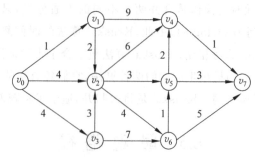

图 6-20　有向网 G_{12}

表 6-1　v_0 到其余各个顶点的最短路径及其路径长度

源点	终点	最短路径	路径长度
v_0	v_1	v_0,v_1	1
	v_2	v_0,v_1,v_2	3
	v_3	v_0,v_3	4
	v_4	v_0,v_1,v_2,v_5,v_4	8
	v_5	v_0,v_1,v_2,v_5	6
	v_6	v_0,v_1,v_2,v_6	7
	v_7	v_0,v_1,v_2,v_5,v_7	9

1. Dijkstra 算法的基本思想

Dijkstra 算法是按照从源点到其余各个顶点的最短路径长度递增的次序来逐一求解从源点到其余各个顶点的最短路径的。即先求源点出发的第一条最短路径，再求源点出发的第二条最短路径，依次求下去，而不是按照顶点的编号顺序来求的。

将有向网 G 的顶点集合 V 划分成两个子集 S 和 $V-S$，设 $S=\{v_1,v_2,\cdots,v_k\}$ 是已经求得的最短路径的终点集合，顶点 $v_i \in S$ 的条件即从源点 s 到顶点 v_i 的最短路径已经求出，而 $V-S$ 就是尚未求得的最短路径的终点集合。

下面对于 $V-S$ 中的任意一个顶点 t，定义 s 到 t 的当前最短路径。对任意一个顶点 $t \in V-S$，从 s 到 t 的当前最短路径就是 s 到 t 的一条路径，且在这条路径上除了顶点 t 之外，其余顶点均属于集合 S。

Dijkstra 算法的基本求解思想是在集合 $V-S$ 中的各个顶点对应的当前最短路径中选择一个最短的来产生下一条最短路径，同时将它的终点加入到集合 S 中。具体来说，初始时令集合 S 为空，然后将源点 s 加入到集合 S 中，对 $V-S$ 中的每一个顶点 t，求 s 到 t 的当前最短路径，然后从各个当前最短路径中选择一个最短的产生第一条最短路径，并将它的终点加入到集合 S 中，接下来再对当前集合 $V-S$ 中的每一个顶点 t，求 s 到 t 的当前最短路径，然后再从各个当前最短路径中选择一个最短的产生下一条最短路径，并将它

的终点加入到集合 S 中。不断重复这个过程,直至 $S=V$ 为止。

2. Dijkstra 算法的求解过程

设有向网 $G=(V,E)$ 采用邻接矩阵存储结构,为了便于描述,将顶点数组中的顶点 G.vexs$[i]$ 称为顶点 i。现再设置两个辅助数组 d 和 path,用 $d[i]$ 来保存源点 s 到顶点 i 的当前最短路径长度,用 path$[i]$ 来保存源点 s 到顶点 i 的当前最短路径上顶点 i 的前一个顶点。也就是说,从源点 s 到顶点 i 当前所求得的最短路径为 $(s,\cdots,\text{path}[i],i)$。由此可根据 path 数组的信息来反向追溯构造出源点 s 到顶点 i 的最短路径上的所有顶点。

Dijkstra 算法的求解过程可用下面 4 步完成。

(1) 求第一条最短路径。

将源点 s 加入到集合 S 中,对 $V-S$ 中的每一个顶点 t,求 s 到 t 的当前最短路径。由于现在集合 S 中只有一个顶点 s,由当前最短路径的定义可知,此时的当前最短路径就是从源点 s 出发的一条边,而当前最短路径长度即为从源点 s 出发的边的权值。因此对任意顶点 $t \in V-S$,有式(6-4)和式(6-5)成立。

$$d[t] = \begin{cases} w(s,t), & <s,t> \in E \\ \infty, & <s,t> \notin E \end{cases} \tag{6-4}$$

$$\text{path}[t] = \begin{cases} s, & <s,t> \in E \\ -1, & <s,t> \notin E \end{cases} \tag{6-5}$$

其中,$w(s,t)$ 为边 $<s,t>$ 上的权值。

下面从各个当前最短路径中选择最短的产生第一条最短路径,显然第一条最短路径的长度应为各个 $d[t]$ 中的最小者,它应为从源点 s 出发的一条弧。设第一条最短路径为弧 $<s,k>$,则第一条最短路径的长度 $d[k]$ 满足式(6-6)。

$$d[k] = \min\{d[t] \mid t \in V-S\} \tag{6-6}$$

求出第一条最短路径后,将它的终点 k 加入到集合 S 中。

这里求出了第一条最短路径以及它的长度,也相当于求出了从源点 s 到顶点 k 的最短路径。

例如,在有向网 G_{12} 中,源点为顶点 v_0 的。初始时 $S=\{v_0\}$,则当前最短路径有 3 条,即为 $<v_0,v_1>$,$<v_0,v_2>$,$<v_0,v_3>$,第一最短路径就是这三条当前最短路径中最短的一条,即第一条最短路径为 $<v_0,v_1>$,其长度为 1,求出第一条最短路径后,要将它的终点加入到集合 S 中,即 $S=\{v_0,v_1\}$,这也就相当于求出了从 v_0 到 v_1 的最短路径。

(2) 更新 d 和 path。

将上一条最短路径的终点 k 加入到集合 S 中后,再对 $V-S$ 中的每一个顶点 t,求 s 到 t 的当前最短路径长度。实际上没有必要对 $V-S$ 中的每一个顶点 t 都求 s 到 t 的当前最短路径长度,对于 $V-S$ 中那些与顶点 k 不相邻接的顶点 t 来说,k 加入到集合 S 后,不会影响 s 到 t 的当前最短路径长度。只有对 $V-S$ 中那些与顶点 k 相邻接的顶点 t 来说,k 加入到集合 S 后,可能会影响 s 到 t 的当前最短路径长度,它可能仍是 k 加入集合 S 之前的那个当前最短路径,也可能是由 s 到 k 的最短路径与 k 到 t 的弧构成的,要比较这两条路径哪条更短,最后才能确定。因此将上一条最短路径的终点 k 加入到集合 S 中后,必

须对 $V-S$ 中与顶点 k 相邻接的顶点 t，更新源点 s 到顶点 t 的当前最短路径长度。

更新方法是若 $d[k]+w(k,t)<d[t]$，则 $d[t]=d[k]+w(k,t)$，$w(k,t)$ 为顶点 k 到顶点 t 的弧的权值，同时要更新 path$[t]$ 的值，否则维持原值。

（3）求下一条最短路径。

从各个当前最短路径中再选择一个最短的来产生下一条最短路径，设下一条最短路径的终点为 k，则下一条最短路径的长度 $d[k]$ 满足式(6-6)。

求出后，将其终点 k 加入到集合 S 中。

（4）重复步骤(2)和(3)。

重复步骤(2)和(3)，直至 $S=V$ 为止，这时就求得了源点 s 到其余各个顶点的最短路径长度，均保存在数组 d 中。

对于有向图 G_{12} 以 v_0 为源点，用 Dijkstra 算法求解单源最短路径的过程如表 6-2 所列。

表 6-2 v_0 到其余各个顶点的最短路径的求解过程

集合 s	当前最短路径长度							最短路径长度	最短路径终点	前方顶点	路径
	$d[v_1]$	$d[v_2]$	$d[v_3]$	$d[v_4]$	$d[v_5]$	$d[v_6]$	$d[v_7]$	$d[k]$	k	path$[k]$	
v_0	1	4	4	∞	∞	∞	∞	1	v_1	v_0	v_0, v_1
v_0, v_1		3	4	10	∞	∞	∞	3	v_2	v_1	v_0, v_1, v_2
v_0, v_1, v_2			4	9	6	7	∞	4	v_3	v_0	v_0, v_3
v_0, v_1, v_2, v_3				9	6	7	∞	6	v_5	v_2	v_0, v_1, v_2, v_5
v_0, v_1, v_2, v_3, v_5				8		7	9	7	v_6	v_2	v_0, v_1, v_2, v_6
$v_0, v_1, v_2, v_3, v_5, v_6$				8			9	8	v_4	v_5	v_0, v_1, v_2, v_5, v_4
$v_0, v_1, v_2, v_3, v_5, v_6, v_4$							9	9	v_7	v_5	$v_0, v_1, v_2, v_3, v_5, v_7$
$v_0, v_1, v_2, v_3, v_5, v_6, v_4, v_7$					$S=V$ 求解完毕						

【算法步骤】

① 初始化：

- 将源点 v_0 加到 S 中，即 $S[v_0]=$true；
- 将 v_0 到各个终点的最短路径长度初始化为权值，即 $D[i]=G.$arcs$[v_0][v_i]$，$(v_i \in V-S)$；
- 如果 v_0 和顶点 v_i 之间有弧，则将 v_i 的前驱置为 v_0，即 path$[i]=v_0$，否则 path$[i]=-1$。

② 循环 $n-1$ 次，执行以下操作：

- 选择下一条最短路径的终点 v_k，使得：

$$D[k] = \text{Min}\{D[i] \mid v_i \in V - S\}$$

将 v_k 加到 S 中,即 $S[k]=\text{true}$;

- 根据条件更新从 v_0 出发到集合 $V-S$ 上任一顶点的最短路径的长度,若条件 $D[k]+G.\text{arcs}[k][i]<D[i]$ 成立,则更新 $D[i]=D[k]+G.\text{arcs}[k][i]$,同时更改 v_i 的前驱为 v_k,$\text{path}[i]=k$。

算法 6-9　Dijkstra 算法

```
void ShortestPath_DIJ(AdjMatrix G, int v0)
{//用 Dijkstra 算法求有向网 G 的 v0 顶点到其余顶点的最短路径
    n=G.vexnum;              //n 为 G 中顶点的个数
    for(v=0;v<n;++v)         //n 个顶点依次初始化
    {
        S[v]=false;          //S 初始为空集
        D[v]=G.arcs[v0][v];  //将 v0 到各个终点的最短路径长度初始化为弧上的权值
        if(D[v]<INFINITY) Path[v]=v0;  //如果 v0 和 v 之间有弧,则将 v 的前驱置为 v0
        else Path[v]=-1;     //如果 v0 和 v 之间无弧,则将 v 的前驱置为-1
    }
    s[v0]=true;              //将 v0 加入 S
    D[v0]=0;                 //源点到源点的距离为 0
    /*初始化结束,开始主循环,每次求得 v0 到某个顶点 v 的最短路径,将 v 加到 S 集*/
    for{i=1;i<n;++i)         //对其余 n-1 个顶点,依次进行计算
    {
        min=INFINITY;
        for(w=0;w<n;++w)
            if(!S[w]&&D[w]<min)
            {v=w;min=D[w];}  //选择一条当前的最短路径,终点为 v
        S[v]=true;           //将 v 加入 S
        for(w=0;w<n;++w)     //更新从 v0 出发到集合 V-S 上所有顶点的最短路径长度
            if(!S[w]&&(D[v]+G.arcs[v][w]<D[w]))
            {
                D[w]=D[v]+G.arcs[v][w];   //更新 D[w]
                Path[w]=v;                //更改 w 的前驱为 v
            }
    }
}
```

Dijkstra 算法只能求解权值非负的单源最短路径问题,有些时候边上的权值还可以为负数,这时 Dijkstra 算法就失效了。图 6-21 给出了一个权值可以为负数的有向网 G_{13},若用 Dijkstra 算法求源点 v_0 到其余各顶点的最短路径,则 v_0 到 v_1 的最短路径为 (v_0,v_1),其长度为 4,而实际上 v_0 到 v_1 的最短路径 (v_0,v_2,v_1),其长度为 2,显然 Dijkstra 算法此时不再适用。对于权值可以为负的单源最短路径问题可用另一个经典算法,即 Bellman-Ford 算法求解,由于篇幅有限,这里不再赘述。

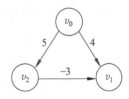

图 6-21　有向网 G_{13}

6.5.2 任意一对顶点间的最短路径

设有向网 $G=(V,E)$ 中含有 n 个顶点，分别为 $v_0,v_1,\cdots,v_{n-1}$，现在求 G 中任意两个顶点间的最短路径长度，这就是任意两个顶点间的最短路径问题。

对于此问题，若边上的权值均非负，则可以借助于 Dijkstra 算法来求解，即以有向网 G 中的每一个顶点作为源点，调用 Dijkstra 算法来计算，每调用一次，就求出一个顶点到其余 $n-1$ 个顶点的最短路径长度，调用 n 次就求出了任意两个顶点间的最短路径长度。

但是若边上的权值可以为负，则上述方法不再适用。这里介绍一种更直观的而且可以处理负权值的算法，即弗洛伊德算法（Floyd），它从另外一个不同的角度来计算任意两个顶点间的最短路径，并且它允许边上的权值为负，但不允许图中存在路径长度为负值的回路。因为如果从顶点 v_i 到顶点 v_j 存在一个负值回路，则可以无限次地经过负值回路，每经过一次就会使路径的长度更小，因此此时从顶点 v_i 到顶点 v_j 不存在最短路径。如图 6-22 所示，给出的有向网 G_{14} 中，从顶点 v_0 到顶点 v_4 就不存在最短路径，可以理解为其最短路径长度为 $-\infty$。

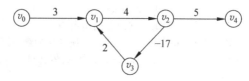

图 6-22 有向网 G_{14}

1. Floyd 算法的基本思想

设有向网 $G=(V,E)$ 采用邻接矩阵存储结构，对 G 中的任意两个顶点 v_i 和 v_j，设集合 S 为从 v_i 到 v_j 的当前求得的最短路径上中间所经过的顶点构成的集合。

初始时，$S=\phi$，即从 v_i 到 v_j 不经过任何顶点，显然若 $<v_i,v_j>\in E$，则 v_i 到 v_j 的当前最短路径长度为 G.arcs[i][j]；若 $<v_i,v_j>\notin E$，则 v_i 到 v_j 的当前最短路径长度为 ∞。

接下来，依次向集合 S 中添加 n 个顶点进行试探。

首先，将顶点 v_0 加入到集合 S 中，即 $S=\{v_0\}$。考查有向网中是否存在从 v_i 经集合 S 中的顶点到 v_j 的路径，若这条路径上不包含顶点 v_0，则其路径长度即为上一步中求得的路径长度；若这条路径上包含顶点 v_0，即存在弧 $<v_i,v_0>$ 和弧 $<v_0,v_j>$，则其路径长度应为这两条弧的权值之和。将不包含 v_0 和包含 v_0 的这两种情况下得到的路径长度相比较，取长度较小者作为当前求得的最短路径，并把这条最短路径称为从 v_i 到 v_j 的中间顶点序号不大于 0 的最短路径。

然后，将顶点 v_1 可加入到集合 S 中，即 $S=\{v_0,v_1\}$。考查有向网中是否存在从 v_i 经集合 S 中的顶点到 v_j 的路径，若这条路径上不包含顶点 v_1，则从 v_i 到 v_j 的中间顶点序号不大于 1 的最短路径就是上一步中求得的从 v_i 到 v_j 的中间顶点序号不大于 0 的最短路径。若这条路径上包含顶点 v_1，则从 v_i 到 v_j 的中间顶点序号不大于 1 的这条路径可表示为$(v_i,\cdots,v_1,\cdots,v_j)$,即由$(v_i,\cdots,v_1)$和$(v_1,\cdots,v_j)$连接起来形成的路径,显然省略号中的顶点序列最多包含到顶点v_0,路径$(v_i,\cdots,v_1,\cdots,v_j)$的长度应为路径$(v_i,\cdots,v_1)$和$(v_1,\cdots,v_j)$的长度之和,而$(v_i,\cdots,v_1)$和$(v_1,\cdots,v_j)$这两条路径的长度显然是在上一步中已经求完的两个顶点间中间顶点序号不大于0的最短路径。此时,将不包含v_1和包含v_1的这两种情况下得到的路径长度相比较,取长度较小者作为当前求得的从v_i到v_j的中间顶点序号不大于1的最短路径。

将顶点v_2再加入到集合S中,即$S=\{v_0,v_1,v_2\}$。考查有向网中是否存在从v_i经集合S中的顶点到v_j的路径,若这条路径上不包含顶点v_2,则从v_i到v_j的中间顶点序号不大于2的最短路径就是上一步中求得的从v_i到v_j的中间顶点序号不大于1的最短路径;若这条路径上包含顶点v_2,则从v_i到v_j的中间顶点序号不大于1的这条路径可表示为$(v_i,\cdots,v_2,\cdots,v_j)$,即由$(v_i,\cdots,v_2)$和$(v_2,\cdots,v_j)$连接起来形成的路径,显然省略号中的顶点序列最多包含到顶点v_1,路径$(v_i,\cdots,v_2,\cdots,v_j)$的长度应为路径$(v_i,\cdots,v_2)$和$(v_2,\cdots,v_j)$的长度之和,而$(v_i,\cdots,v_2)$和$(v_2,\cdots,v_j)$这两条路径的长度显然是在上一步中已经求完的两个顶点间中间顶点序号不大于1的最短路径。此时,将不包含v_2和包含v_2的这两种情况下得到的路径长度相比较,取长度较小者作为当前求得的从v_i到v_j的中间顶点序号不大于2的最短路径。

以此类推,将顶点$v_3,v_4,\cdots,v_{n-1}$依次加入到集合S中,当v_{n-1}加入到集合S后,就求得了从v_i到v_j的中间顶点序号不大于$n-1$的最短路径,而v_{n-1}是图中最后一个顶点,所以此时的值就是v_i到v_j的最短路径长度。

2. Floyd算法的求解过程

对于有向网$G=(V,E)$采用邻接矩阵作为其存储结构,为了描述简洁,仍将在顶点数组中的顶点G.vexs[i]称为顶点i。根据求解基本思想,Floyd算法中设置了两类辅助数组,即D和Path,下面分别来介绍这两类数组。

1) 辅助数组D

设置$n+1$个二维数组,即$D^{(-1)},D^{(0)},D^{(1)},\cdots,D^{(n-1)}$。其中二维数组$D^{(k)}$用来保存有向网中任意两个顶点间的中间顶点序号不大于k的最短路径长度。具体地,数组元素$D^{(k)}[i][j]$的值为顶点i到顶点j的中间顶点序号不大于k的最短路径长度。$D^{(-1)}$表示从顶点i到顶点j没有中间顶点,即顶点i直接到达顶点j,显然此时$D^{(-1)}$是等于G.arcs的。由于有向网中最后一个顶点是$n-1$,所以$D^{(n-1)}$中保存的就是有向网中任意两个顶点间的最短路径长度,即$D^{(n-1)}[i][j]$为顶点i到顶点j的最短路径长度。

那么如何来求$D^{(k)}[i][j]$的值呢?由Floyd算法的基本思想不难得出。

(1) 若从顶点i到顶点j的中间顶点序号不大于k的最短路径中不包含顶点k,则此时$D^{(k)}[i][j]$的值就是$D^{(k-1)}[i][j]$的值,因此有式(6-7)成立。

$$D^{(k)}[i][j] = D^{(k-1)}[i][j] \tag{6-7}$$

(2) 若从顶点i到顶点j的中间顶点序号不大于k的最短路径中包含顶点k,则这条路径可看成是$(v_i,\cdots,v_k,\cdots,v_j)$,它是由两条子路径$(v_i,\cdots,v_k)$和$(v_k,\cdots,v_j)$构成的,其长度应为这两条子路径的长度之和,而路径$(v_i,\cdots,v_k)$和$(v_k,\cdots,v_j)$的长度即为从顶点$i$到顶点$k$的中间顶点序号不大于$k-1$的最短路径长度和从顶点$k$到顶点$j$的中间顶点序号不大于$k-1$的最短路径长度,即为$D^{(k-1)}[i][k]$和$D^{(k-1)}[k][j]$,因此有式(6-8)成立。

$$D^{(k)}[i][j] = D^{(k-1)}[i][k] + D^{(k-1)}[k][j] \tag{6-8}$$

此时,需将不包含顶点k和包含顶点k的这两种情况下得到的最短路径长度相比较,取较小者作为当前求得的顶点i到顶点j的中间顶点序号不大于k的最短路径长度,因此有式(6-9)成立。

$$D^{(k)}[i][j] = \min\{D^{(k-1)}[i][j], D^{(k-1)}[i][k] + D^{(k-1)}[k][j]\} \quad 0 \leqslant k \leqslant n-1 \tag{6-9}$$

综上,有式(6-10)成立。

$$\begin{cases} D^{(k)}[i][j] = \min\{D^{(k-1)}[i][j], D^{(k-1)}[i][j] + D^{(k-1)}[k][j]\} & 0 \leqslant k \leqslant n-1 \\ D^{(-1)}[i][j] = G.\mathrm{arcs}[i][j] \end{cases} \tag{6-10}$$

2) 辅助数组 Path

再设置$n+1$个二维数组,即$\mathrm{Path}^{(-1)}, \mathrm{Path}^{(0)}, \mathrm{Path}^{(1)}, \cdots, \mathrm{Path}^{(n-1)}$。其中二维数组$\mathrm{Path}^{(k)}$用来保存有向网中任意两个顶点间的中间顶点序号不大于k的最短路径上终点的前方顶点的编号,具体地,数组元素$\mathrm{Path}^{(k)}[i][j]$的值为顶点$i$到顶点$j$的中间顶点序号不大于$k$的最短路径上顶点$j$的前方顶点。$\mathrm{Path}^{(-1)}$表示顶点$i$到顶点$j$没有中间顶点,显然若$<v_i,v_j>\in E$,则令$\mathrm{Path}^{(-1)}[i][j]=i$,否则若$<v_i,v_j>\notin E$,则令$\mathrm{Path}^{(-1)}[i][j]=-1$。最后可根据 Path 数组的信息反向追溯构造出任意两个顶点间的最短路径。例如,顶点i到顶点j的最短路径上,最后一个顶点是j,它的前一个顶点则是$k=\mathrm{Path}^{(n-1)}[i][j]$,再前一个顶点则是$k'=\mathrm{Path}^{(n-1)}[i][k]$,$\cdots$,依次类推,第一个顶点是$i$,最终可构造出这条最短路径。

利用 Floyd 算法,计算如图 6-23(a)所示带权有向网的每一对顶点之间的最短路径 P 及路径长度 D,邻接矩阵如图 6-23(b)所示,Floyd 算法求最短路径的过程如图 6-23(c)所示。

(a) 带权有向网　　　　　　　　　　　(b) 邻接矩阵

图 6-23　利用 Floyd 算法求取任意两点之间的最短路径

D	D(0)			D(1)			D(2)			D(3)		
	0	1	2	0	1	2	0	1	2	0	1	2
0	0	4	11	0	4	11	0	4	6	0	4	6
1	6	0	2	6	0	2	6	0	2	5	0	2
2	3	∞	0	3	7	0	3	7	0	3	7	0
P	P(0)			P(0)			P(1)			P(2)		
	0	1	2	0	1	2	0	1	2	0	1	2
0		AB	AC		AB	AC		AB	ABC		AB	ABC
1	BA		BC	BA		BC	BA		BC	BCA		BC
2	CA			CA	CAB		CA	CAB		CA	CAB	

(c) Floyd 算法求最短路径的过程

图 6-23 （续）

【算法步骤】 将 v_i 到 v_j 的最短路径长度初始化，即 $D[i][j]=$ G.arcs$[i][j]$，然后进行 n 次比较和更新。

(1) 在 v_i 和 v_j 间加入顶点 v_0，比较 (v_i,v_j) 和 (v_i,v_0,v_j) 的路径长度，取其中较短者作为 v_i 到 v_j 的中间顶点序号不大于 0 的最短路径。

(2) 在 v_i 和 v_j 间加入顶点 v_1，得到 $(v_i,\cdots,v_1)$ 和 $(v_1,\cdots,v_j)$，其中 $(v_i,\cdots,v_1)$ 是 v_i 到 v_1 的且中间顶点的序号不大于 0 的最短路径，$(v_1,\cdots,v_j)$ 是 v_1 到 v_j 的且中间顶点的序号不大于 0 的最短路径，这两条路径已在上一步中求出。比较 $(v_i,\cdots,v_1,\cdots,v_j)$ 与上一步求出的 v_i 到 v_j 的中间顶点序号不大于 0 的最短路径，取其中较短者作为 v_i 到 v_j 的中间顶点序号不大于 1 的最短路径。

(3) 依次类推，在 v_i 和 v_j 间加入顶点 v_k，若 $(v_i,\cdots,v_k)$ 和 $(v_k,\cdots,v_j)$ 分别是从 v_i 到 v_k 和从 v_k 到 v_j 的中间顶点的序号不大于 $k-1$ 的最短路径，则将 $(v_i,\cdots,v_k,\cdots,v_j)$ 和已经得到的从 v_i 到 v_j 且中间顶点序号不大于 $k-1$ 的最短路径相比较，其长度较短者便是从 v_i 到 v_j 中间顶点的序号不大于 $k-1$ 的最短路径。这样，经过 n 次比较后，最后求得的必是从 v_i 到 v_j 的最短路径。按此方法，可以同时求得各对顶点间的最短路径。

根据上述求解过程，图中的所有顶点对 v_i 和 v_j 间的最短路径长度对应一个 n 阶方阵 D。在上述 $n+1$ 步中，D 的值不断变化，对应一个 n 阶方阵序列。

n 阶方阵序列可定义为：

$$D^{(-1)},D^{(0)},D^{(1)},\cdots,D^{(k)},\cdots,D^{(n-1)}$$

其中，

$D^{(-1)}[i][j] =$ G.arcs$[i][j]$

$D^{(k)}[i][j] = \text{Min}\{D^{(-1)}[i][j], D^{(k-1)}[i][k]+D^{(k-1)}[k][j]\}$ $0 \leqslant k \leqslant n-1$

显然，$D^{(1)}[i][j]$ 是从 v_i 到 v_j 的中间顶点的序号不大于 1 的最短路径的长度；$D^{(k)}[i][j]$ 是从 v_i 到 v_j 的中间顶点的序号不大于 k 的最短路径的长度；$D^{(n-1)}[i][j]$ 就是从 v_i 到 v_j 的最短路径的长度。

算法 6-10　Floyd 算法

```
void ShortestPath_Floyd(AdjMatrix G)
{ //用 Floyd算法求有向网 G 中各点对顶点 i 和 j 之间和最短路径
    for(i=0;i<G.vexnum;++i)                    //各对结点之间初始已知路径及距离
        for(j=0;j<G.vexnum;++j)
        {
            D[i][j]=G.arcs[i][j];
            if(D[i][j]<INFINITY) Path[i][j]=i;  //如果 i 和 j 之间有弧,则将 j 的前驱置为 i
            else Path[i][j]=-1;                 //如果 i 和 j 之间无弧,则将 j 的前驱置为-1
        }
    for(k=0;k<G.vexnum;++k)
        for(i=0;i<G.vexnum;++i)
            for(j=0;j<G.vexnum;++j)
                if (D[i][k]+D[k][j]<D[i][j])   //从 i 经 k 到 j 的一条路径更短
                {
                    D[i][j]=D[i][k]+D[k][j];    //更新 D[i][j]
                    Path[i][j]=Path[k][j];      //更改 j 的前驱为 k
                }
}
```

6.6 拓扑排序与关键路径

通常将软件开发、施工过程、生产过程、程序流程等都可作为工程来处理,而一个工程又可分成若干子工程,子工程又常常称为活动。要完成整个工程,必须完成所有的活动。活动的执行常伴随着某些先决条件,先决条件指的是些活动必须先于另一些活动完成。在图实际应用中,可用有向无环图(DAG 图)来描述工程进行过程,对应有 AOV 网和 AOE 网,从而涉及到对于 AOV 网和 AOE 网的关键问题的求解问题。

6.6.1 拓扑排序

1. AOV 网的概念

在一个表示工程的有向无环图中用顶点表示活动,如工程中的工序、子任务、状态等,用弧表示活动间的制约关系,如弧$<v_i,v_j>$表示活动 v_i 先于 v_j 进行,称这样的有向图为顶点表示活动的网,简称为 AOV(activity on vertex)网。AOV 网是给有向图的顶点和边赋予一定语义的图,AOV 网常用来表达流程图,如一个工程中各子任务间的流程图、产品生产加工流程图、程序流程图、数据流程图、活动安排流程图等。

例如,一个计算机专业的学生必须学习完一系列课程之后才能毕业,其中一些课程是基础课,而另一些课程则必须在学完它们规定的先修课程之后才能开始学习。如数据结构与算法的学习必须有离散数学和高级语言的准备知识，这些先决条件规定了课程之间的开课顺序，图 6-24(a)表示的是计算机专业学生必修课与先修课程的关系，图 6-24(b)则用有向无环图表示出这些课程之间的关系。不难发现，有向无环图能够模拟先决条件问题：图的顶点代表各项活动，边代表先决条件。

课程代号	课程名称	先修课程
C1	高等数学	无
C2	程序设计	无
C3	离散数学	C1
C4	数据结构	C2, C3
C5	编译原理	C2, C4
C6	组成原理	C2
C7	操作系统	C4, C6

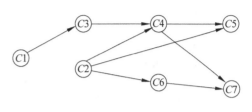

(a) 计算机专业课程安排　　　　　　　　(b) 课程关系图

图 6-24　课程关系图

显然在 AOV 网中，不应该出现回路，因为存在回路意味着某项活动应以自己为先决条件，这显然是荒谬的，若设计这样的工程流程图，工程便无法进行，而对程序流程图来说，则表明存在一个死循环。因此，对给定的 AOV 网应首先判定网中是否存在回路，而测试一个 AOV 网是否存在回路的方法就是对 AOV 网进行拓扑排序。

2. 拓扑序列的概念

对于含有 n 个顶点的有向图 $G=\{V,E\}$，则 V 中的顶点序列 $v_0,v_1,\cdots,v_{n-1}$ 称为拓扑序列当且仅当满足下列条件：若图中从顶点 v_i 到顶点 v_j 有一条路径，则在该序列中 v_i 必位于 v_j 之前。

构造一个有向图拓扑序列的过程称为拓扑排序。拓扑排序是一个数学概念，简单地说，由某个集合上的一个偏序得到该集合上的一个全序，这个操作称之为拓扑排序。偏序和全序的定义在离散数学中已经介绍过，这里不再赘述。

例如，在图 6-24(b)表示课程关系的 AOV 网中，可以得到两个可能的拓扑序列：$(C1,C2,C3,C4,C5,C6,C7)$ 和 $(C2,C1,C6,C3,C4,C5,C7)$，还可以得到其他的拓扑序列。由此可见，一个 AOV 网的拓扑序列不是唯一的。

对一个 AOV 网进行拓扑排序时，若其所有顶点都在它的拓扑序列中，则该 AOV 网必定不存在回路，那么按照任意一个拓扑序列的顺序来完成各个活动就可以顺利完成该 AOV 网所对应的工程；反之，若拓扑序列中没有包含所有顶点，则说明该 AOV 网必定存在回路，此时该 AOV 网所对应的工程无法顺利完成。

3. 拓扑排序的方法

对一个有向图进行拓扑排序，可通过下列 3 步来完成。

(1) 向图中选择一个入度为 0 的顶点，并输出它；

(2) 图中删除该顶点以及所有从它射出的弧；

(3) 重复执行(1)和(2),直到全部顶点均已输出,或者直到图中剩余顶点的入度均不为 0(说明图中存在回路,无法继续拓扑排序)为止。

如图 6-25 所示,给出了一个有向图 G_{15} 及对其拓扑排序的过程,由此得到的一个拓扑序列为$(v_6, v_1, v_4, v_3, v_2, v_5)$。

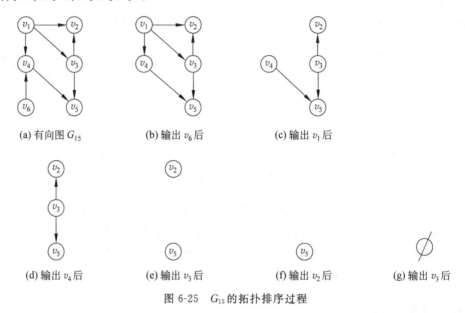

图 6-25 G_{15} 的拓扑排序过程

4. 拓扑排序的实现

针对上述拓扑排序的过程,可采用邻接表做有向图的存储结构。

算法的实现要引入以下辅助的数据结构。

(1) 一维数组 indegree[i]:存放各顶点入度,没有前驱的顶点就是入度为零的顶点。删除顶点及以它为弧尾的操作,可不必真正对图的存储结构进行改变,可用弧头顶点的入度减 1 的办法来实现。

(2) 栈 S:暂存所有入度为零的顶点,这样可以避免重复扫描数组 indegree 检测入度为 0 的顶点,提高算法的效率。

(3) 一维数组 topo[i]:记录拓扑序列的顶点序号。

【算法步骤】

① 求出各顶点的入度并存入数组 indegree[i]中,将入度为 0 的顶点入栈;

② 只要栈不空,则重复以下操作:
- 将栈顶顶点 v_i 出栈并保存在拓扑序列数组 topo 中;
- 对顶点 v_i 的每个邻接点 v_k 的入度减 1,如果 v_k 的入度变为 0,则将 v_k 入栈。

③ 如果输出顶点个数少于 AOV 网的顶点个数,则网中存在有向环,无法进行拓扑排序,否则拓扑排序成功。

算法 6-11　拓扑排序

```
Status TopologicalSort(ALGraph G,int topo[])
{   //有向图 G 采用邻接表存储结构
    //若 G 无回路,则生成 G 的一个拓扑序列 topo[]并返回 OK,否则 ERROR
    FindInDegree(G,indegree);      //求出各顶点的入度存入数组 indegree 中
    InitStack(S);                  //栈 S 初始化为空
    for(i=0;i<G.vexnum;++i)
        if(!indegree[i]) Push(S,i); //入度为 0 者进栈
    m=0;                           //对输出顶点计数,初始为 0
    while(!StackEmpty(S))          //栈 S 非空
    {
        Pop(S,i);                  //将栈顶顶点 $v_i$ 出栈
        topo[m]=i;                 //将 $v_i$ 保存在拓扑序列数组 topo 中
        ++m;                       //对输出顶点计数
        p=G.vertices[i].firstarc;  //p 指向 $v_i$ 的第一个邻接点
        while(p!=NULL)
        {
            k=p->adjvex;           //$v_k$ 为 $v_i$ 的邻接点
            --indegree[k];         //$v_i$ 的每个邻接点的入度减 1
            if(indegree[k]==0) Push(S,k);  //若入度减为 0,则入栈
            p=p->nextarc;          //p 指向顶点 $v_i$ 下一个邻接结点
        }
    }
    if(m<G.vexnum) return ERROR;   //该有向图有回路
    else return OK;
}
```

【**算法分析**】　分析算法 6-11,对有 n 个顶点和 e 条边的有向图而言,建立求各顶点入度的时间复杂度为 $O(e)$;建立零入度顶点栈的时间复杂度为 $O(n)$;在拓扑排序过程中,若有向图无环,则每个顶点进一次栈,出一次栈,入度减 1 的操作在循环中总共执行 e 次,所以,总的时间复杂度为 $O(n+e)$。

上述拓扑排序的算法亦是下面讨论的求关键路径算法的基础。

6.6.2　关键路径

1. AOE 网的概念

在 AOV 网中,有向图的顶点表示一项任务,有向边表示任务之间的先后关系。在实际应用中,任务之间除了先后关系外,还有时间上的约束,用 AOE(activity on edge)网,即边表示活动的网来表示这种约束关系。

AOE 网是一个带权的有向无环图,图中的边表示活动,边上的权值表示活动持续的时间。图中的顶点表示事件,表明它的入边的活动已经完成,它的出边活动可以开始的一

种状态。

一般情况下,一个工程只有一个开始点和一个完成点,所以在 AOE 网中存在唯一的一个入度为 0 的顶点为源点,存在唯一的一个出度为 0 的顶点称为汇点。

可利用 AOE 网来估算工程的完成时间,顶点表示工程进展的状态,边表示子任务。如图 6-26 所示,给出的带权有向图 G_{16} 表示的就是一个 AOE 图。它可以看作是一个具有 11 项子任务和 9 个状态的工程进度图。其中,事件 v_0(源点)表示工程的开始;事件 v_8(汇点)表示工程结束;事件 v_4 开始则表示活动 a_4 和 a_5 已经完成,a_7 和 a_8 可以开始。每一事件必须在其前的所有活动完成后才开始其后的活动。

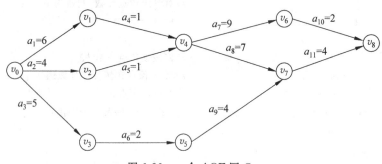

图 6-26 一个 AOE 网 G_{16}

对 AOE 网主要研究以下两个问题:
① 完成整项工程至少需要多少时间?
② 哪些活动是影响工程进度的关键?
为了求解这两个问题,就需要求解 AOE 网的关键路径。

2. 关键路径的概念

在 AOE 网中,因为有些活动可以同时进行,所以完成一个工程所需的最短时间是从源点到汇点的最长路径长度,这里路径长度是指路径上的各活动持续时间之和,而不是路径上边的数目,具有最长路径长度的路径就称为关键路径,而关键路径上的活动称为关键活动。

显然,关键路径的路径长度为整个工程所需的最短工期,也就是说,要缩短整个工期就必须加快关键活动的进度。

例如,图 6-26 所示的 AOE 网 G_{16} 的一条关键路径:$(v_0, v_1, v_4, v_6, v_8)$,其路径长度为 18。

3. 关键路径的求解方法

1) 相关定义

在给出关键路径的求解方法之前,先介绍一些重要的定义。在下面的阐述中,设 AOE 网的源点为 v_0,汇点为 v_{n-1}。

(1) 活动的持续时间用 $dut(<v_i, v_j>)$ 来表示弧 $<v_i, v_j>$ 对应的活动的持续时间。
(2) 事件 v_j 的最早发生时间 $ve(j)$。

从源点到顶点 v_j 的最大路径长度称为事件 v_j 的最早发生时间,记为 ve(j)。

这个长度决定了所有从顶点 v_j 发出的活动能够开工的最早时间。根据 AOE 网的特点可知,只有进入 v_j 的所有活动<v_i,v_j>都结束时,v_j 代表的事件才能发生,而活动<v_i,v_j>的最早结束时间为 ve(i)+dur(<v_i,v_j>),因此要求事件 v_j 的最早发生时间,就是要寻找这样的活动<v_i,v_j>,其中使得活动的结束时间 ve(i) +du(<v_i,v_j>达到极大的这个活动的结束时间就是事件 v_j 的最早发生时间。ve(j)满足递推关系式(6-11)。

$$\begin{cases} \text{ve}(0) = 0,源点的最早发生时间为 0 \\ \text{ve}(j) = \text{Max}\{\text{ve}(i) + \text{du}(<v_i,v_j>)\}, <v_i,v_j> 为有向弧, j = 1.2\cdots n-1 \end{cases}$$
(6-11)

求事件 v_j 的最早发生时间 ve(j),需要从源点开始,按照从源点出发到 v_j 的拓扑序列顺序向汇点递推,因为要求出 ve(j),必须得保证事件 v_j 的所有前驱的最早发生时间都已求出。

(3) 事件 v_j 的最晚发生时间 vl(j)。

事件 v_j 的最晚发生时间 vl(j)是指在不推迟整个工期的前提下,事件 v_j 允许的最晚发生时间。设有向弧<v_j,v_k>表示从顶点 v_j 出发的活动,为了不拖延整个工期,v_j 发生的最晚时间必须保证不推迟从事件 v_j 发出的所有活动<v_i,v_j>的终点 v_k 的最晚发生时间。vl(j)满足递推关系式(6-12)。

$$\begin{cases} \text{vl}(n-1) = \text{ve}(n-1),汇点的最晚发生时间就是它的最早发生时间 \\ \text{vl}(j) = \text{Min}\{\text{vl}(k) - \text{dut}(<v_j,v_k>)\}, <v_j,v_k> 为有向弧, j = n-2, n-1\cdots, 0 \end{cases}$$
(6-12)

求事件 v_j 的最晚发生时间 vl(j),需要从汇点开始按照逆拓扑序列的顺序向源点递推因为要求出 vl(j)必须保证事件 v_j 的所有后继的最晚发生时间都已经求出。

(4) 活动 a_i 的最早开始时间 $e(i)$。

若活动 a_i 是由弧<v_i,v_j>表示,根据 AOE 网的特点,只有事件 v_i 发生了,活动 a_i 才能开始,即活动 a_i 的最早开始时间 $e(i)$ 应等于事件 v_i 的最早发生时间,因此有式(6-13)成立。

$$e(i) = \text{ve}(i) \tag{6-13}$$

(5) 活动 a_i 的最晚开始时间 $l(i)$。

活动 a_i 的最晚开始时间,是指在不推迟整个工期的前提下 a_i 必须开始的最晚时间。若活动 a_i 是由弧<v_i,v_j>表示,则活动 a_i 的最晚开始时间要保证事件 v_j 的最晚发生时间不拖后,因此有式(6-14)成立。

$$l(i) = \text{vl}(j) - \text{dut}(<v_i,v_j>) \tag{6-14}$$

(6) 活动 a_i 的松弛时间 $r(i)$。

活动 a_i 的松弛时间定义为 a_i 的最晚开始时间与活动 a_i 的最早开始时间之差,即有式(6-15)成立。

$$r(i) = l(i) - e(i) \tag{6-15}$$

松弛时间 $r(i)$ 为该活动 a_i 的时间余量,是在不延误工期的情况下,活动 a_i 可以延迟的时间。松弛时间为 0 的活动即为关键活动,关键活动所在的路径就是关键路径。

2) 求解方法

(1) 对 AOE 网进行拓扑排序，在排序过程中从源点开始按拓扑序列的顺序求出每个事件的最早发生时间 $ve(i)$；

(2) 按逆拓扑序列的顺序从汇点开始求出每个事件的最晚发生时间 $vl(i)$；

(3) 求出每个活动的 a_i 的最晚开始时间 $l(i)$ 与最早开始时间 $e(i)$；

(4) 找出 $l(i)=e(i)$ 的活动即为关键活动，关键活动所在的路径就是关键路径。

对于 AOE 网 G_{16} 的，表 6-3 则给出了求解关键路径的具体结果。

表 6-3 AOE 网 G_{16} 的关键路径的计算结果

顶点	ve	vl	活动	e	l	关键活动
v_0	0	0	a_1	0	0	√
v_1	6	6	a_2	0	2	
v_2	4	6	a_3	0	3	√
v_3	5	8	a_4	6	6	√
v_4	7	7	a_5	4	6	
v_5	7	10	a_6	5	8	
v_6	16	16	a_7	7	7	√
v_7	14	14	a_8	7	7	
v_8	18	18	a_9	7	10	
			a_{10}	16	16	√
			a_{11}	14	14	√

【算法步骤】

① 调用拓扑排序算法，使拓扑序列保存在 topo 中；

② 将每个事件的最早发生时间 $ve[i]$ 初始化为 0，$ve[i]=0$；

③ 根据 topo 中的值，按从前向后的拓扑次序，依次求每个事件的最早发生时间，循环 n 次，执行以下操作：

- 取得拓扑序列中的顶点序号 k，k=topo[i]；
- 用指针 p 依次指向 k 的每个邻接顶点，取得每个邻接顶点的序号 j=p->adjvex，依次更新顶点 j 的最早发生时间 $ve[j]$，
  if(ve[j]<ve[k]+p->weight) ve[j]=ve[k]+p->weight

④ 将每个事件的最迟发生时间 $vl[i]$ 初始化为汇点的最早发生时间，$vl[i]=ve[n-1]$；

⑤ 根据 topo 中的值，按从后向前的逆拓扑次序，依次求每个事件的最迟发生时间，循环 n 次，执行以下操作：

- 取得拓扑序列中的顶点序号 k，k=topo[i]；
- 用指针 p 依次指向 k 的每个邻接顶点，取得每个邻接顶点的序号 j=p->adjvex，依次根据 k 的邻接点，更新 k 的最迟发生时间 $vl[k]$，

if(vl[k]>vl[j]-p->weight)   vl[k]=vl[j]-p->weight

⑥ 判断某一活动是否为关键活动,循环 n 次,执行以下操作:对于每个顶点 i,用指针 p 依次指向 i 的每个邻接顶点,取得每个邻接顶点的序号 j=p->adjvex,分别计算活动 $<v_i,v_j>$ 的最早和最迟开始时间 e 和 l,e=ve[i];l=vl[j]-p->weight;

如果 e 和 l 相等,则活动 $<v_i,v_j>$ 为关键活动,输出弧 $<v_i,v_j>$。

算法 6-12　关键路径算法

```
Status CriticalPath(ALGraph G)
{ //G 为邻接表存储的有向网,输出 G 的各项关键活动
    if(!TopologicalOrder(G,topo))    return ERROR;
//调用拓扑排序算法,使拓扑序列保存在 topo 中,若调用失败,则存在有向环,返回 ERROR
    n=G.vexnum;                        //n 为顶点个数
    for(i=0;i<n;i++)                   //给每个事件的最早发生时间置初值 0
        ve[i]=0;
        /*按拓扑次序求每个事件的最早发生时间*/
    for(i=0;i<n;i++)
    {
        k=topo[i];                     //取得拓扑序列中的顶点序号 k
        p=G.vertices[k].firstarc;      //p 指向 k 的第一个邻接顶点
        while(p!=NULL)
        { //依次更新 k 的所有邻接顶点的最早发生时间
            j=p->adjvex;               //j 为邻接顶点的序号
            if(ve[j]<ve[k]+p->weight)  //更新顶点 j 的最早发生时间 ve[j]
                ve[j]=ve[k]+p->weight;
            p=p->nextarc;              //p 指向 k 的下一个邻接顶点
        }
    }
    for(i=0;i<n;i++)                   //给每个事件的最迟生时间置初值 ve[n-1]
        vl[i]=ve[n-1];
    /*按拓扑次序求每个事件的最迟发生时间*/
    for(i=n-1;i>=0;i--)
    {
        k=topo[i];                     //取得拓扑序列中的顶点序号 k
        p=G.vertices[k].firstarc;      //p 指向 k 的第一个邻接顶点
        while(p!=NULL)                 //根据 k 的邻接点,更新 k 的最迟发生时间
        {
            j=p->adjvex;               //j 为邻接顶点的序号
            if(vl[k]>vl[j]-p->weight)  //更新顶点 k 的最迟发生时间 vl[k]
                vl[k]=vl[j]-p->weight;
            p=p->nextarc;              //p 指向 k 的下一个邻接顶点
        }
    }
```

```c
/*-------判断第一活动是否为关键活动-------*/
for(i=0;i<n;i++)                    //每次循环针对v_i为活动开始点的所有活动
{
    p=G.vertices[i].firstarc;       //p指向i的第一个邻接顶点
    while(p!=NULL)
    {
        j=p->adjvex;                //j为i的邻接顶点的序号
        e=ve[i];                    //计算活动<v_i,v_j>的最早开始时间
        l=vl[j] -p->weight;         //计算活动<v_i,v_j>的最迟开始时间
        if(e==l)                    //若为关键活动,则输出<v_i,v_j>
            printf("%c,%c",G.vertices[i].data,G.vertices[j].data);
        p=p->nextarc;               //p指向i的下一个邻接顶点
    }
}
```

【算法分析】 在算法 6-12 中,在求每个事件的最早和最迟发生时间以及活动的最早和最迟开始时间时,都要对所有顶点及每个顶点边表中所有的边结点进行检查,由此,求关键路径算法的时间复杂度为 $O(n+e)$。

实践已经证明,用 AOE 网来估算某些工程完成的时间是非常有用的。实际上,求关键路径的方法本身最初就是与维修和建造工程一起发展的。但是,由于网中各项活动是互相牵涉的,因此,影响关键活动的因素是多方面的,任何一项活动持续时间的改变都可能引起关键路径的改变。所以,当子工程在进行过程中持续时间有所调整时,就要重新计算关键路径。另外,若网中有几条关键路径,那么,单是提高一条关键路径上关键活动的速度,还不能导致整个工程缩短工期,而必须同时提高在几条关键路径上的活动速度。

小　结

图是最复杂的非线性数据结构,是一种在各个领域中广泛应用的数学模型。本章主要内容如下。

(1) 根据不同的分类规则,图分为多种类型:无向图、有向图、完全图、连通图、强连通图、带权图(网)、稀疏图和稠密图等。邻接点、路径、回路、度、连通分量、生成树等是在图的算法设计中常用到的重要术语。

(2) 图的存储方式有两大类:以边集合方式的表示法和以链接方式的表示法。其中,以边集合方式表示的为邻接矩阵,以链接方式表示的为邻接表。邻接矩阵表示法借助二维数组来表示元素之间的关系,实现起来较为简单;邻接表属于链式存储结构,实现起来较为复杂。在实际应用中具体采取哪种存储表示,可以根据图的类型和实际算法的基本思想进行选择。二者之间的比较如表 6-4 所示。

表 6-4 邻接矩阵和邻接表的比较

比较项目		邻接矩阵		邻接表	
		无向图	有向图	无向图	有向图
空间		邻接矩阵对称,可压缩至 $n(n-1)/2$ 个单元	邻接矩阵不对称,存储 n 个单元	存储 $n+2e$ 个单元	存储 $n+e$ 个单元
时间	求某个顶点 v_1 的度	扫描邻接矩阵中序号 i 对应的一行,$O(n)$	求出度:扫描矩阵的一行,$O(n)$;求入度:扫描矩阵的一列,$O(n)$	扫描 v_i 的边表,最坏情况 $O(n)$	求出度:扫描 v_i 的边表,最坏情况 $O(n)$;求入度:按顶点表顺序扫描所有边表,$O(n+e)$
	求边的数目	扫描邻接矩阵,$O(n^2)$		按顶点表顺序扫描所有边表,$O(n+2e)$	按顶点表顺序扫描所有边表,$O(n+e)$
	判定边(v_1,v_2)是否存在	直接检查邻接矩阵 $A[i][j]$ 元素的值,$O(1)$		扫描 v_i 的边表,最坏情况 $O(n)$	
适用情况		稠密图		稀疏图	

(3) 图的遍历算法是实现图的其他运算的基础,图的遍历方法有两种:深度优先遍历和广度优先遍历。深度优先遍历类似于树的先序遍历,借助于栈结构来实现(递归);广度优先遍历类似于树的层次遍历,借助于队列结构来实现。两种遍历方法的不同之处仅仅在于对顶点访问的顺序不同,所以时间复杂度相同。当用邻接矩阵存储时,时间复杂度均为 $O(n^2)$,用邻接表存储时,时间复杂度均为 $O(n+e)$。

(4) 图的很多算法与实际应用密切相关,比较常用的算法包括构造最小生成树算法、求解最短路径算法、拓扑排序和求解关键路径算法。

① 构造最小生成树有 Prim 算法和 Kruskal 算法,两者都能达到同一目的。但前者算法思想的核心是归并顶点,时间复杂度是 $O(n^2)$,适用于稠密网;后者是归并边,时间复杂度是 $O(e\log_2 e)$,适用于稀疏网。

② 最短路径算法:一种是 Dijkstra 算法,求从某个源点到其余各顶点的最短路径,求解过程是按路径长度递增的次序产生最短路径,时间复杂度是 $O(n^2)$;另一种是 Floyd 算法,求每一对顶点之间的最短路径,时间复杂度是 $O(n^3)$,从实现形式上来说,这种算法比以图中的每个顶点为源点 n 次调用 Dijkstra 算法更为简洁。

③ 拓扑排序和关键路径都是有向无环图的应用。拓扑排序是基于用顶点表示活动的有向图,即 AOV 网。对于不存在环的有向图,图中所有顶点一定能够排成一个线性序列,即拓扑序列,拓扑序列是不唯一的。用邻接表表示图,拓扑排序的时间复杂度为 $O(n+e)$。

④ 关键路径算法是基于用弧表示活动的有向图,即 AOE 网。关键路径上的活动叫做关键活动,这些活动是影响工程进度的关键,它们的提前或拖延将使整个工程提前或拖

延。关键路径是不唯一的。关键路径算法的实现是在拓扑排序的基础上,用邻接表表示图,关键路径算法的时间复杂度为 $O(n+e)$。

习 题

一、单项选择题

1. 所谓简单路径是指除了起点和终点以外( )。
   A. 任何一条边在这条路径上不重复出现
   B. 任何一个顶点在这条路径上不重复出现
   C. 这条路径由一个顶点序列构成,不包含边
   D. 这条路径由边序列构成,不包含顶点

2. 带权有向图 G 用邻接矩阵 A 存储,则顶点 i 的入度等于 A 中( )。
   A. 第 i 行非∞的元素之和   B. 第 i 列非∞的元素之和
   C. 第 i 行非∞且非零的元素个数   D. 第 i 列非∞且非零的元素个数

3. 无向图的邻接矩阵是一个( )。
   A. 对称矩阵   B. 零矩阵   C. 上三角矩阵   D. 对角矩阵

4. 在一个无向图中,所有顶点的度之和等于边数的( )倍。
   A. 1/2   B. 1   C. 2   D. 4

5. 具有 6 个顶点的无向图至少应有( )条边才可能是一个连通图。
   A. 5   B. 6   C. 7   D. 8

6. 若无向图 $G(V,E)$ 中含 7 个顶点,则保证图 G 在任何情况下都是连通的需要的边数最少是( )。
   A. 6   B. 15   C. 16   D. 21

7. 设图 G 是一个含有 $n(n>1)$ 个顶点的连通图,其中任意一条简单路径的长度不会超过( )。
   A. 1   B. n C. $n-1$ D. $n/2$

8. 若图的邻接矩阵中主对角线上的元素全是0,其余元素全是1,则可以断定该图一定是( )。
   A. 无向图   B. 非带权图   C. 有向图   D. 完全图

9. 对于如图 6-27 所示的无向图,从顶点 1 开始进行深度优先遍历,可得到顶点访问序列是( )。
   A. 1 2 4 3 5 7 6   B. 1 2 4 3 5 6 7
   C. 1 2 4 5 6 3 7   D. 1 2 3 4 5 7 6

10. 如果从无向图的任一顶点出发进行一次深度优先遍历即可访问所有顶点,则该图一定是( )。
    A. 完全图   B. 连通图   C. 有回路   D. 一棵树

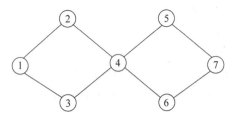

图 6-27 一个无向图

11. 采用邻接表存储的图的深度优先遍历算法类似于二叉树的(　　)算法。
　　A. 先序遍历　　　B. 中序遍历　　　C. 后序遍历　　　D. 层次遍历
12. 以下关于广度优先遍历的叙述正确的是(　　)。
　　A. 广度优先遍历不适合有向图
　　B. 对任何有向图调用一次广度优先遍历算法便可访问所有的顶点
　　C. 对一个强连通图调用一次广度优先遍历算法便可访问所有的顶点
　　D. 对任何非强连通图需要多次调用广度优先遍历算法才可访问所有的顶点
13. 设有无向图 $G=(V,E)$ 和 $G'=(V',E')$，如 G' 是 G 的生成树，则下面说法错误的是(　　)。
　　A. G' 为 G 的连通分量　　　　　　B. G' 是 G 的无环子图
　　C. G' 为 G 的子图　　　　　　　　D. G' 为 G 的极小连通子图且 $V'=V$
14. 对于有 n 个顶点的带权连通图，它的最小生成树是指图中任意一个(　　)。
　　A. 由 $n-1$ 条权值最小的边构成的子图
　　B. 由 $n-1$ 条权值之和最小的边构成的子图
　　C. 由 n 个顶点构成的极大连通子图
　　D. 由 n 个顶点构成的极小连通子图，且边的权值之和最小
15. 对某个带权连通图构造最小生成树，以下说法中正确的是(　　)。
(1) 该图的所有最小生成树的总代价一定是唯一的
(2) 其所有权值最小的边一定会出现在所有的最小生成树中
(3) 用 Prim 算法从不同顶点开始构造的所有最小生成树一定相同
(4) 使用 Prim 算法和 Kruskal 算法得到的最小生成树总不相同
　　A. 仅(1)　　　B. 仅(2)　　　C. 仅(1)、(3)　　　D. 仅(2)、(4)

二、应用题

1. 简述图有哪两种主要的存储结构，并说明各种存储结构在图中的不同运算(如图的遍历、求最小生成树、最短路径和拓扑排序等)中的优越性。
2. 回答以下关于图的问题：
(1) 有 n 个顶点的强连通图最多需要多少条边？最少需要多少条边？
(2) 表示一个有 1000 个顶点、1000 条边的有向图的邻接矩阵有多少个矩阵元素？
(3) 对于一个有向图，不用拓扑排序，如何判断图中是否存在环？
3. 有一个带权有向图，如图 6-28 所示，回答以下问题：

(1) 给出该图的邻接矩阵表示。

(2) 给出该图的邻接表表示。

(3) 给出该图的逆邻接表表示。

(4) 和邻接表相比,逆邻接表的主要作用是什么?

4. 证明当深度优先遍历算法应用于一个连通图时,遍历过程中所经历的边形成一棵树。

5. 给定如图 6-29 所示的带权无向图 G。

(1) 画出该图的邻接表存储结构。

(2) 根据该图的邻接表存储结构,从顶点 0 出发,调用 DFS 和 BFS 算法遍历该图,给出相应的遍历序列。

(3) 给出采用 Kruskal 算法构造最小生成树的过程。

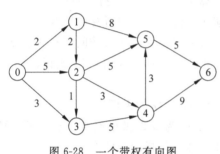

图 6-28 一个带权有向图

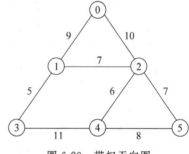

图 6-29 带权无向图

三、算法设计题

1. 假设带权有向图 G 采用邻接表存储。设计一个算法增加一条边 $<i,j>$,其权值为 w,假设顶点 i、j 已存在,原来图中不存在 $<i,j>$ 边。

2. 假设无向图采用邻接表存储,编写一个算法求连通分量的个数并输出各连通分量的顶点集。

3. 假设图采用邻接表 G_1 存储,设计一个算法由 G_1 产生该图的逆邻接表 G_2。

4. 假设图采用邻接矩阵表示,设计一个从顶点 v 出发的深度优先遍历算法。

5. 假设图 G 采用邻接矩阵存储,给出图的从顶点 v 出发的广度优先遍历算法,并分析算法的时间复杂度。

第 7 章 查 找

学习目标

1. 掌握查找、查找表、平均查找长度的基本概念。
2. 熟练掌握顺序表、有序表的查找算法及其性能分析。
3. 理解二叉排序树的概念和相关算法的实现及其性能分析,理解二叉平衡树的概念及构造方法。
4. 掌握哈希表的构造、处理冲突的方法及其性能分析,理解哈希查找的过程。

知识结构图

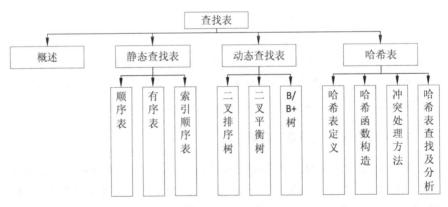

查找在日常生活中无处不在,如用百度、搜狗等查找信息,查询飞机航班,在字典中查找单词,从通信录中查找电话,从教务系统中查找课程或成绩等。查找是数据处理领域中使用最频繁的一种基本操作,也是最消耗时间的一种操作,一个好的查找方法会大大提高运行速度。采用何种查找方法取决于查找表的组织,而查找表是一种非常灵活的数据结构,可以用多种方式来存储。

本章将针对查找运算,讨论应该采用的数据结构,使用的方法,并通过效率分析来比较不同查找算法在不同情况下的效果。

7.1 查找的基本概念

1. 查找表

在传统的人工查找中,经常把查找对象做成类似表格的形式,以加快查找的速度。同样地,要利用计算机进行查找,必须先对数据进行整理、规范,然后按照一定的存储结构存入到计算机中,最后采用合适的查找方法进行查找。

查找表是由同一类型的数据元素(或记录)构成的集合。由于"集合"中的数据元素之间存在着完全松散的关系,因此查找表是一种非常灵活的数据结构,为了获得较高的查找性能,在存储时可以将查找集合组织成线性结构、树状结构及哈希表结构等存储结构。

2. 关键字

查找的依据是关键字。关键字是数据元素(或记录)中某个(或某组)数据项的值,用它可以标识一个数据元素(或记录)。若此关键字可以唯一地标识一个记录,则称此关键字为主关键字。反之,用以识别若干记录的关键字称为次关键字,也就是说,用次关键字查找时,得到的结果不唯一。当数据元素只有一个数据项时,其关键字即为该数据元素的值。

3. 查找

查找,也称查询、检索,是指根据给定的值,在查找表中确定关键字等于给定值的记录或数据元素的操作。若表中存在这样的记录,则称查找成功,此时查找的结果可给出整个记录的信息,或给出该记录在查找表中的位置;若表中不存在关键字等于给定值的记录,则称查找不成功或查找失败,返回相关指示信息。

4. 动态查找表和静态查找表

若在查找的同时对表做修改操作(如插入和删除),则相应的查找表称之为动态查找表,否则称之为静态查找表。换句话说,动态查找表是在查找过程中动态生成的,即在创建表时,对于给定值,若表中存在其关键字等于给定值的记录,则查找成功返回;否则插入关键字等于给定值的记录。

例如,高考成绩查询系统开通后,最频繁进行的是根据考号进行查询的操作,因而可将其构造为静态查找表。图书馆的图书采编系统中的图书记录会随着馆藏变化而不断更新,因而在借阅人员频繁对图书记录表进行查找的同时,工作人员会在新书入库时插入图书信息,或是在旧书淘汰时删除图书信息,因而可以将其构造为动态查找表。

5. 平均查找长度

为度量查找算法的性能,同样需要在时间和空间方面进行权衡。衡量查找算法时间效率的标准是平均查找长度(Average Search Length,ASL),它是为确定记录在查找表中的位置,需和给定值进行比较的关键字个数的期望值。

对于含有 n 个记录的表,查找成功时的平均查找长度为

$$\text{ASL} = \sum_{i=1}^{n} P_i C_i \tag{7-1}$$

其中,P_i 为查找表中第 i 个记录的查找概率,且 $\sum_{i=1}^{n} P_i = 1$,C_i 为找到表中其关键字与给定值相等的第 i 个记录时,和给定值进行比较的关键字个数。显然,C_i 随查找过程不同而不同。

由于查找算法的基本运算是关键字之间的比较操作,所以可用平均查找长度来衡量查找算法的性能,其取值越小,查找效率越高。

7.2 静态查找表

基于静态查找表的查找就是在查找表中查找满足条件的数据元素的位置或其他属性。在查找表的组织方式中,线性表是最简单的一种。本节将介绍以线性结构表示的静态查找表及主要算法,包括顺序查找、折半查找和分块查找。

7.2.1 顺序查找

1. 顺序查找的含义和类型定义

顺序查找(sequential search)是最基本的查找方法之一。所谓顺序查找,又称线性查找,主要用于在线性表中进行查找。设表中有 n 个元素,查找过程为从表的一端开始,依次将记录的关键字与给定值进行比较,直到找到与其值相等的数据元素,则查找成功,给出该数据元素在表中的位置;若整个表都已检测完,仍未找到与待查找关键字相等的元素,则查找失败,给出失败信息。

顺序查找方法既适用于线性表的顺序存储结构,又适用于线性表的链式存储结构。下面只介绍以顺序表作为存储结构时实现的顺序查找算法。

数据元素类型定义如下:

```
typedef int KeyType;
typedef struct{
    KeyType key;                //关键字域
    InfoType otherinfo;         //其他域
}ElemType;
typedef struct{
    ElemType *elem;             //存储空间基地址,0单元闲置不用
    int length;                 //表长度
}SSTable;
SSTable ST;                     //定义查找 ST
```

2. 顺序查找算法

【算法过程】 假设元素从 ST.elem[1]开始顺序向后存放,ST.elem[0]闲置不用:

① 从后向前依次逐个比较每个结点的关键字,若相等则查找成功,返回位置信息;
② 一直未找到,查找失败,返回 0。

算法 7-1 顺序查找

```
int Search_Seq(SSTable ST,KeyType key)
{   //在顺序表 ST 中顺序查找其关键字等于 key 的数据元素
    //若找到,则函数值为该元素在表中的位置,否则为 0
    for(i=ST.length;i>=1;--i)
        if(ST.elem[i].key==key) return i;        //从后往前找
    return 0;
}
```

3. 带监视哨的顺序查找算法

算法 7-1 在查找过程中每步都要检测整个表是否查找完毕,即每步都要有循环变量是否满足条件 $i\geqslant 1$ 的检测。可以改进程序免去这个检测过程,改进方法是设置监视哨。

监视哨就是将待查找数据,放在查找方向的尽头处,避免了在查找过程中的每一次比较后都要判断查找位置是否越界,从而提高查找速度。下面以监视哨在查找表的 ST.elem[0]位置进行说明,查找之前先对 ST.elem[0]的关键字赋值为 key。

【算法步骤】

① 待查找数据元素赋值到顺序表中的 0 号位置;
② 查找指针从表的后端开始,向前驱方向逐个元素移动,并进行关键字比较:
- 如果查找成功,则查找指针停留在表中待查找元素的位置;
- 如果查找失败,查找指针为第 0 个位置。

算法 7-2 设置监视哨的顺序查找

```
int Search_Seq(SSTable ST,KeyType key)
{   //在顺序表 ST 中顺序查找关键字等于 key 的数据元素。
    //若找到,则返回该元素在表中的位置,否则返回 0
    ST.elem[0].key=key;                          //"哨兵"
    for(i=ST.length;ST.elem[i].key!=key;--i);    //从后往前找
    return i;
}
```

4. 算法分析

实践证明,算法 7-2 的改进能使顺序查找在 ST.length$\geqslant$1000 时,进行一次查找所需的平均时间几乎减少一半。

算法 7-2 和算法 7-1 的时间复杂度一样,其平均查找长度为

$$ASL = \frac{1}{n}\sum_{i=1}^{n}i = \frac{n+1}{2}$$

即时间复杂度为 $O(n)$。

5. 顺序查找优点与缺点

顺序查找的优点是算法简单使用广泛,对表结构无任何要求,既不管关键字有序无序,也同时适用于顺序结构和链式结构。其缺点是平均查找长度较大,特别是当 n 很大时,查找效率较低,此时不宜采用顺序查找。

7.2.2 折半查找

折半查找(binary search)也称二分查找,它是一种效率较高的查找方法,它要求查找表采用顺序存储结构,并且数据元素按关键字有序。

1. 折半查找的含义

所谓折半查找,就是每次将待查记录所在区间缩小一半的查找方法。不失一般性,设该有序表的关键字是从小到大排列的,则折半查找的思路是先确定待查记录所在的范围(区间),将给定的关键字值与该区间的中间元素进行比较,若相等则查找成功;若不相等,由中间元素将查找区间分成两部分,若给定关键字小于中间元素,则在前半区间继续查找,若给定关键字大于中间元素,则在后半区间继续查找。重复上述过程,直到查找成功或失败。

2. 折半查找算法

为了标记查找过程中每一次的查找区间,下面分别用 low 和 high 来表示当前查找区间的下界和上界,mid 为区间的中间位置。

【算法步骤】

① 置查找区间初值,low 为 1,high 为表长,即 low=1,high=ST.length;
② 当 low 小于等于 high 时,循环执行以下操作:
- mid 取值为 low 和 high 的中间值,mid=(low+high)/2;
- 将给定值 key 与中间位置记录的关键字进行比较,若相等则查找成功,返回中间位置 mid;
- 若给定值较小,说明其可能的存储位置应位于表的前半区间,因而设置 high=mid-1 缩减查找范围;
- 若给定值较大,说明其可能的存储位置应位于表的后半区间,因而设置 low=mid+1 缩减查找范围。
③ 重复进行上述过程,直至找到或者查找范围为空,即 high<low 为止,查找失败返回 0。

算法 7-3 折半查找

```
int Search_Bin(SSTable ST,KeyType key)
{    //在有序表 ST 中折半查找其关键字等于 key 的数据元素
```

```
        //若找到,则函数值为该元素在表中的位置,否则为 0
        low=1;high=ST.length;                    //置查找区间初值
        while(low<=high)
        {
            mid= (low+high)/2;                   //中间元素位置
            if(key==ST.elem[mid].key) return mid;  //找到待查元素
                else if (key<ST.elem[mid].key) high=mid-1;
                                                 //继续在前半区间进行查找
                else low=mid+1;                  //继续在后半区间进行查找
        }
        return 0;                                //表中不存在待查元素
}
```

本算法很容易理解,唯一需要注意的是,循环执行的条件是 low≤high,而不是 low<high,因为 low=high 时,查找区间还有最后一个结点,还要进一步比较。

【例 7-1】 有如下 11 个元素的有序表(假设关键字即为数据元素的值):(5,13,19,21,37,56,64,75,80,88,92)采用折半查找,查找关键字为 21 和 65 的数据元素,分析查找过程。

【问题分析】 low 和 high 分别指示待查元素所在范围的下界和上界,指针 mid 指示区间的中间位置,即 mid=⌊(low+high)/2⌋。初始时,查找表的范围为[1,11],即 low=1,high=11,先来看查找 key=21 的过程:

(1) 计算 mid=6。首先令给定值 key=21 与中间位置的数据元素的关键字 ST.elem[mid].key 相比较,因为 56>21,说明待查元素在前半区间,因为 mid 所指元素已经不可能等于 key 了,因此前半区间应为[low,mid-1],即[1,5],置新区间的 high=mid-1。

(2) 重新计算待查区间的中间元素位置:mid=(low+high)/2=(1+5)/2=3。比较 key 和第三个元素,21>19,说明待查元素在后半区间[mid+1,high],即[4,5],置新区间的 low=mid+1。

(3) 继续计算待查区间的中间元素位置:mid=(low+high)2=(4+5)/2=4。比较 key 和第 4 个元素,21=21,说明查找成功,所查元素在表中的位置就是此时 mid 的值,如图 7-1(a)所示。

查找关键字 key=65 的折半查找过程同上,只是在进行最后一趟查找时,因为 low>high,该待查区间的下界比上界大,查找区间不存在,说明表中没有关键字等于 65 的元素,查找失败,返回 0,如图 7-1(b)所示。

3. 算法分析与折半查找判定树

折半查找过程可用二叉树来描述。二叉树中每个结点表示一个数据元素,结点中的值为该元素在有序查找表中的位置,即根结点为待查找区间的中间位置上的数据元素,左子树对应前半子区间,右子树对应后半子区间。同理,左子树的根结点为前半子区间的中间位置上的数据元素,右子树的根结点为后半子区间的中间位置上的数据元素,依次重复,直到所有结点都完成,由此得到的二叉树称为折半查找判定树,或者二分查找判定树。

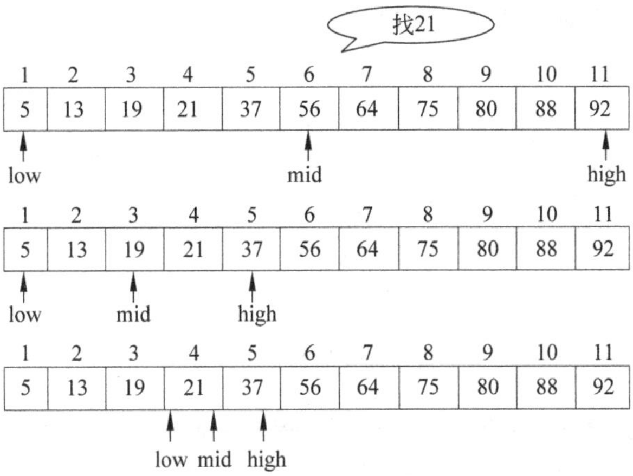

找 21

```
  1   2   3   4   5   6   7   8   9  10  11
  5  13  19  21  37  56  64  75  80  88  92
  ↑                   ↑                    ↑
 low                 mid                 high

  1   2   3   4   5   6   7   8   9  10  11
  5  13  19  21  37  56  64  75  80  88  92
  ↑       ↑       ↑
 low     mid    high

  1   2   3   4   5   6   7   8   9  10  11
  5  13  19  21  37  56  64  75  80  88  92
              ↑   ↑   ↑
             low mid high
```

(a) 查找 21 的过程

```
  1   2   3   4   5   6   7   8   9  10  11
  5  13  19  21  37  56  64  75  80  88  92
  ↑                   ↑                    ↑
 low                 mid                 high

  1   2   3   4   5   6   7   8   9  10  11
  5  13  19  21  37  56  64  75  80  88  92
                          ↑       ↑        ↑
                         low     mid     high

  1   2   3   4   5   6   7   8   9  10  11
  5  13  19  21  37  56  64  75  80  88  92
                          ↑   ↑   ↑
                         low mid high

  1   2   3   4   5   6   7   8   9  10  11
  5  13  19  21  37  56  64  75  80  88  92
                              ↑   ↑
                             low high
                              mid

  1   2   3   4   5   6   7   8   9  10  11
  5  13  19  21  37  56  64  75  80  88  92
                          ↑   ↑
                        high low
```

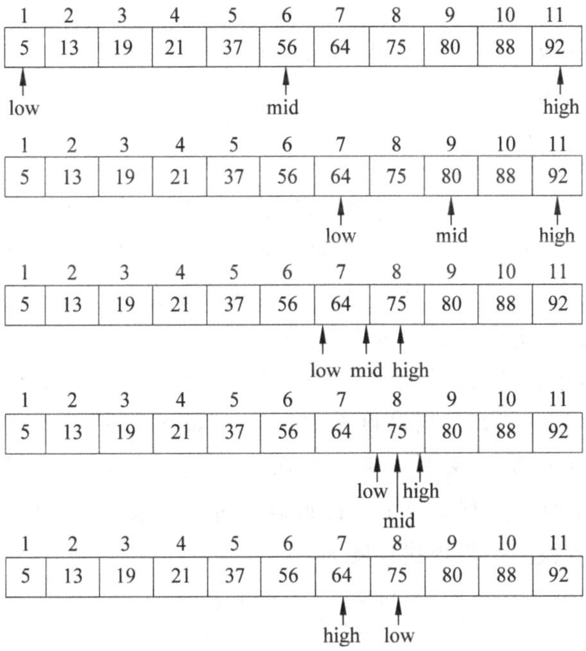

(b) 查找 65 的过程

图 7-1 折半查找示意图

针对例 7-1 的有序表，根据查找过程，得到每个元素关键字 key 需要的比较次数 C_i，如表 7-1 所示。

表 7-1 折半查找中元素比较次数表

i	1	2	3	4	5	6	7	8	9	10	11
key	5	13	19	21	37	56	64	75	80	88	92
C_i	3	4	2	3	4	1	3	4	2	3	4

例 7-1 中的有序表对应的折半查找判定树如图 7-2 所示。

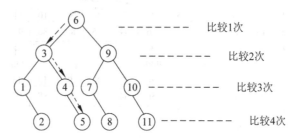

图 7-2 折半查找过程的判定树及查找 27 的过程

从判定树中可以看出,每个元素的查找过程就是走了一条从根到该结点的路径长度,比较次数就是该元素在判定树上的层次数。例如,key=21,在表中是第 4 个元素,查找过程就是走了一条从位置 6 到位置 4 的路径,需要比较 3 次,比较次数即为位置 4 结点所在的层次。

假设每个记录的查找概率相同,根据此判定树可知,对长度为 11 的有序表进行折半查找的平均查找长度为

$$ASL = \frac{1}{11} \times (1 + 2 \times 2 + 3 \times 4 + 4 \times 4) = 3$$

由此可见,折半查找法在查找成功时,与关键字比较的次数最多不超过判定树的高度,而判定树的形态只与查找表元素的个数 n 相关,而与关键字的取值无关,具有 n 个结点的判定树的深度为 $\log_2 n + 1$。所以,对于长度为 n 的有序表,折半查找法在查找成功时和给定值进行比较的关键字个数至多为 $\log_2 n + 1$。

借助于判定树,很容易求得折半查找的平均查找长度。为了简化,假定判定树是一棵满二叉树,即元素个数 n 与判定树高度 h 之间存在如下关系:$n = 2^h - 1$,则判定树是深度为 $h = \log_2(n+1)$ 的满二叉树。树中层次为 1 的结点有 1 个,层次为 2 的结点有 2 个,……,层次为 h 的结点有 2^{h-1} 个。假设表中每个记录的查找概率相等,即 $p_i = 1/n$,则查找成功时折半查找的平均查找长度为:

$$ASL = \sum_{i=1}^{n} P_i C_i = \frac{1}{n} \sum_{j=1}^{h} j \cdot 2^{j-1}$$
$$= \frac{n+1}{2} \log_2(n+1) - 1 \tag{7-2}$$

当 n 较大时,可有下列近似结果

$$ASL = \log_2(n+1) - 1 \tag{7-3}$$

因此,折半查找的时间复杂度为 $O(\log_2 n)$。

4. 折半查找优点与缺点

折半查找的优点是比较次数少,查找效率高。其缺点是对表结构要求高,只适用于顺序存储的有序表,对线性链表无法有效地进行折半查找,只能采用顺序查找方法,查找前需要排序,而排序本身是一种费时的运算。同时为了保持顺序表的有序性,对有序表进行

插入和删除时,平均比较和移动表中一半元素,这也是一种费时的运算。因此,折半查找不适用于数据元素经常变动的线性表。

7.2.3 分块查找

分块查找(blocking search)又称索引顺序查找,是一种性能介于顺序查找和折半查找之间的一种查找方法。

1. 索引顺序表的组成

分块查找方法把线性表分成若干块,在每一块中结点的存放次序是任意的,但是块与块之间必须保持关键字值递增(或者递减)的顺序。以递增的分块线性表为例,在第一块中任一结点的关键字都小于第二块中所有结点的关键字,第二块中任一结点的关键字都小于第三块中所有结点的关键字,依次类推。

另外,还需要建立一个索引表,每个索引项由两部分组成:每块中最大的关键字值和块的起始位置。由于表是分块有序的,因此索引表是一个递增(递减)有序表。检索时,首先用待检索的关键字在索引中查找,确定具有该关键字的结点应该在哪一块中,在索引中检索的方法既可以采用二分法,也可以采用顺序检索;然后,再到相应的块中顺序检索,便可以得到检索的结果。

如图7-3所示,线性表被分成3块:(20,11,14,8),(22,38,41,35)和(59,74,82),并且其中数据元素按块有序(但每一块中的数据元素不要求有序)。例如,第一块中的最大关键字为20,第二块中的最小关键字为22,而20<22,因此第一块中的任一关键字小于第二块中的所有关键字。对于线性表中的每一块,索引表中有相应的一个"索引项"。每个索引项至少有两个域:块内最大关键字和块起始位置。顺序表分成3块,索引表就相应地有3个索引项。例如,第2项指出了第2块的最大关键字41和其中第1个数据元素在顺序表中的位置5。按上述方式组织起来的存储结构称为索引表。

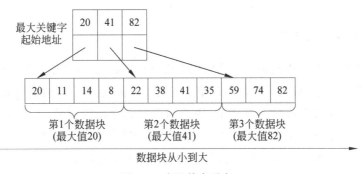

图 7-3 表及其索引表

2. 分块查找的基本过程

分块查找过程需分两个阶段:确定待查元素所在的块和在块内检索待查元素。以图7-3所示的索引表为例:假如给定key=38,应先将key与索引表中的各个块内最大关键字比较,得知待查元素只能在第 2 块,然后在第 2 块中进行检索。

假如此表中没有关键字等于 key 的记录(例如,key=29 时自第 5 个记录起至第 8 个记录的关键字和 key 比较都不等),则查找不成功。

3. 平均查找长度分析

分块查找的算法为顺序查找和折半查找两种算法的简单合成。分块查找的平均查找长度为两个阶段各自的检索长度之和,即

$$\mathrm{ASL}_{bs} = L_b + L_w \tag{7-4}$$

其中,L_b 为在索引表查找确定待查找元素所在块的平均查找长度,L_w 为在块中查找元素的平均查找长度。

一般情况下,为进行分块查找,可以将长度为 n 的表均匀地分成 b 块,每块含有 s 个记录,即 $b=\lceil n/s \rceil$;又假定表中每个记录的查找概率相等,则每块查找的概率为 $1/b$,块中每个记录的查找概率为 $1/s$。

若用顺序查找确定所在块,则分块查找的平均查找长度为

$$\mathrm{ASL}_{bs} = L_b + L_w = \frac{1}{b}\sum_{j=1}^{b}j + \frac{1}{s}\sum_{i=1}^{s}i = \frac{b+1}{2} + \frac{s+1}{2}$$

$$= \frac{1}{2}\left(\frac{n}{s}+s\right)+1 \tag{7-5}$$

可见,此时的平均查找长度不仅和表长 n 有关,而且和每一块中的记录个数 s 有关。在给定 n 的前提下,s 是可以选择的。容易证明,当 s 取 $\sqrt{n}$ 时,ASL_{bs} 取最小值 $\sqrt{n}+1$。这个值比顺序查找有了很大改进,但远不如折半查找。

若用折半查找确定所在块,则分块查找的平均查找长度为

$$\mathrm{ASL}_{bs} = \log_2\left(\frac{n}{s}+1\right) + \frac{s}{2} \tag{7-6}$$

4. 分块查找的优缺点

分块查找的优点是查找表的存储结构可以是顺序结构,也可以是链式结构,在线性表中插入或删除一个结点时,只要找到该结点应属于的块,然后在块内进行插入和删除运算即可。由于块内结点的存放是任意的,因此插入或删除比较容易,不需要移动大量的结点。其缺点是要增加一个索引表的存储空间,并对初始索引表进行排序运算,初始线性表要分块有序。在某些情况下分块查找是一种比较容易实现的静态查找。

总之线性表查找的上述 3 种不同实现各有优缺点。其中,顺序查找效率最低但限制最少;折半查找效率最高但限制较多。而分块查找则介于二者之间,在实际应用中,可根据线性表的具体情况进行选择,需要综合考虑查找效率、插入删除频率等因素。

7.3 动态查找表

将可以进行插入和删除等操作的查找表称为动态查找表。实际上,动态查找表是在查找过程中动态生成的,即对于给定值,若表中存在则查找成功,可以进行删除等操作,而不成功则可以进行插入等操作。

7.3.1 二叉排序树

二叉排序树(binary sort tree)又称二叉查找树,是二叉树的一个特例。在很多应用中都需要插入、删除和查找记录的效率较高的数据组织方法,二叉排序树就是其中一种。

1. 二叉排序树的定义

二叉排序树或者是一棵空树,或者是具有下列性质的二叉树:

(1) 若它的左子树不空,则左子树上所有结点的值均小于它的根结点的值;

(2) 若它的右子树不空,则右子树上所有结点的值均大于它的根结点的值;

(3) 它的左、右子树也分别为二叉排序树。

由定义可以得出,二叉排序树是递归定义的,二叉排序树如图 7-4 所示。

二叉排序树的一个重要性质是采用中序遍历二叉排序树时可以得到一个结点值递增的有序序列。如果对图 7-4 中二叉排序树进行中序遍历,可以发现该遍历结果为一个按数值大小排序的递增序列:(10,20,23,25,30,35,40)。

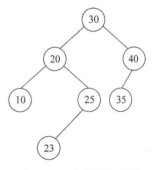

图 7-4 二叉排序树示例

2. 二叉排序树的查找

因为二叉排序树可以看成是一个有序表,所以在二叉排序树上进行查找和折半查找类似,也是一个逐步缩小查找范围的过程,无须遍历整个二叉树。例如,在图 7-4 中查找 25,首先与根结点 30 进行比较,由于 25<30,因此查找该结点的左子树;然后与左子树的根结点 20 进行比较,由于 25>20。因此再在 20 的右子树中继续查找;与右子树的根结点 25 进行比较,由于 25=25,查找成功。若继续查找 28 这个结点,则需要继续在右子树上查找,此时右子树为空,则说明该树中没有待查记录,故查找不成功。

【算法步骤】 二叉排序树使用二叉链表作为存储结构,步骤如下:

① 若二叉排序树为空,则查找失败,返回空指针。

② 若二叉排序树非空,将给定值 key 与根结点的关键字 T->data.key 进行比较:

- 若 key 等于 T->data.key,则查找成功,返回根结点地址;
- 若 key 小于 T->data.key,则递归查找左子树;
- 若 key 大于 T->data.key,则递归查找右子树。

算法 7-4(a) 二叉排序树的递归查找

```
BSTree SearchBST(BiTree T,KeyType key)
{ //在根指针T所指二叉排序树中递归地查找关键字等于key的数据元素
    //若查找成功,则返回指向该数据元素结点的指针,否则返回空指针
    if((!T)||key==T->data.key) return T;               //查找结束
    else if(key<T->data.key)
        return SearchBST(T->lchild,key);               //在左子树中继续查找
    else return SearchBST(T->rchild,key);              //在右子树中继续查找
}
```

【算法分析】 对二叉排序树的成功查找过程实际上是走了一条从根到记录所在结点的路径,比较次数就是结点所在的层次数。因此,成功查找时,关键字的比较次数不超过二叉树的高度。显然当每个叶子的高度基本一样时,查找效率与折半查找相当,平均查找次数为 $O(\log_2 n)$,其中 n 为结点的个数。

3. 二叉排序树的插入

由于二叉排序树是动态查找表,在找不到符合条件的记录时可能要进行插入操作。根据二叉排序树的定义,向其插入一个记录的过程是将该记录插入到其查找失败的位置,因而需要在查找过程中记录查找位置的双亲地址,以方便插入操作进行。例如,在如图 7-5 所示的二叉排序树中,查找 48 失败的位置是 40 的空右子树,为了将 48 插入,则需用指针 p 记录失败位置的双亲即 40 的存储地址,以便于将 48 作为其右孩子插入树中。新插入的结点一定是一个叶子结点,并且是查找不成功时查找路径上访问的

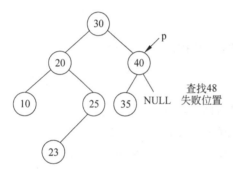

图 7-5 二叉排序树的插入

最后一个结点的左孩子或右孩子结点。为此需要改进算法 7-4(a) 为算法 7-4(b),以便在查找不成功时返回插入位置。

1) 改进的二叉排序树查找算法

【算法步骤】

① 若二叉排序树为空,则查找失败,返回空指针和待查找关键字的双亲指针。

② 若二叉排序树非空,将给定值 key 与根结点的关键字 T->data.key 进行比较:

- 若 key 等于 T->data.key,则查找成功,返回根结点地址;
- 若 key 小于 T->data.key,则递归查找左子树;
- 若 key 大于 T->data.key,则递归查找右子树。

算法 7-4(b) 改进的二叉排序树的递归查找

```
Status SearchBST (BiTree T, KeyType key, BiTree f, BiTree &p )
{
```

```
//在根指针 T 所指二叉排序树中递归地查找关键字等于 key 的数据元素,
//若查找成功,则返回指向该数据元素的指针 p,并返回函数值为 TRUE;
//否则表明查找不成功,返回指针 p,指向查找路径上访问的最后一个结点,
//函数值为 FALSE,指针 f 指向当前访问结点的双亲,其初始调用值为 NULL。
if(!T)
    {p=f; return FALSE;}                              //查找不成功
else if(key==T->data.key){ p=T; return TRUE; }
                                                      //查找成功
else if(key<T->data.key) SearchBST (T->lchild,key,T,p);
                                                      //在左子树中继续查找
else SearchBST(T->rchild,key,T,p);                    //在右子树中继续查找
}
```

2) 二叉排序树插入算法

【算法步骤】 查找待插入结点,若不成功,则:

① 生成新的叶子结点,并赋值数据域;
② 如果待插入的双亲为空指针,则所建立结点为二叉排序树的根结点;
③ 若 key 小于 T->data.key,则将新结点插入到左子树;
④ 若 key 大于 T->data.key,则将新结点插入到右子树。

算法 7-5 二叉排序树的插入

```
void InsertBST(BiTree &T,ElemType e)
{ //当二叉排序树 T 中不存在关键字等于 e.key 的数据元素时,则插入该元素
  if(!SearchBST(T,e.key,NULL,p);
  {
      s= (BiTree)malloc(sizeof(BiTNode));             //生成新结点 * s
      s->data= e;                                     //新结点的数据域置为 e
      s-> lchild= s->rchild= NULL;                    //新结点作叶子结点
      if(!p)T=s;                                      //* s 为新的根结点
      else if(LT(e.key, p->data.key))
          p->lchild=s;                                //插入 * s 为 * p 的左孩子
          else p->rchild= s;                          //插入 * s 为 * p 的右孩子
  }
}
```

【算法分析】 二叉排序树插入的基本过程是查找,所以时间复杂度同查找一样,是 $O(\log_2 n)$。

3) 二叉排序树的创建

二叉排序树的创建可以借助二叉排序树的插入操作实现,从空的二叉排序树开始,每输入一个结点,经过查找操作,找到插入的位置,之后调用插入算法,将新结点插入到当前二叉排序树。例如,设关键字的输入次序为(50,24,53,12,25,90)。按上述算法生成的二叉排序树的过程如图 7-6 所示。

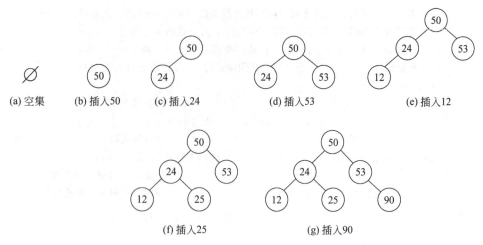

图 7-6 二叉排序树的创建过程

从上面的插入过程可以看出,每次插入的新结点都是二叉排序树上新的叶子结点,即在进行插入操作时,不必移动其他结点,仅需改动某个结点的指针,由空变为非空即可。这就相当于在一个有序序列上插入一个记录而不需要移动其他记录。

由二叉排序树的性质可知,中序遍历二叉排序树可以得到一个有序序列,即一个无序序列可以通过构造为一棵二叉排序树而变成一个有序序列,构造二叉排序树的过程即为对无序序列进行排序的过程。

同时,对于给定的关键字序列,生成的最终二叉排序树形状是一定的,但反过来就不一定,即给定的二叉排序树可以有多种关键字序列方式。如(50,53,24,90,25,12)或(50,24,25,12,53,90)等都能得到图 7-6(g)所示的二叉排序树。应该注意到,对于同一组结点,插入顺序不同,生成的二叉排序树的形态可能不同。

4. 二叉排序树的删除

当查找成功时,可以对二叉排序树进行删除操作,但需要注意的是删除该结点后仍需保持二叉排序树的性质。

1) 二叉排序树删除的 3 种情况

假设 p 指示二叉排序树中要删除的结点,则可能有如下 3 种情况:

(1) p 为叶子结点。此时只需修改 p 结点的双亲指针,再删除掉 p 结点即可,如图 7-7(a)所示。

(2) p 只有一棵子树。此时,可修改 p 双亲结点的指针,使之直接指向 p 的子树,再删除掉 p 结点,如图 7-7(b)所示,可以将 p 指针的双亲结点(即 20)的右子树直接指向 p 的左子树 23;如图 7-7(c)所示,可以将 p 指针的双亲结点(即 30)的右子树直接指向 p 的右子树(即 45)。

(3) p 有两棵子树。此时,要找到适合的结点来代替 p,显然替代 p 结点的数据元素应为中序遍历时 p 的直接前驱或直接后继,以便确保二叉排序树的性质。根据二叉树排序树及中序遍历的定义,这两个结点应该位于 p 的左子树的右下角 q 或 p 的右子树左下角 r,将 q 或 r 的数据元素复制到 p,再删除 q 或 r 即可,如图 7-7(d)所示,可以用结点 * p 的前驱结点 25 替代,也可以用后继结点 40 替代,之后再删除这个结点。

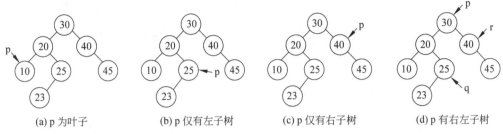

图 7-7 二叉排序树的删除

2) 二叉排序树的删除算法

【算法步骤】

① 从二叉排序树的根结点开始查找关键字为 key 的待删结点,如果树中不存在此结点,则不做任何操作;否则,被删结点的指针为 p,其双亲结点指针为 f,P_L 和 P_R 分别表示其左子树和右子树。

② 若 * p 结点为叶子结点:
- 若 p 为根结点,则 T=NULL;
- 若 p 为 f 的左子树,则 f 的左指针域为空,否则右指针域为空,同时释放该结点。

③ 若 * p 结点只有左子树,没有右子树:
- 若 * p 结点的双亲是根结点,改变根结点的左指针域;
- 若 p 为 f 的左子树,则 f 的左指针域为 p 左子树,否则 f 的右指针域为 p 左子树;
- 释放该结点。

④ 若 * p 结点没有左子树,只有右子树:
- 若 * p 结点的双亲是根结点,改变根结点的右指针域;
- 若 p 为 f 的左子树,则 f 的左指针域为 p 右子树,否则 f 的右指针域为 p 右子树;
- 释放该结点。

⑤ 若 * p 结点的左子树和右子树均不空,则
- 查询 * p 的直接前驱,并替代待删结点;
- 从二叉排序树中删去它的直接前驱。

算法 7-6 二叉排序树的删除

```
int DeleteBST(BSTree &T,KeyType key)
{   //从二叉排序树 T 中删除关键字等于 key 的结点
    P=T; f=NULL;

    /*从根开始查找关键字值为 k 的结点 * p */
    while(p && p->key!=key)            //找到关键字值等于 k 的结点 * p,结束循环
    {
```

```
        f=p;                                    //*f 为 p 的双亲结点
        if(p->key>key)  p=p->lchild;            //在*p 的左子树中查找
        else p=p->rchild;                       //在*p 的右子树中查找
    }
    if(!p) return 0;                            //找不到被删结点则返回

    //第 1 种情况：p 的左右子树均为空
    if(!p->lchild &&!p->rchild)
    {
        if(!f) T=NULL;                          //被删结点为根结点
        else
            if(f->lchild==p)  f->lchild=NULL;
            else  f->rchild=NULL;
        free(p);                                //删除结点,成功返回
        return 1;
    }

    //第 2 种情况：*p 只有左子树或只有右子树
    //当*p 只有左子树
    if(p->lchild &&!p->rchild)
    {
        if(!f) T=p->lchild;                     //被删结点为根结点
        else
            if(f->lchild==p)  f->lchild=p->lchild;
            else f->rchild=p->lchild;
        free(p);
        return 1;
    }
    //当*p 只有右子树
    if(!p->lchild && p->rchild)
    {
        if(!f) T=p->rchild;                     //被删结点为根结点
        else
            if(f->lchild==p)  f->lchild=p->rchild;
            else f->rchild=p->rchild;
        free(p);
        return 1;
    }

    //第 3 种情况：*p 的左右子树均不空
    if (p->lchild && p->rchild)
    {
        q=p; s=p->lchild;
```

```
        while (s->rchild)              //在*p的左子树中查找其前驱结点,即最右下结点
        {
            q=s; s=s->rchild;
        }                                //向右到尽头
    p->data=s->data;                     //s指向*p的前驱结点
        if(q!=p) q->rchild=s->lchild;    //重接*q的右子树
        else q->lchild=s->lchild;        //重接*q的左子树
    free(s);                             //被删结点*p被替代,不需再处理*f的左右孩子
    return 1;
    }
}//end of DeletebST
```

【算法分析】 同二叉排序树插入一样,二叉排序树删除的基本过程也是查找,所以时间复杂度仍是 $O(\log_2 n)$。

5. 二叉排序树的查找、插入、删除算法分析

二叉排序树的插入算法的运行时间主要取决于查找插入结点的位置,删除算法主要取决于查找待删除的结点,所以查找算法是基础,3 个算法的时间复杂度是一致的,与二叉排序树的深度成正比,即为 $O(\log_2 n)$,但当二叉排序树是单支树时,时间复杂度为 $O(n)$。

二叉排序树的平均查找长度和树的形态有关,而树的形态与输入关键字的序列有关。例如,设关键字的输入次序为:(90,53,50,25,24,12),生成二叉排序树的形态如图 7-8 所示。

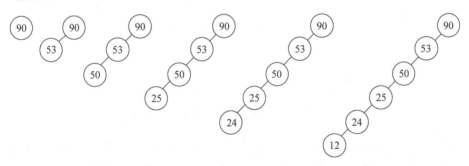

图 7-8 输入序列为(90,53,50,25,24,12)的二叉排序树

与图 7-6 相比,二者关键字的集合完全相同,但由于输入次序不同,因而形态不同。

可以看出,含有 n 个结点的二叉排序树不唯一。假设 7 个记录的查找概率相等,为 1/7,从平均查找长度来看,则图 7-6 的二叉排序树的平均查找长度为

$$\text{ASL} = \frac{1}{6} \times (1+2+2+3+3+3) = 14/6 = 2.3$$

图 7-8 的二叉排序树的平均查找长度为:

$$\text{ASL} = \frac{1}{6} \times (1+2+3+4+5+6) = 21/6 = 3.5$$

因此，含有 n 个结点的二叉排序树的平均查找长度和树的形态有关。最差的情况是依次插入的关键字有序时，构成的二叉排序树退化为单支树，此时树的深度为 n，其平均查找长度为 $\frac{n+1}{2}$，与顺序查找相同；最好的情况是二叉排序树的形态均匀，和折半查找判定树相似，其平均查找长度和 $\log_2 n$ 成正比。

7.3.2 平衡二叉树

1. 平衡二叉树的定义

二叉排序树的高度越小，查找速度越快。为了提高查找效率，减少平均查找长度，可以构造平衡二叉树（balanced binary tree 或 height-balanced tree），因由苏联数学家 Adelson-Velskii 和 Landis 提出，所以又称 AVL 树。

平衡二叉树或者是空树，或者是具有如下特征的二叉排序树：

（1）左子树和右子树的深度之差的绝对值不超过 1；

（2）左子树和右子树也是平衡二叉树。

若将二叉树上结点的平衡因子（Balance Factor，BF）定义为该结点左子树和右子树的深度之差，则平衡二叉树上所有结点的平衡因子只可能是 -1、0 和 1。只要二叉排序树上有一个结点的平衡因子的绝对值大于 1，则该二叉排序树就是不平衡的。图 7-9（a）所示为平衡二叉树，而图 7-9（b）所示为不平衡的二叉树，结点外的值为该结点的平衡因子。

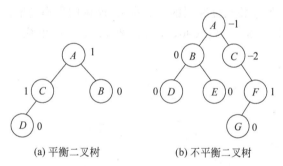

图 7-9 平衡与不平衡的二叉树及结点的平衡因子

因为 AVL 树上任何结点的左右子树的深度之差都不超过 1，则可以证明它的深度和 $\log_2 n$ 是同数量级的（其中 n 为结点个数）。由此，其查找的时间复杂度是 $O(\log_2 n)$。

2. 平衡二叉树的平衡调整方法

如何将二叉排序树调整为平衡二叉树呢？平衡二叉树的调整是随着结点的插入动态调整的。首先按照二叉排序树插入算法插入新结点，同时计算结点的平衡因子，如果插入结点后破坏了平衡二叉树的特性，如结点平衡因子出现了 2 或 -2，需对二叉排序树进行调整。调整方法是找到离插入结点最近且平衡因子绝对值超过 1 的祖先结点，以该结点为根的子树称为最小不平衡子树，然后对它进行相应的调整，使之成为新的平衡子树。当失去平衡的最小子树被调整为平衡子树后，整个二叉排序树就又平衡了，在此调整过程中,除了最小不平衡子树外,其他结点不需要做任何调整,假设最小不平衡子树的根节点为 p,则平衡二叉树调整过程如下。

(1) 单向顺时针右旋(LL 型):在 p 的左孩子的左子树插入结点使得 p 的平衡因子由 1 增加到 2,此时好比一根扁担出现一头重一头轻的现象,若改变扁担的支撑点即可平衡,调整的方法是以中间结点为根,进行顺时针右旋的平衡处理,p 结点变为其左子树的右子树,如图 7-10(a)所示。

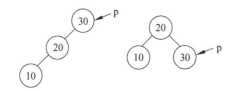 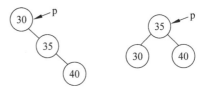

插入10后,p的平衡因子变为2,顺时针右旋　　　　插入40后,p的平衡因子变为-2,逆时针左旋
　　　　　　　　(a)　　　　　　　　　　　　　　　　　　　　(b)

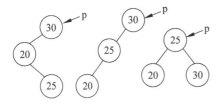 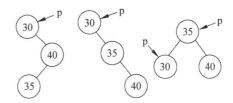

插入25后,p的平衡因子变为2,先左后右旋转　　　插入35后,p的平衡因子变为-2,先右后左旋转
　　　　　　　　(c)　　　　　　　　　　　　　　　　　　　　(d)

图 7-10　二叉排序树的平衡化

(2) 单向逆时针左旋(RR 型):在 p 的右孩子的右子树插入结点使得 p 的平衡因子由 -1 变成 -2,以中间结点为根,进行逆时针左旋的平衡处理,p 结点变为其右子树的左子树,如图 7-10(b)所示。

(3) 先左后右双向旋转(LR 型):在 p 的左孩子的右子树插入结点使得 p 的平衡因子由 1 增加到 2,进行先左后右的双向旋转平衡处理,即先左旋转,变成单支的二叉排序树,再仿照情况(1),向右旋转,平衡处理结果如图 7-10(c)所示。

(4) 先右后左双向旋转(RL 型):在 p 的右孩子的左子树插入结点使得 p 的平衡因子由 -1 变为 -2,进行先右后左的双向旋转平衡处理,即先右旋转,变成单支的二叉排序树,再仿照情况(2),向左旋转,平衡处理结果如图 7-10(d)所示。

3. 平衡二叉树的建立示例

假设关键字序列为(12,37,23,45,66,10,6),构造平衡二叉树的过程如下。

(1) 空树和仅有一个结点的树显然都是平衡的二叉树。在插入 37 之后仍是平衡的,只是根结点的平衡因子由 0 变为 -1,如图 7-11(a)~(c)所示。

(2) 在继续插入 23 之后,由于目前的根结点 12 的平衡因子由 -1 变成 -2,因此出现了不平衡的现象,属于 RL 型,处理的方法是先右后左双向旋转。即可以先对树做"单向右旋"的操作,构成(12,23,37)的一棵单支树,之后进行"单向左旋",令结点 23 为根,而结

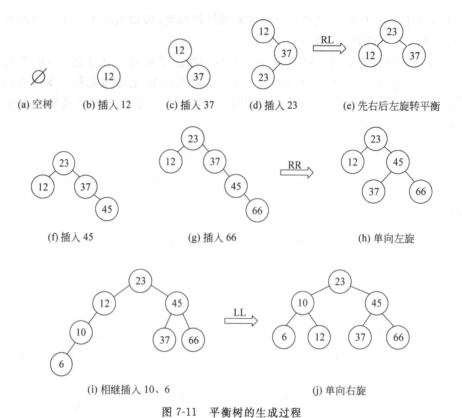

图 7-11 平衡树的生成过程

点 12 为它的左子树,此时,3 个结点的平衡因子都为 0,而且仍保持二叉排序树的特性,如图 7-11(d)~(e)所示。

(3) 在继续插入 45 和 66 之后,结点 37 的平衡因子由 −1 变成 −2,二叉排序树中出现了新的不平衡现象,产生的原因是结点 66 插在结点 45 的右子树上,相当于在右子树的右子树上增加了一个结点造成了不平衡,属于 RR 型,离插入结点最近的最小不平衡子树是以结点 37 为根的子树,调整的方法是单向左旋,即使得结点 37 左旋成为结点 45 的左子树,此时结点 66 是结点 45 的右子树,如图 7-11(f)~(h),使二叉排序树由不平衡转化为平衡树。

(4) 继续插入 10 和 6 之后,结点 12 的平衡因子由 1 变成 2,二叉排序树中出现了新的不平衡现象,原因是结点 6 插在结点 10 的左子树上,相当于在左子树的左子树上增加了一个结点造成了不平衡,属于 LL 型,离插入结点最近的最小不平衡子树是以结点 12 为根的子树,调整的方法是单向右旋,即使得结点 12 右旋成为结点 10 的右子树,此时结点 6 是结点 10 的左子树,如图 7-11(i)~(j),使二叉排序树由不平衡转化为平衡树。

当平衡的二叉排序树因插入结点而失去平衡时,仅需对最小不平衡子树进行平衡旋转处理即可。因为经过旋转处理之后的子树深度和插入之前相同,因而不影响插入路径上所有祖先结点的平衡度。

7.3.3 B 树

前面讨论的这些查找方法主要适用于规模较小、在内存中就能完成的查找方法。对于规模较大、存放于外存储器中的文件就不适用了,因为这些查找方法是以结点为单位进行的,这样就需要在查找过程中反复进行内、外存交换,从而使得整个操作的时间大大增加。1970 年,R.Bayer 和 E.Mccreight 提出了一种适用于外存查找的多路平衡树——B 树,磁盘管理系统中的目录管理,以及数据库系统中的索引组织多数都采用 B 树结构。

1. B 树的定义

一棵 m 阶的 B 树,或为空树,或为满足下列特性的 m 叉树:

(1) 树中每个结点至多有 m 棵子树;

(2) 若根结点不是叶子结点,则至少有两棵子树;

(3) 除根之外的所有非终端结点至少有 $\lceil m/2 \rceil$ 棵子树;

(4) 所有的叶子结点都出现在同一层次上,并且不带信息,通常称为失败结点(失败结点并不存在,指向这些结点的指针为空。引入失败结点是为了便于分析 B 树的查找性能);

(5) 所有的非终端结点最多有 $m-1$ 个关键字,结点的结构为:

$$(n, P_0, K_1, P_1, K_2, \cdots, K_n, P_n)$$

其中,$K_i(i=1,2,\cdots,n)$ 为关键字,且 $K_i < K_{i+1}(i=1,2,\cdots,n-1)$;$P_i(i=0,1,\cdots,n)$ 为指向子树根结点的指针,且指针 P_{i-1} 所指子树中所有结点的关键字均小于 $K_i(i=1,2,\cdots,n)$,且 P_{i+1} 所指子树中所有结点的关键字均大于 K_i,n 为关键字的个数,其中 $\lceil m/2 \rceil - 1 \leqslant n \leqslant m-1$,此时有 $n+1$ 棵子树,如图 7-12 所示。

| n | 指针 P_0 | 关键字 K_1 | 指针 P_1 | 关键字 K_2 | $\cdots$ | 关键字 K_n | 指针 P_n |

图 7-12 B 树的结点结构

从上述定义可以看出,对任一关键字 K_i 而言,P_{i-1} 相当于指向其"左子树",P_i 相当于指向其"右子树"。树中最多有 m 棵子树,即最多有 $m-1$ 个记录,每个结点中包含的记录数总是比所包含的指针数少 1。每个结点的记录按关键字递增排序,一个记录的关键字值大于它的左子树上所有结点中记录关键字值,小于它的右子树中所有结点的关键字值。

2. B 树的特点

B 树具有平衡、有序、多路的特点,图 7-13 所示为一棵 4 阶的 B 树,能很好地说明其特点。

(1) 所有叶子结点均在同一层次,这体现出其平衡的特点。

(2) 树中每个结点中的关键字都是有序的,且关键字 K_i "左子树"中的关键字均小于 K_i,而其"右子树"中的关键字均大于 K_i,这体现出其有序的特点。

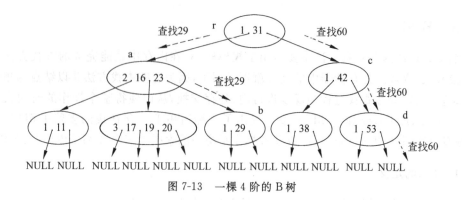

图 7-13 一棵 4 阶的 B 树

(3) 除叶子结点外,有的结点中有一个关键字两棵子树,有的结点中有两个关键字 3 棵子树,4 阶的 B 树最多有 3 个关键字 4 棵子树,这体现出其多路的特点。

3. B 树的查找过程

由 B 树的定义可知,在 B 树上进行查找的过程和二叉排序树的查找类似。例如,在图 7-13 的 B 树上查找关键字 29 的过程如下:首先从根开始,因为 29＜31,顺着左子树找到 *a 结点,因 *a 结点中有 2 个关键字,且给定值 29＞关键字 23,则依据关键字 23 右侧的指针找到 *b 结点,该结点有一个关键字 29,由此,查找成功。

查找不成功的过程也类似,例如在同一棵树中查找 60。从根开始,因为 31＜60,则顺着根结点 31 右侧的指针找到 *c 结点,又因为 *c 结点中只有一个关键字 42,且 60＞42,所以顺着结点 42 右侧的指针找到 *d 结点。同理因为 53＜60,则顺着指针往下找,此时因指针所指为叶子结点,说明此棵 B 树中不存在关键字 60 的结点,查找失败。由此可见,在 B 树上进行查找的过程是一个依据指针查找结点和在结点的关键字中进行查找交叉进行的过程。

7.3.4　B+ 树

B+树是 B 树的一种变形,更适合于文件索引系统,用于建立多级索引,在实现文件索引结构方面比 B 树使用更普遍。严格来讲,它已不满足前面章节中树的概念了。

1. B+树和 B 树的差异

一棵 m 阶的 B+树和 m 阶的 B 树的差异在于:

(1) 有 n 棵子树的结点中含有 n 个关键字;

(2) 所有的叶子结点中包含了全部关键字的信息,以及指向含这些关键字记录的指针,且叶子结点本身依关键字的大小自小而大顺序链接;

(3) 所有的非终端结点可以看成是索引部分,结点中仅含有其子树(根结点)中的最大(或最小)关键字。

例如,图 7-14 所示为一棵 4 阶的 B+树,通常在 B+树上有两个头指针:一个为树的根结点,另一个指向关键字最小的叶子结点。B+树与 B 树最显著的区别是 B+树只在叶子结点中存储记录,非叶子结点存储索引项,索引项记录为$(K_1,P_1,K_2,\cdots,K_n,P_n)$,有$n$个子树的叶子结点中含有$n$个关键字和$n$个指向记录的指针;并且所有叶子结点彼此相链接依照关键字构成一个有序链表,其头指针指向含最小关键字的结点。

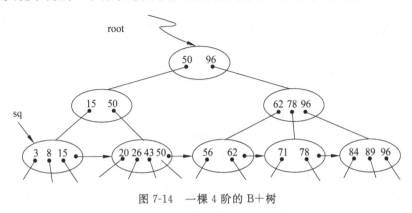

图 7-14　一棵 4 阶的 B+树

2. B+树的查找

在 B+树上有两个头指针,一个指向 B+树的根结点,一个指向关键字值最小的叶子结点。因此可以对 B+树进行两种形式的查找操作:一种是对叶子结点之间的链表进行顺序查找;另一种是从根结点开始,进行自顶向下,直至叶子结点的随机查找。在随机查找过程中,如果非叶子结点上的关键字等于给定值,查找并不停止,而是继续向下直到叶子结点,才能找到记录。因此,在 B+树中,不管查找成功与否,每次查找都是走了一条从根到叶子结点的路径。B+树查找的分析类似 B 树。

B+树不仅能够有效地查找单个关键字,而且更适合查找某个范围内的所有关键字。例如,在 B+树上找出范围在$[a,b]$之间的所有关键字值,处理方法如下:通过一次查找找出关键字a,不管它是否存在,都可以到达可能出现a的叶子结点,然后在叶子结点中查找关键字值等于a或大于a的那些关键字,对于所找到的每个关键字都有一个指针指向相应的记录,这些记录的关键字在所查找的范围内。如果在当前结点中没有发现大于b的关键字,就可以使用当前叶子结点的最后一个指针找到下一个叶子结点,并继续进行同样的处理,直至在某个叶子结点中找到大于b的关键字,才停止查找。

7.4　哈　希　表

在前面所讨论的用于查找的数据结构(线性表、二叉排序树、平衡二叉树、B 树)中,元素在存储结构中的位置与元素的关键字之间不存在直接的对应关系。在数据结构中查找一个元素需要进行一系列的关键字比较。查找的效率取决于查找过程中进行的关键字比较次数。哈希表(Hash table)是表示查找结构的另一种有效方法,它提供了一种完全不同的存储和查找方式,通过将关键字映射到表中某个位置来存储元素,然后根据关键字用同样的方式直接访问。

7.4.1 哈希表概述

1. 基本概念

理想的查找方法是可以不经过任何比较,一次直接找到要查找的元素。如果在元素的存储位置与它的关键字之间建立一个确定的对应函数关系 Hash(),使得每个关键字与结构中的一个唯一的存储位置相对应,在插入时,依此函数计算存储位置并按此位置存放。在查找时,对元素的关键字进行同样的函数计算,把求得的函数值当作元素的存储位置,在结构中按此位置取元素进行比较,若关键字相等,则查找成功。这种方法就是哈希法(Hash method),哈希法又称散列法或杂凑法。按哈希方法建立的数据文件称为哈希文件(或称为散列文件,杂凑文件)。下面给出哈希法中常用的几个术语。

(1) 哈希函数和哈希地址:在记录的存储位置 Address 和其关键字 key 之间建立一个确定的对应关系,使得 Address=H(key),称这个对应关系 H 为哈希(Hash)函数(或称为散列函数),Address 为哈希地址或散列地址。

(2) 哈希表:或称为散列表,杂凑表,是一个有限连续的地址空间,用以存储按哈希函数计算得到相应哈希地址的数据记录。通常哈希表的存储空间是一个一维数组,哈希地址是数组的下标。

(3) 冲突和同义词:哈希函数是一个映射函数,对不同的关键字可能得到同一哈希地址,即 $key_1 \neq key_2$,而 $H(key_1)=H(key_2)$,这种现象称为冲突。具有相同函数值的关键字对称作同义词,key_1 与 key_2 互称为同义词。

例如,有一组元素,其关键字分别是 12288,07324,03236,30976。采用的散列函数是 H(key)=key % 73 其中,% 是除法取余操作。则有:H(12288)=H(07324)=H(03236)=H(30976)=24。

这些关键字就称为同义词。

2. 哈希方法的关键问题

如果能够构造一个地址分布比较均匀的哈希函数,使得关键字集合中的任何一个关键字经过这个哈希函数的计算,映射到地址集合中所有地址的概率相等,就可以有效减少冲突。但在实际应用中,理想化的、不产生冲突的哈希函数极少存在,所以冲突是不可避免的,只能通过选择一个"好"的哈希函数使得在一定程度上减少冲突。而一旦发生冲突,就必须采取相应措施及时予以解决。哈希方法主要包括两方面的任务:

(1) 对于给定的一个关键字集合,如何构造哈希函数,避免或尽量减少冲突;

(2) 拟订解决冲突的方案。

7.4.2 哈希函数的构造方法

构造哈希函数的方法很多,一般来说,应根据具体问题选用不同的哈希函数,通常要考虑以下因素:

(1) 哈希表的长度;

(2) 关键字的长度；

(3) 关键字的分布情况；

(4) 计算哈希函数所需的时间；

(5) 记录的查找频率。

构造一个"好"的哈希函数应遵循以下两条原则：

(1) 函数计算要简单,能够在较短时间内计算出任意关键字对应的哈希地址；

(2) 哈希函数的定义域必须包括全部要存储的关键字,即所有关键字都能用哈希函数计算；哈希函数的值域范围需在哈希表长度的范围内,计算出的哈希地址应该均匀分布于地址空间,从而尽量减少冲突的发生。

下面介绍构造哈希函数的几种常用方法。

1. 直接定址法

直接定址法是取关键字或关键字的某个线性函数作哈希地址,即

$$H(key) = key \quad 或 \quad H(key) = a \times key + b$$

其中,a 和 b 是常数。

例如,关键字集合为 (100,300,500,700,800,900),选取哈希函数为 $H(key) = key/100$,用这个哈希函数计算所得的关键字与地址对照表如表 7-2 所示。

表 7-2 直接定址法关键字与哈希地址对照

地址	0	1	2	3	4	5	6	7	8	9	10
关键字		100		300		500		700	800	900	

这种方法计算最简单,并且没有冲突发生,适合关键字的分布基本连续的情况,或关键字值有一定规律的情况。若关键字分布不连续,空位较多,将造成存储空间的浪费。实际中能用这种哈希函数的情况很少。

2. 数字分析法

如果事先知道关键字集合,且每个关键字的位数比哈希表的地址码位数多,则可分析全体关键字的集合,并从中提取分布均匀的若干位或它们的组合作地址。数字分析法就是取关键字中某些取值较分散的数字位作为哈希地址的方法。

例如,设哈希表的表长为 100,有 80 个关键字为 6 位十进制数的记录,下面列出了部分记录的关键字,对关键字的分析可以发现：第①位都是 8,第②位只可能取 3 或 4,因此这 2 位都不可取。由于后 4 位可看成是近乎随机的,因此可取其中任意两位,或取其中两位与另外两位的叠加求和后舍去进位作为哈希地址。

```
8    3    4    6    5    3
8    3    7    2    2    4
8    3    8    7    4    2
8    3    0    1    3    6
```

```
            8        3        2        2        8        1
            8        3        3        8        9        6
            8        3        5        4        0        5
            8        3        6        8        5        3
            8        4        1        9        3        5
                                      ……
            ①       ②       ③       ④       ⑤       ⑥
```

3. 平方取中法

顾名思义,平方取中法是取关键字平方后的中间几位为哈希地址的方法。这也是比较常用的方法,实际应用中具体取多少位视具体问题而定。这种方法得到的哈希地址跟关键字的每一位都有关系,因而该方法适用于在选定哈希函数时不一定能知道关键字的全部,而且每一位的重复率都比较高的情况,取其中哪几位都不一定合适,则可以通过先求关键字的平方值以扩大差别,然后取其中的若干位作为哈希地址。

4. 折叠法

折叠法是先将关键字分割成位数相同的几部分(最后一部分的位数可以不同),然后取这几部分的叠加和(舍去最高进位)作为哈希地址,这种方法称为折叠法。至于每一部分的位数取决于哈希地址的位数,由实际需要而定。这种方法适用于关键字的位数比较多,而所需的哈希地址的位数又比较少,同时关键字中每一位的取值又比较集中的情况。

根据数位叠加的方式,可以把折叠法分为移位叠加和边界叠加两种。移位叠加是将分割后每一部分的最低位对齐,然后相加,舍去进位,得到哈希地址;边界叠加是将两个相邻的部分沿边界来回折叠,然后对齐相加,舍去进位,得到哈希地址。

例如,当哈希表长为 1000 时,关键字 key=25387765214,从左到右按 3 位数一段进行分割,可以得到 4 个部分:253、877、652、14。分别采用移位叠加和边界叠加,求得哈希地址为 796 和 724,如图 7-15 所示。

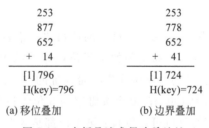

图 7-15 由折叠法求得哈希地址

5. 除留余数法

除留余数法是用关键字被某个不大于哈希表表长 m 的数 p 除,除后所得余数作为哈希地址的方法,即 $H(key)=key\%p(p\leqslant m$,其中 m 为表长),这种方法计算简单,适用范围广,是一种最常用的方法。

除留余数法的关键是选择合适的 p。如果选取得当,将使每一个关键字通过该函数转换后映射到哈希空间的任一地址概率相同,从而尽量减少发生冲突的可能性;如果 p 选取不好,容易产生冲突。一般情况下,可以选 p 为小于表长的最大质数。例如,表长 $m=50$,可取 $p=47$。

6. 随机数法

取关键字的随机函数值作哈希地址,即 H(key)=Random(key),其中 Random() 为随机函数。通常当关键字长度不等时可采用这种方法。

7.4.3 处理冲突的方法

选择一个"好"的哈希函数可以在一定程度上减少冲突,但在实际应用中,设计出来的哈希函数都不可能绝对地避免冲突,所以必须考虑发生冲突时的处理方法,即为产生冲突的记录寻找下一个"空"的哈希地址以便存储。选择一个有效的处理冲突的方法是哈希法的另一个关键问题。创建哈希表和查找哈希表都会遇到冲突,两种情况下处理冲突的方法应该一致。下面以创建哈希表为例,来说明处理冲突的方法。

处理冲突的方法与哈希表本身的组织形式有关。按组织形式的不同,通常分如下几种处理冲突的方法。

1. 开放地址法

所谓开放定址法是指哈希表中的空闲存储单元,既向它的同义词开放,又向非同义词开放存储,即把记录都存储在哈希表数组中,当某一记录关键字 key 的初始哈希地址 $H_0=H(key)$ 发生冲突时,只要哈希表没有满,就从发生冲突的那个单元开始,按照一定的次序查找空闲单元,直至找出空位为止,并把发生冲突的元素插入到该存储单元中。发生冲突时的求解过程可以表示为:$H_i=(H(key)+d_i)\%m, i=1,2,\cdots,k(0\leqslant k\leqslant m-1)$ 其中:H(key)记为 H_0,m 为哈希表长,d_i 为地址增量,对应着一定的查找次序。通常把寻找"下一个"空位的过程称为探测,地址增量 d_i 有多种取法,主要有下面 3 种。

1) 线性探测再散列

线性探测再散列的增量序列为:$d_i=1,2,\cdots,m-1$,其中 m 为表长。

这种探测方法可以将哈希表假想成一个循环表,发生冲突时,从冲突地址的下一存储位置开始依次顺序地探测空闲单元,如果到最后一个位置也没找到空单元,则回到表头开始继续查找,直到找到一个空位,就把此元素放入此空位中。如果找不到空位,则说明哈希表已满,需要进行溢出处理。

2) 二次探测再散列

二次探测法又称平方探测法,探测序列为:
$$d_i = 1^2, -1^2, 2^2, -2^2, 3^2, \cdots, +k^2, -k^2 \quad (k \leqslant m/2)$$

二次探测法是一种较好的处理冲突的方法,可以避免出现"堆积"问题,但只能探测到哈希表上的部分单元。

3）伪随机探测再散列

伪随机探测再散列的探测序列为：$d_i=$伪随机数序列，该伪随机序列一般由随机数函数产生。

下面举例说明不同方法处理冲突的过程，哈希表的长度为 11，哈希函数 H(key)=key％11，假设表中已填关键字分别为 17、71、29 的记录。现有第 4 个记录，其关键字为 38，由哈希函数得到哈希地址为 5，产生冲突，如图 7-16(a)所示。

若用线性探测再散列处理时，$H_1=(H(key)+d_1)\% m=(5+1)\%11=6$，得到下一个地址 6，仍冲突；再求下一个地址 $H_2=(H(key)+d_2)\% m=(5+2)\%11=7$，仍冲突；直到哈希地址为 8 的位置为"空"时为止，处理冲突的过程结束，38 填入哈希表中序号为 8 的位置，如图 7-16(b)所示。

若用二次探测再散列，哈希地址 5 冲突后，$H_1=(H(key)+d_1)\% m=(5+1^2)\%11=6$ 得到下一个地址 6，仍冲突；再求得下一个地址 $H_2=(H(key)+d_2)\% m=(5-1^2)\%11=4$，无冲突，38 填入序号为 4 的位置，如图 7-16(c)所示。

若用伪随机探测再散列：假设产生的伪随机数为 8，则计算下一个哈希地址为 $(5+8)\%11=2$，所以 38 填入序号为 3 的位置，如图 7-16(d)所示。

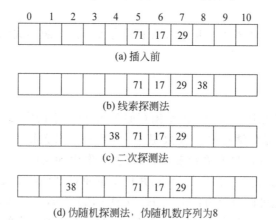

图 7-16　用开放地址法处理冲突时，关键字为 38 的记录插入前后的哈希表

其中线性探测法最简单，而且只要表未满，总能找到空闲存储单元。但这种方法容易造成元素的"聚集"，即当哈希表中出现连续若干个位置被占用以后，若其后的关键字计算得到的哈希地址在这个连续的区间，则会大大增加了查找一个空闲位置的路径长度，从而造成更大的聚集，造成这种聚集现象的根本原因是探测过程中过分集中在发生冲突的单元后，没有在整个空间分散开，所以在使用过程中，如果出现这种情况时，应考虑采用其他方法。而二次探测法和伪随机探测法的优点是可以避免"二次聚集"现象。缺点是不能保证一定找到不发生冲突的地址。

2. 链地址法

链地址法的基本思想是将所有关键字为同义词的记录存储在一个单链表中，并用一维数组存放头指针，凡是哈希地址为 i 的记录都以结点方式插入到对应的数组元素为头结点的单链表中,也称为同义词链表。

【例 7-2】 设哈希表的地址范围为 0~16,哈希函数为 H(key)＝key％15,其中 key 为关键字。用链地址法处理冲突,构造出哈希表,并计算等概率下查找成功时的平均查找长度。已知输入关键字序列为

(9,23,30,16,31,29,45,46,39,64,53)

【问题分析】 依次计算各个关键字的哈希地址,然后根据哈希地址将关键字插入到相应的链表中。

【解】 利用所给的哈希函数进行存储地址的计算,具体如下:

$$H(9)=9\%15=9$$
$$H(23)=23\%15=8$$
$$H(30)=30\%15=0$$
$$H(16)=16\%15=1$$
$$H(31)=31\%15=1$$
$$H(29)=29\%15=14$$
$$H(45)=45\%15=0$$
$$H(46)=46\%15=1$$
$$H(39)=39\%15=9$$
$$H(64)=64\%15=4$$
$$H(53)=53\%15=8$$

链地址法处理冲突,地址相同的处于相同的单链表中,结果如图 7-17 所示。

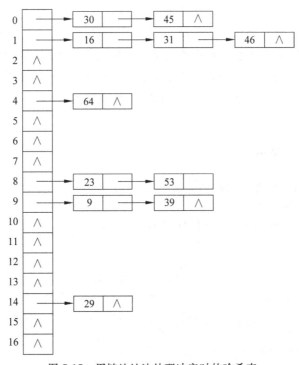

图 7-17 用链地址法处理冲突时的哈希表

处于各个链表的第一个结点位置时,一次比较就能成功,而处于链表第二个结点位置时两次成功,依次类推,可得链地址法解决冲突时的平均查找长度为:

$$\text{ASL} = \frac{1}{11} \times (1 \times 6 + 2 \times 4 + 3 \times 1) = \frac{17}{11} \approx 1.6$$

3. 再哈希法

所谓再哈希法,就是在发生冲突时,用另外一个哈希函数再求得一个新的地址,直到不发生冲突为止,即 $H_i = RH_i(\text{key}), i = 1, 2, 3 \cdots, k$。

其中,RH_i 表示第 i 个哈希函数,即在同义词产生地址冲突时计算另一个哈希函数地址,直到冲突不再发生。这种方法不易产生聚集,但增加了计算时间,而且事先要先构造多个不同的哈希函数,因此在实际应用中使用不多。

4. 建立一个公共溢出区

公共溢出区是一个额外开辟的新的存储空间,一旦发生冲突,把发生冲突的结点顺序地插入到溢出区。假设哈希函数的值域为 $[0, m-1]$,每个分量存放一个记录,称为基本表,另外设立一个向量空间为溢出表,也可以把该向量接在基本表的后面。当在哈希过程中出现冲突的元素比较多时,公共溢出区将会比较大,此时将大大降低查找效率。

7.4.4 哈希表的查找

哈希表的查找过程与构造哈希表的过程基本一致。给定关键字值 key,根据构建哈希表时所用的哈希函数求得哈希地址,若表中此位置上没有记录,则查找不成功;否则比较关键字,若给定关键字与表中对应关键字相等,则查找成功;若不相等则由构建哈希表时设定的处理冲突的方法找下一地址,直至哈希表某个位置为"空"或者表中所填记录的关键字等于给定值时为止。

下面介绍哈希表的存储表示和开放地址法(线性探测法)处理冲突的哈希表的查找过程。

1. 哈希表的存储结构

```
//------开放地址法哈希表的存储表示------
int hashsize[]= {997,…};
//哈希表容量递增表,通常是一个适当的素数序列
typedef struct {
    ElemType * elem;
    int count;                    //当前数据元素个数
    int sizeindex;                //hashsize[sizeindex]为当前容量
} HashTable;
#define  SUCCESS    1
#define  UNSUCCESS  0
#define  DUPLICATE  -1
```

2. 开放定址哈希表的查找算法

【算法步骤】

① 给定待查找的关键字 key，根据构建哈希表时设定的哈希函数计算：$H_0 = H(key)$。

② 若单元 H_0 为空，则所查元素不存在。

③ 若单元 H_0 中元素的关键字为 key，则查找成功。

④ 否则重复下述解决冲突的过程：

- 按处理冲突的方法，计算下一个哈希地址 H_i；
- 若单元 H_i 为空，则所查元素不存在；
- 若单元 H_i 中元素的关键字为 key，则查找成功。

算法 7-7 开放定址哈希表的查找算法

```
Status SearchHash(HashTable H,KeyType K,int &p,int &c)
{
    //在开放定址哈希表 H 中查找关键字为 K 的记录，
    //若查找成功,则 p 指向待查找数据在表中位置,并返回 SUCCESS
    //若查找不成功,则 p 指向插入位置,并返回 UNSUCCESS
    //c 用以统计冲突的次数,其初值为 0,其值为重新建立哈希表提供参考

    p=Hash(K);                                  //求得哈希地址
    while(H.elem[p].key !=NULLKEY && !EQ(K,H.elem[p].key))
        collision(p,++c);                       //求得下一探查地址 p
    if(EQ(K,H.elem[p].key))return SUCCESS;      //若查找成功,返回待查记录位置 p
    else return UNSUCCESS;                      //查找不成功
}
```

3. 开放定址哈希表的插入算法

【算法步骤】

① 设置查找冲突计数器 c=0。

② 利用开放定址哈希表的查找算法，查找元素 e。

③ 若查找成功，说明元素已经存在，返回 DUPLICATE，不必插入；

④ 否则查找不成功：

- 若冲突小于阈值，在哈希表中插入该元素；
- 冲突大于或等于阈值，重建哈希表。

算法 7-8 开放定址哈希表的插入算法

```
Status InsertHash(HashTable &H,Elemtype e)
{
    //当查找不成功时插入数据元素 e 到哈希表 H 中,并返回 OK
    //若冲突过大,则重新建立哈希表

    c=0;
    if(Search Hash(H,e.key,p,c)==SUCCESS)
        return DUPLICATE;                     //表中已有与 e 有相同关键字的元素
    else                                      //查找不成功时,返回 p 为插入位置
        if(c<hashsize[H.sizeindex]/2)         //冲突次数 c 未达到上限,(阀值 c 可调)
        {
            H.elem[p]=e;  ++H.count;          //插入
            return OK;
        }
        else                                  //重建哈希表
        { RecreateHashTable(H); return VNSUCCESS; }
}
```

4. 开放定址哈希表的查找算法分析

从哈希表的查找过程可见:

(1) 虽然哈希表在关键字与记录的存储位置之间建立了直接映像,但由于"冲突"的产生,使得哈希表的查找过程仍然是一个给定值和关键字进行比较的过程。因此,仍需以平均查找长度作为衡量哈希表查找效率的量度。

(2) 查找过程中需和给定值进行比较的关键字的次数取决于 3 个因素:哈希函数、处理冲突的方法和哈希表的装填因子。

一般情况下,处理冲突方法相同的哈希表,其平均查找长度依赖于哈希表的装填因子。哈希表的装填因子 α 定义为:

$$\alpha = \frac{\text{表中填入的记录数}}{\text{散列表的长度}} \tag{7-7}$$

α 标志着哈希表的装满程度。直观地看,α 越小,发生冲突的可能性就越小;反之,α 越大,表中已填入的记录越多,再填记录时,发生冲突的可能性就越大,则查找时,给定值需与之进行比较的关键字的次数也就越多。

(3) 哈希函数的"好坏"首先影响出现冲突的频繁程度。但通常认为,凡是"均匀的"哈希函数,对同一组随机的关键字,产生冲突的可能性相同,假如所设定的哈希函数是"均匀"的,则影响平均查找长度的因素只有两个——处理冲突的方法和装填因子 α。

表 7-3 给出了在等概率情况下,采用几种不同方法处理冲突时,得到的哈希表查找成功和查找失败时的平均查找长度,证明过程从略。

表 7-3 不同方法处理冲突时哈希表的平均查找长度

处理冲突的方法	平均查找长度	
	查找成功	查找失败
线性探测法	$\frac{1}{2}\left(1+\frac{1}{1-\alpha}\right)$	$\frac{1}{2}\left(1+\frac{1}{(1-\alpha)^2}\right)$
二次探测法 伪随机探测法	$-\frac{1}{\alpha}\ln(1-\alpha)$	$\frac{1}{1-\alpha}$
链地址法	$1+\frac{\alpha}{2}$	$\alpha+e^{-\alpha}$

(4) 从表 7-3 可以看出,哈希表的平均查找长度是 α 的函数,而不是记录个数 n 的函数。由此,在设计哈希表时,不管 n 多大,总可以选择合适的 α 以便将平均查找长度限定在一个范围内。

对于一个具体的哈希表,通常采用直接计算的方法求其平均查找长度,下面通过具体示例说明。

【例 7-3】 设哈希表的地址范围为 0~16,哈希函数为 H(key)=key%15,其中 key 为关键字。用线性探测再散列法处理冲突,已知输入关键字序列为

(9,23,30,16,31,29,45,46,39,64,53)

构造出哈希表,并计算等概率下查找成功时的平均查找长度。

【问题分析】 依次计算各个关键字的哈希地址,如果没有冲突,将关键字直接存放在相应的哈希地址所对应的单元中;否则,用线性探测法处理冲突,直到找到相应的存储单元。

哈希函数:H(key)=key%15。

冲突处理计算公式:H_i(key)=(H(key)+i)%17,其中 i 为冲突次数。

采用线性探测再散列法处理冲突构造哈希表的计算过程如下所示。

【解】
H(9)=9%15=9
H(23)=23%15=8
H(30)=30%15=0
H(16)=16%15=1
H(31)=31%15=1 冲突   H1(31)=(H(31)+1)%17=2
H(29)=29%15=14
H(45)=45%15=0 冲突   H1(45)=(H(45)+1)%17=1 冲突
H2(45)=(H(45)+2)%17=2 冲突   H3(45)=(H(45)+3)%17=3
H(46)=46%15=1 冲突   H1(46)=(H(46)+1)%17=2 冲突
H2(46)=(H(46)+2)%17=3 冲突   H3(46)=(H(46)+3)%17=4
H(39)=39%15=9 冲突   H1(39)=(H(39)+1)%17=10
H(64)=64%15=4 冲突   H1(64)=(H(64)+1)%17=5

H(53)=53％15=8 冲突　H1(53)=(H(53)+1)％17=9 冲突
H2(53)=(H(53)+2)％17=10　冲突 H3(53)=(H(53)+3)％17=11

线性探测再散列法处理冲突,结果如表 7-4 所示,表中最后一行的数字表示放置该关键字时所进行的关键字比较次数。

表 7-4　用线性探测法处理冲突时的哈希表

哈希地址	0	1	2	3	4	5	6	7	8	9	10	11	12	13	14	15	16
关键字	30	16	31	45	46	64			23	9	39	53			29		
比较次数	1	1	2	4	4	2			1	1	2	4			1		

在记录的查找概率相等的前提下,这组关键字采用线性探测法处理哈希表冲突时,查找成功时的平均查找长度为

$$ASL = \frac{1}{11} \times (1 \times 5 + 2 \times 3 + 4 \times 3) = 2.09$$

以关键字 31 为例,H(31)=1,发生冲突,根据线性探测法,求得下一个地址 (1+1)％17=2,没有冲突,所以 31 填入序号为 2 的单元。

要查找一个关键字 key,根据算法 7-7,首先用哈希函数计算 $H_0 = H(key)$,然后进行比较,比较的次数和创建哈希表时放置此关键字的比较次数是相同的。

例如,查找 16 时,计算哈希函数 H(16)=1,HT[1].key 非空且值为 16,查找成功,关键字比较次数为 1 次。

当查找关键字 45 时,计算哈希函数 H(45)=0,HT[0].key 非空且值为 30≠45,用线性探测法处理冲突,计算下一个地址为(0+1)％17=1,依旧不成功,直到地址为 3,共查找 4 次。

容易看出,线性探测法在处理冲突的过程中易产生记录的二次聚集,使得哈希地址不相同的记录又产生新的冲突,从而形成较长的探测序列;而链地址法处理冲突时,将哈希地址不同的记录存储在不同的链表中,不会发生类似线性探测法的情况,链地址法的平均查找长度小于开放地址法。另外,由于链地址法的结点空间是动态申请的,无须事先确定表的长度,因此更适用于表长不确定的情况,也易于实现插入和删除操作。

通过上面的示例,可以看出,在查找概率相等的前提下,直接计算查找成功的平均查找长度可以采用以下公式

$$ASL_{succ} = \frac{1}{n} \sum_{i=1}^{1} C_i \tag{7-8}$$

其中,n 为哈希表中记录的个数,C_i 为成功查找第 i 个记录所需的比较次数。

5. 哈希法与其他方法的比较

不同的哈希函数构成的哈希表的平均查找长度是不同的。由同一个哈希函数、不同的解决冲突方法构造的哈希表,其平均查找长度不同。

哈希法与其他查找方法的区别:除哈希法外,其他查找方法的共同特征是建立在比较关键字的基础上,哈希法是根据关键字直接求出地址的查找方法,其查找的期望时间为

$O(1)$，即一次查找成功。

小　　结

查找是日常生活中最常用的操作，查找表是一种非常灵活的数据结构，本章主要讨论查找表的不同表示方法，并进行相关性能的分析。

基于静态查找表的数据组织形式主要包括顺序表、有序表和索引表，基于动态查找表包括二叉排序树、平衡二叉树、B/B⁺树和哈希表，其中哈希表和索引表是不同于顺序结构和链式结构的两种特殊表示方法。

对于静态查找表，一般不进行插入和删除元素的操作，主要介绍顺序查找、折半查找和索引查找3种查找方法。顺序查找主要对在线性表中的记录进行查找，待查找记录在表中没有存放次序的要求，依次用给定的值与查找表中记录的关键字值进行比较，若相等，则查找成功，否则，查找失败。折半查找比顺序查找速度快，但要求表中记录有序。索引查找又称作分块查找，它要求顺序表中的记录是分块有序的，并且需要建立索引表，查找时先找索引表，确定查找块的起始地址，之后在确定的块中顺序查找，它是一种性能介于顺序查找和折半查找之间的查找方法。

动态查找表是基于树状结构的，二叉排序树按照中序遍历是从小到大的有序序列，二叉平衡树是一种特殊的二叉排序树，左右子树的高度之差的绝对值小于或等于1，B/B⁺树是多路平衡树，查找效率取决于树的高度。

哈希表是查找的另一种有效方法，通过将关键字映射到查找表中某个位置来存储元素，可由关键字直接查找记录，不仅查找速度快而且查找时间与记录的数目无关。

静态查找和动态查找的平均查找长度都随着查找表中记录数据的增加而加大，而哈希表的平均查找长度不是查找表表长 n 的函数，而是装填因子 α 的函数。

习　　题

一、单项选择题

1. （　　）的线性表只能采用顺序查找方法。
   A. 散列存储　　　B. 顺序存储　　　C. 链式存储　　　D. 索引存储

2. （　　）的线性表可以使用折半查找方法。
   A. 顺序存储　　　　　　　　　　　B. 链式存储
   C. 顺序存储且关键字有序　　　　　D. 链式存储且关键字有序

3. 对长度为 n 的线性表进行顺序查找，则查找成功的 ASL 为（　　）。
   A. n　　　　　B. $n/2$　　　　C. $(n+1)/2$　　　D. $(n-1)/2$

4. 在长度为 20 的有序顺序表上进行折半查找，则需要比较 5 次才能成功查找的记录个数为（　　）。
   A. 3　　　　　　B. 4　　　　　　C. 5　　　　　　D. 6

5. 折半查找顺序存储的有序表(5,6,10,15,20,31,52,74,88,99),若查找58,则它将依次与表中的(　　)比较后,判断查找失败。
　　A. 20,74,31,52　　　　　　　　B. 31,74,52
　　C. 20,52　　　　　　　　　　　D. 31,88,52
6. 对长度为22的有序顺序表进行折半查找,当查找失败时,至少需要比较(　　)次关键字。
　　A. 2　　　　　B. 3　　　　　C. 4　　　　　D. 5
7. 对长度为12的有序顺序表进行折半查找,若表中各记录查找概率相同,则查找成功的ASL是(　　)。
　　A. 35/12　　　B. 37/12　　　C. 39/12　　　D. 43/12
8. 以下(　　)属于动态查找表。
　　A. 有序表　　B. 分块有序表　　C. 二叉排序树　　D. 线性链表
9. 下列有关二叉排序树中根结点的左子树和右子树关键字大小关系描述正确的是(　　)。
　　A. 小于　　　B. 大于　　　C. 等于　　　D. 不小于
10. 对二叉排序树进行(　　)遍历,可得到从关键字从小到大的有序序列。
　　A. 先序　　　B. 中序　　　C. 后序　　　D. 层次
11. 对于二叉平衡树中的任一结点,其左子树与右子树深度之差的绝对值不超过(　　)。
　　A. 0　　　　B. 1　　　　C. 2　　　　D. 3
12. m阶B树中的m是指(　　)。
　　A. 每个结点至少有m棵子树　　　　B. 非终端结点中关键字的个数
　　C. 每个结点至多有m棵子树　　　　D. m阶B树的深度(或高度)
13. 对具有n个元素的哈希表进行查找,查找成功时的ASL为(　　)。
　　A. $\log_2 n$　　　　　　　　　　　B. $O(n^2)$
　　C. $O(n)$　　　　　　　　　　　　D. 不直接依赖于n

二、简答与计算

1. 链式存储的有序表为什么不适合采用折半查找方法?
2. 什么是二叉排序树?什么是二叉平衡树?
3. 什么是哈希表的装填因子?哈希表的装填因子与发生冲突的可能性有什么关系?
4. 画出对长度为10的有序表进行折半查找的判定树,并计算等概率时查找成功的ASL。
5. 假定对有序表(1,3,8,10,15,28,32,45,53,62,78,92)进行折半查找,若查找45,需依次与哪些关键字进行比较?若查找60,需依次与哪些关键字比较?
6. 在一棵空的二叉排序树中依次插入关键字序列为(21,33,8,14,35,5,48,4,1,26),画出最终得到的二叉排序树并计算等概率查找成功时的ASL。
7. 在一棵空的二叉平衡树中依次插入关键字序列为(21,33,8,14,35,5,48,4,1,26),画出最终得到的二叉平衡树并计算等概率查找成功时的ASL。

8. 设哈希表长度为 11，哈希函数 H(key)＝key%11，给定的关键字序列为(1,15, 11,36,39,16,27,23)。试画出分别用线性探测再散列和链地址法来解决冲突构造的哈希表，并求出在等概率情况下查找成功时的 ASL。

9. 已知长度为 12 的表：(Jan,Feb,Mar,Apr,May,June,July,Aug,Sep,Oct,Nov,Dec)。

① 试按表中元素的顺序依次插入到一棵初始为空的二叉排序树，画出插入完成之后的二叉排序树，并求其在等概率的情况下查找成功的平均查找长度。

② 若对表中元素先进行排序构成有序表，求在等概率的情况下对此有序表进行折半查找时查找成功的平均查找长度。

③ 按表中元素顺序构造一棵平衡二叉排序树，并求其在等概率的情况下查找成功的平均查找长度。

三、算法设计

1. 写出顺序表上的顺序查找算法，要求在表的高下标端设计监视哨。
2. 写出使用带头结点的单链表存储的线性表上的顺序查找算法。
3. 写出二分查找的递归算法。
4. 对于查找概率不同的线性表进行顺序查找时，则可采用如下策略提高查找效率：将查找成功的记录所在的结点同其前驱(若存在)结点交换，使得经常被查找的结点是尽量位于表的前端，每次顺序查找时必须从表头开始。试对顺序存储的线性表写出实现上述策略的顺序查找算法。
5. 试编写一算法求出给定关键字所在结点在二叉排序树中所处的层次。

第 8 章 排 序

学习目标

1. 理解排序的定义,掌握依据排序不同原则的分类方法。
2. 熟练掌握插入排序、交换排序、选择排序的基本思想和算法实现,掌握归并排序、基数排序的排序方法和算法实现。
3. 掌握不同排序方法的性能分析方法。
4. 理解排序方法"稳定"与"不稳定"的含义及应用场合。

知识结构图

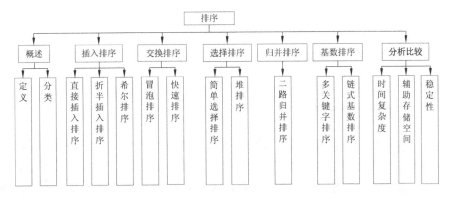

在日常生活中,经常需要对收集到的各种数据信息进行处理,排序(sorting)是其中的核心运算之一。例如,图书管理员将书籍按照编号排序放置在书架上,方便查找;打开计算机的资源管理器,可以选择按名称、大小、类型等排列的文件和文件夹,各类网站中的新闻或公告按照发布的时间显示等,由于排序运算的广泛性和重要性,不断有各种各样的排序算法被设计出来,并被广泛应用在很多领域。

本章主要介绍几种比较经典而又常用的排序算法,包括算法思想、算法源码以及效率分析,以便在具体应用中根据各算法的特性选取适合的排序方法。

8.1 概　　述

8.1.1 排序的基本概念

1. 排序

排序是计算机程序设计中的一种重要操作,在数值计算或数据处理过程中,都会直接或间接用到排序的数据。排序是将数据元素(或称为记录)的无序序列,按数据元素关键字的大小,排列成非递减或非递增顺序记录序列的操作。

假设含 n 个记录的序列为：

$$\{R_1, R_2, \cdots, R_n\} \tag{8-1}$$

其相应的关键字序列为：

$$\{K_1, K_2, \cdots, K_n\}$$

需确定 $1, 2, \cdots, n$ 的一种排列 $P_1, P_2, \cdots, P_n$,使其相应的关键字满足如下的非递减(或非递增)关系

$$K_{P_1} \leqslant K_{P_2} \leqslant \cdots \leqslant K_{P_n} \tag{8-2}$$

即使式(8-1)的序列成为一个按关键字有序的序列

$$\{R_{P_1}, R_{P_2}, \cdots, R_{P_n}\} \tag{8-3}$$

这样的操作称为排序。

例如：将下列关键字序列为(52,49,80,36,14,58)的待排序序列,排序后调整为(14,36,49,52,58,80)。

2. 排序的稳定性

关键字分主关键字和次关键字,对于任意待排序序列,按主关键字排序后得到的结果是唯一的,按照次关键字排序,结果可能不唯一,这是因为具有相同关键字的数据元素,在排序结果中的位置先后关系与排序前未必能保持一致,即存在排序稳定性的问题。

假设在待排序记录集中,存在多个关键字值相同的元素,即 $K_i = K_j (1 \leqslant i \leqslant n, 1 \leqslant j \leqslant n, i \neq j)$,且在排序前的序列中 R_i 领先于 R_j(即 $i < j$)。经过排序,这些记录的相对次序仍然保持不变,即排序后的序列中 R_i 仍领先于 R_j,则称所用的排序方法是稳定的;反之,若可能使排序后的序列中 R_j 领先于 R_i,则称所用的排序方法是不稳定的。

例如,有两位同学,甲的学号排在乙之前。两位的数学考试成绩都是 95 分。按照稳定的排序方法,甲应排在乙的前面;而按照不稳定的排序方法,乙反而排在了甲的前面。虽然稳定的排序方法和不稳定的排序方法排序结果有差别,但不能说不稳定的排序方法就不好,各有各的适应场合。注意,排序算法的稳定性是针对所有记录而言的,也就是说,在所有的待排序记录中,只要有一组关键字的实例不满足稳定性要求,则该排序方法就是不稳定的。

8.1.2 内部排序方法的分类

1. 基于待排序记录的存储位置

由于待排序记录的数量不同,使得排序过程中数据所占用的存储设备会有所不同。根据在排序过程中记录所占用的存储设备,可将排序方法分为两大类:①内部排序,简称内排序,是指在排序期间数据元素全部存放在内存的排序;②外部排序,简称外排序,是指在排序期间全部元素个数太多,不能同时存放在内存,而是部分记录放于内存,部分放于外存,排序过程中必须根据排序过程的要求,不断在内、外存之间移动的排序。

内排序和外排序各有各自的排序方法,本书只介绍内排序方法。

2. 基于排序的基本原则

内部排序的过程是一个逐步扩大记录的有序序列长度的过程。在排序的过程中,可以将排序记录区分为两个区域:有序序列区和无序序列区。使有序序列区中记录的数目增加一个或几个的操作称为一趟排序。

根据逐步扩大有序序列长度的不同原则,可以将内部排序分为以下几类:

(1) 插入排序:将无序子序列中的一个或几个记录"插入"到有序序列中,从而增加记录的有序子序列的长度。主要包括直接插入排序、折半插入排序和希尔排序。

(2) 交换排序:通过"交换"无序序列中的记录从而得到其中关键字最小或最大的记录,并将它加入到有序子序列中,以此方法增加记录的有序子序列的长度。主要包括冒泡排序和快速排序。

(3) 选择排序:从记录的无序子序列中"选择"关键字最小或最大的记录,并将它加入到有序子序列中,以此方法增加记录的有序子序列的长度。主要包括简单选择排序、树状选择排序和堆排序。

(4) 归并排序:通过"归并"两个或两个以上的记录的有序子序列,逐步增加记录有序子序列的长度。二路归并排序是最为常见的归并排序方法。

(5) 基数排序:基于多关键字的一种排序方法。

3. 基于排序的时间复杂度

按照排序过程中需要的工作量,可以分为以下 3 类:

(1) 基本的排序算法,如直接插入排序、起泡排序和选择排序,在对有 n 个元素的序列进行排序时,时间复杂度为 $O(n^2)$;

(2) 先进的排序方法,如快速排序、归并排序和堆排序算法,时间复杂度则为 $O(n\log_2 n)$;

(3) 基数排序方法,它的时间复杂度与关键字的位数有关为 $O(d \cdot n)$,其中 d 为关键字的个数。

8.1.3 排序记录的存储结构

排序的过程中通常需要进行两种基本操作,一是比较两个关键字的大小,这是大多数算法都必要的,二是将记录从一个位置移到另一个位置,由于存储方式的不同,不是每个算法都需要移动。待排序记录有下列3种存储方式:

(1)顺序表:数据元素一般都存放在一个顺序表中,记录之间的次序关系由其存储位置决定,排序必须移动记录。

(2)链表:记录之间的次序关系由指针指示,实现排序不需要移动记录,仅需修改指针即可。这种排序方式称为表排序或者链表排序。

(3)地址排序:待排序记录本身存储在一组地址连续的存储单元内,同时另设一个指示各个记录存储位置的地址向量,在排序过程中不移动记录本身,而修改地址向量中这些记录的"地址",在排序结束之后再按照地址向量中的值调整记录的存储位置。这种排序方式称为地址排序。

在本章的讨论中,除基数排序外,待排序记录均按上述第一种方式存储,且为了讨论方便,设记录的关键字均为整数。在以后讨论的大部分算法中,待排序记录的数据类型定义为:

```
#define MAXSIZE 20              //顺序表的最大长度
typedef int KeyType;            //定义关键字类型为整型

typedef struct{
    KeyType key;                //关键字项
    InfoType otherinfo;         //其他数据项
}RedType;                       //记录类型

typedef struct{
    RedType r[MAXSIZE+1];       //r[0]闲置或用做哨兵单元
    int length;                 //顺序表长度
}SqList;                        //顺序表类型
```

8.1.4 排序算法效率的评价指标

内部排序的方法很多,每种方法都有各自排序时所依据的规则、各自的优缺点及适用环境,就其全面性能而言,很难提出一种被认为是最好的方法。目前,评价排序算法性能好坏的主要评价指标如下。

1. 时间开销

排序算法的执行时间是衡量算法好坏的最重要指标,排序时间主要消耗在关键字之间的比较和记录的移动上,所以时间代价主要用算法关键字的比较次数和元素移动次数衡量,可以认为,高效排序算法的比较次数和移动次数都应该尽可能少。

2. 空间开销

排序算法所需要的额外内存空间是衡量排序算法性能的另一重要指标,该空间是除了存放待排序记录占用的空间之外,执行算法所需要的其他存储空间。从额外空间开销的角度主要有如下 3 种情况:①除了可能使用有限的几个负责元素交换的工作单元外,不需要使用任何其他额外内存空间;②使用链表、指针和数组下标来代表数据,因此存储这 n 个指针或下标需要额外的内存空间;③ 需要额外的空间来存储待排序元素序列的副本或排序的中间结果。

3. 算法的稳定性

当排序所依据的关键字相同时,排序前后的相对位置有时会发生变化。一般情况下,排序过程中依照待排序记录的顺序逐个排序时,该方法通常是稳定的,跳跃性的排序方法通常是不稳定的。

8.2 插入排序

插入排序的基本思想是假定待排序记录序列中前面的一部分记录已经有序,把后面的一个记录插入到已排序的有序子序列中去,使得插入这个记录之后,得到的仍然是有序序列,从而逐步扩大有序子序列的长度,直到所有记录都有序为止。

按照不同的查找插入位置和记录移动方法,插入排序可以分为以下几类:直接插入排序、折半插入排序、希尔排序、二路插入排序、表插入等,本章仅介绍前 3 种方法。

8.2.1 直接插入排序

1. 直接插入排序的基本思想

直接插入排序(straight insertion sort)的基本思想是首先将待排序的第一个记录 R_1 作为一个有序子序列,然后将剩下的 $n-1$ 个记录依次按关键字大小插入到该有序序列,每次插入依然保持该序列有序,即第 1 趟排序时,若 R_2 的关键字小于 R_1 的关键字,则 R_2 插在 R_1 的前面,否则 R_2 不变。第 2 趟排序时,将 R_3 插入到前面的有两个记录的有序子序列中,得到 3 个记录的有序子序列。依此类推,继续进行下去,直到将 R_n 插入到前面的有 $n-1$ 个记录的有序子序列中,最后得到 n 个记录的有序序列。

2. 直接插入排序算法

定义待排序记录存储类型时,已经约定了待排序的记录存放在数组 L.r[1..n]中。具体实现直接插入排序时,利用了 0 单元,它既是中间变量,又是监视哨。

【算法步骤】

循环 $n-1$ 次,设循环变量为 i,若当前记录比已经求得的有序表的最大记录小,则每次执行如下操作:

- 将 L.r[i]存放到 L.r[0];
- 将 K_0(即原 L.r[i]的关键字 K_i)依次与 K_j 比较($j=i-1, i-2, \cdots, 1$)比较,若小,则 L.r[j]后移一个位置,否则停止比较和移动,最后,将 L.r[0](即原来待插入的记录 L.r[i])移到 L.r[j+1]的位置上。

算法 8-1　直接插入排序

```
void InsertSort(SqList &L)
{//对顺序表 L 做直接插入排序
  for(i=2;i<=L.length;++i)
    if(L.r[i].key<L.r[i-1].key)           //需将 L.r[i]插入有序子表
    {
      L.r[0]=L.r[i];                      //将待插入的记录暂存到监视哨中
      L.r[i]=L.r[i-1];                    // L.r[i-1]后移
      for(j=i-2;L.r[0].key<L.r[j].key;--j)  //从后向前寻找插入位置
        L.r[j+1]=L.r[j];                  //记录逐个后移,直到找到插入位置
      L.r[j+1]=L.r[0];                    //将 L.r[0]即原 L.r[i],插入到正确位置
    }
}
```

3. 直接插入排序过程

设待排序记录的关键字序列为(49,38,65,97,76,13,27),如图 8-1 所示为直接插入排序过程,其中()中为已排好序的记录的关键字。

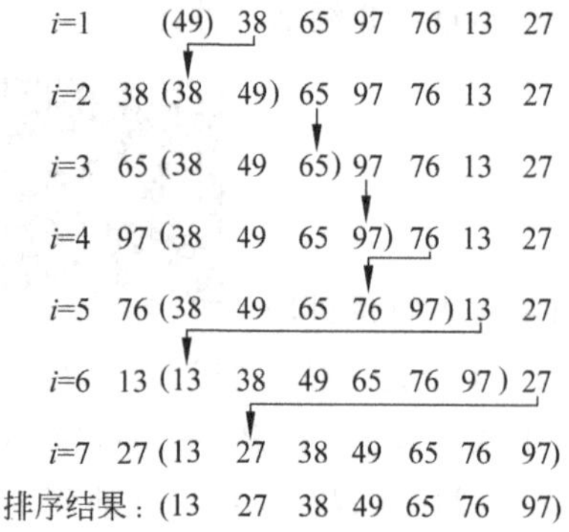

```
i=1  (49) 38  65  97  76  13  27
i=2   38 (38  49) 65  97  76  13  27
i=3   65 (38  49  65) 97  76  13  27
i=4   97 (38  49  65  97) 76  13  27
i=5   76 (38  49  65  76  97) 13  27
i=6   13 (13  38  49  65  76  97) 27
i=7   27 (13  27  38  49  65  76  97)
排序结果:(13  27  38  49  65  76  97)
```

图 8-1　直接插入排序过程

在第 1 趟排序时,有序序列是(49),$i=2$,待插入元素是第 2 个记录(38),设定监视哨为 38,可得插入位置为 1。

在第 2 趟排序时,有序序列是(38,49),$i=3$,待插入元素是第 3 个记录(65),由于该关键字比已经排好的有序子序列中的最大关键字还大,因而不需要移动数据。

在第 3 趟排序时,有序序列是(38,49,65),$i=4$,待插入元素是第 4 个记录(97),跟上一趟排序相似,不需要移动数据,排序结果为(38,49,65,97)。

在第 4 趟排序时,有序序列是(38,49,65,97),待插入元素是第 5 个记录(76),76<97,所以需要将 76 插入到其前的有序子序列中,设定监视哨为 76,逐个从后向前比较,得到插入位置为 4。

以此类推,直至最后一趟排序时,将 27 插入到表中的第 2 个位置。

4. 直接插入排序算法分析

1) 时间复杂度

直接插入排序由双重循环组成,对于 n 个待排序记录,外循环是向有序表中逐个插入记录的操作,进行了 $n-1$ 趟,每趟操作分为比较关键字和移动记录,而比较的次数和移动记录的次数取决于待排序列按关键字的初始排列。

① 最好情况下：待排序列已按关键字有序，每趟只需与前面有序序列中的最后一个元素比较一次，无须移动。

比较次数：

$$\sum_{i=2}^{n}1 = n-1 \text{ 次}$$

移动次数：0 次。

② 最坏情况下：待排序列按关键字在记录序列中逆序有序，即第 i 趟操作，待插入记录需要同前面的 i 个记录都进行关键字比较，设置监视哨的同时，所有记录均需要后移，移动记录的次数为 $i+1$ 次。

比较次数：

$$\sum_{i=2}^{n}i = (n+2)(n-1)/2 \approx n^2/2$$

移动次数：

$$\sum_{i=2}^{n}(i+1) = (n+4)(n-1)/2 \approx n^2/2$$

③ 平均情况下：假定待排序列的排列顺序是随机的，则数据元素的期望比较次数和期望移动次数约为 $n^2/4$。

由此，直接插入排序的时间复杂度为 $O(n^2)$。

2) 空间复杂度

直接插入排序只需要一个记录的辅助空间 L.r[0]，所以空间复杂度为 $O(1)$。

3) 稳定性

直接插入排序中关键字的比较是在相邻单元进行的，因此它是一个稳定的排序方法。

8.2.2 折半插入排序

1. 折半插入排序的基本思想

在直接插入排序中，采用顺序查找法来确定记录的插入位置。由于 $\{R_1, R_2, \cdots, R_{i-1}\}$ 是有序子序列，因此可以采用折半查找法来确定 R_i 的插入位置，这种排序称为折半插入排序(binary insertion sort)，或者二分法插入排序。

2. 折半插入排序算法

折半插入排序算法的步骤如下。

(1) 设待排序的记录存放在数组 L.r[1..n]中，L.r[1]是只有一个记录的有序序列。

(2) 依次插入第 2 个至第 n 个元素，循环执行下列过程 $n-1$ 次，每次使用折半查找法查找插入位置：

① 设定查找区间[low,high]初始值[1,$i-1$]，暂存记录 R_i 到 L.r[0]；

② 如果 low＞high，转第⑤步；

③ 如果 low≤high，$m=(low+high)/2$；

④ 如果 L.r[0].key＜L.r[m].key，修改 high=$m-1$；否则，修改 low=$m+1$，转第

②步；
⑤ high+1 即为待插入位置，从 $i-1$ 到 high+1 的记录，逐个后移；
⑥ 插入记录：L.r[high+1]=L.r[0]。

算法 8-2　折半插入排序

```
void BInsertSort(SqList &L)
{ //对顺序表 L 做折半插入排序
    for(i=2;i<=L.length;++i)
    {
        L.r[0]=L.r[i];                          //将待插入的记录暂存到监视哨中
        low=1;high=i-1;                         //置查找区间初值
        while(low<=high)                        //在 r[low..high]中折半查找插入的位置
        {
            m=(low+high)/2;                     //折半
            if(L.r[0].key<L.r[m].key) high=m-1; //插入点在前一子表
            else low=m+1;                       //插入点在后一子表
        }
        for(j=i-1;j>=high+1;--j)  L.r[j+1]=L.r[j];  //记录后移
        L.r[high+1]=L.r[0];                     //将 L.r[0]即原 L.r[i]，插入到正确位置
    }                                           // end for
}
```

3. 折半插入排序基本过程

设待排序记录的关键字序列为(30,13,70,85,39,42,6,20)，如图 8-2 所示的折半插入排序过程，()中为已排好序的记录的关键字。

与直接插入排序相似，在第 1 趟排序($i=2$)时，有序序列是(30)，待插入元素是第 2 个记录 13，可得插入位置为 1。

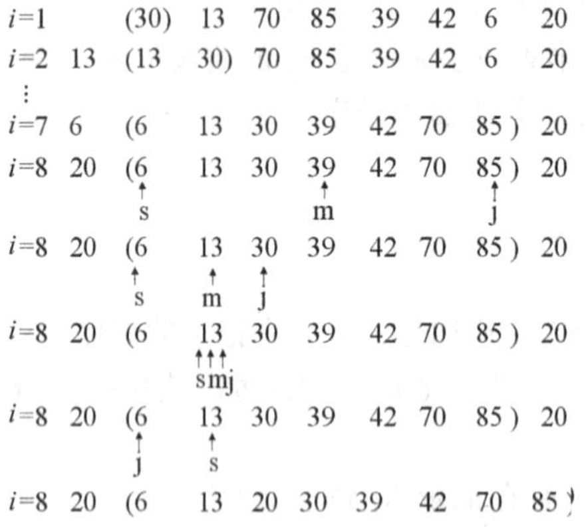

```
i=1    (30)  13  70  85  39  42   6  20
i=2  13 (13  30) 70  85  39  42   6  20
 ⋮
i=7   6  (6  13  30  39  42  70  85) 20
i=8  20  (6  13  30  39  42  70  85) 20
          s           m            j
i=8  20  (6  13  30  39  42  70  85) 20
          s   m       j
i=8  20  (6  13  30  39  42  70  85) 20
         smj
i=8  20  (6  13  30  39  42  70  85) 20
              j  s
i=8  20  (6  13  20  30  39  42  70  85)
```

图 8-2　折半插入排序过程

在第 2 趟排序($i=3$)时，有序序列是(13,30)，待插入元素是第 3 个记录 70，插入位置为 3，不需要移动数据。

在第 7 趟排序($i=8$)时，有序序列是(6,13,30,39,42,70,85)，待插入元素是第 8 个记录 20，按照折半查找规则，第 1 次找到的中间位置为 39，因为 20＜39，继续在左半区间查找，此时的中间位置为 13，13＜20，所以在右半区间继续查找，第 3 次找到的中间位置为 30，由于 20＜30，继续在左半区间查找，此时左半区间已经没有记录了，因此把 20 插入到 13 的后面。

4. 折半插入排序算法分析

1) 时间复杂度

折半插入排序依据折半查找确定插入的位置,就其平均速度而言比直接插入排序快,减少了关键字间的比较次数,而记录的移动次数与直接插入排序相同,时间复杂度仍为$O(n^2)$。

2) 空间复杂度

待排序记录的移动只需要一个记录的辅助空间L.r[0],所以空间复杂度为$O(1)$。

3) 稳定性

折半插入排序是一个稳定的排序方法。

8.2.3 希尔排序

希尔排序(Shell sort)又称"缩小增量排序"(diminishing increment sort),是插入排序的一种,因 D. L. Shell 于 1959 年提出而得名。

1. 希尔排序的基本思想

直接插入排序算法操作简单,在 n 值较小时,效率比较高;若 n 值较大但序列按关键字基本有序时,其时间效率可提高到 $O(n)$。希尔排序即是从这两点出发,给出插入排序的改进方法,从"减少记录个数"和"序列基本有序"两个方面对直接插入排序进行了改进。

希尔排序实质上是采用分组插入的方法。先将整个待排序记录序列分割成若干子序列,然后对每个序列分别进行直接插入排序,从而减少参与直接插入排序的数据量,然后增加每组的数据量,重新分组。经过几次这个过程后,整个序列中的记录"基本有序"时,再对全体记录进行一次直接插入排序。对记录的分组,不是简单地"逐段分割",而是将相隔某个"增量"的记录分成一组。此方法的关键是如何分组,为了将整个序列分成若干子序列,要严格选择递减分组序列。

2. 希尔排序的过程

例如,假设待排序列为(49,38,65,97,76,13,27,48,55,4),分别取步长因子5、3、1,则排序过程如下。

1) 第 1 趟排序

此时待排序序列为初始序列,步长因子 $d=5$,对于序列中记录,每间隔4个取一个记录,这样将原序列分成5个子序列,分别为(49,13),(38,27),(65,48),(97,55),(76,4),对这5个子序列分别排序,得到(13,49),(27,38),(48,65),(55,97),(4,76)将这5个子序列,按照原来的位置合并成一个序列,得到第 1 趟排序结果:(13,27,48,55,4,49,38,65,97,76),如图 8-3(a)所示。

2) 第 2 趟排序

第 1 趟排序结果为本次的待排序序列,步长因子 $d=3$,对于序列中记录,每间隔两个

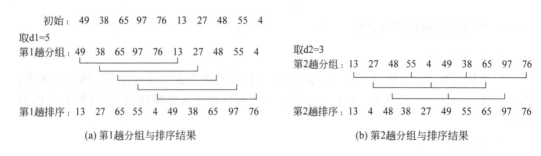

图 8-3 希尔排序过程

取一个记录,这样将原序列分成 3 个子序列,分别为(13,55,38,76),(27,4,65),(48,49,97),对这 3 个子序列分别排序,得到(13,38,55,76),(4,27,65),(48,49,97)。将这 3 个子序列按照原来的位置合并成一个序列,得到第 2 趟排序结果:(13,4,48,38,27,49,55,65,97,76),如图 8-3(b)所示。

3) 第 3 趟排序

待排序序列为第 2 趟排序的结果,步长因子 $d=1$,此时序列基本有序,对其进行直接插入排序。得到最终结果:(4,13,27,38,48,49,55,65,76,97),如图 8-3(c)所示。

3. 希尔排序算法

【算法步骤】

① 第 1 趟取增量 $d_1(d_1<n)$,整个记录分成 d_1 个组,所有位置序号差为 d_1 的记录分在同一组,在各个组中进行直接插入排序,使得各组组内有序;

② 第 2 趟取增量 $d_2(d_2<d_1)$,重复上述的分组和排序过程;

③ 依此类推,直到所取的增量 $d_t=1(d_t<d_{t-1}<\cdots<d_2<d_1)$,将全部排序记录作为一组进行直接插入排序为止。

希尔排序的算法实现如算法 8-3 所示。预设好的增量序列保存在数组 $d_t[0\cdots t-1]$ 中,整个希尔排序算法需执行 t 趟。从上述排序过程可见,算法 8-1 中的直接插入排序可以看成一趟增量是 1 的希尔排序,所以可以通过改写算法 8-1,得到一趟希尔排序算法 ShellInsert。在 ShellInsert 中,具体改写主要有两处:

(1) 前后记录位置的增量是 d_k,而不是 1;

(2) 组内元素由从后向前依次比较,变为间隔 d_k 的跳跃性比较,因而会使得在 j 位置即与 L.r[j]比较后,递减 d_k 个位置时,数组下标变为负值,因此 L.r[0]只是暂存单元,不是监视哨。当 $j\leqslant 0$ 时,插入位置已找到。

算法 8-3　希尔排序

```
void ShellInsert(SqList &L,int dk)
{ //对顺序表 L 做一趟增量是 dk 的希尔插入排序
    for(i=dk+1;i<=L.length;++i)
    if(L.r[i].key<L.r[i-dk].key)      //需将 L.r[i]插入有序增量子表
    {
        L.r[0]=L.r[i];                //暂存在 L.r[0]
        for(j=i-dk;j>0 && L.r[0].key<L.r[j].key;j-=dk)
            L.r[j+dk]=L.r[j];         //记录后移,直到找到插入位置
        L.r[j+dk]=L.r[0];             //将 L.r[0]即原 L.r[i],插入到正确位置
    }//if
}
void ShellSort(SqList &L,int dt[],int t)
{ //按增量序列 dt[0..t-1]对顺序表 L 作 t 趟希尔排序
    for(k=0;k<t;++k)
        ShellInsert(L,dt[k]);         //一趟增量为 dt[t]的希尔插入排序
}
```

4. 希尔排序算法分析

1) 时间复杂度

希尔排序的时间复杂度与增量序列有关:当增量大于 1 时,关键字跳跃式地移动,从而使得在进行最后一趟增量为 1 的直接插入排序中,序列已基本有序,只要做少量比较和移动即可完成排序,因此希尔排序的时间复杂度较直接插入排序低。但到目前为止尚未有人求得一种最好的增量序列,研究表明,希尔排序的时间复杂度为 $n(\log_2 n)^2 \sim O(n^2)$。

2) 空间复杂度

希尔排序只需要一个辅助空间,空间复杂度为 $O(1)$。

3) 稳定性

希尔排序记录是分组后跳跃式地移动,导致排序方法是不稳定的。

8.3　交换排序

交换排序的基本思想是两两比较待排序记录的关键字,一旦发现两个记录次序相反时则进行交换,直到整个序列没有逆序的为止。交换排序主要有冒泡排序和在此基础上进行改进的快速排序。

8.3.1　冒泡排序

1. 冒泡排序的基本思想

冒泡排序(bubble sort)是一种最简单的交换排序方法,从第一个记

录关键字开始,通过两两比较相邻记录的关键字,如果发生逆序,则进行交换,从而使关键字小的记录如气泡一般逐渐往上"漂浮"(左移),或者使关键字大的记录如石块一样逐渐向下"坠落"(右移),第 1 趟得到关键字最大的记录在最后的位置,重复上述过程,直到某一趟排序过程中没有逆序的记录为止,说明所有记录均排好序。

2. 冒泡排序过程

待排序记录的关键字序列为(02,06,21,35,49,25,16,08),冒泡排序的基本过程如图 8-4 所示。其中,线上为待排序记录,线下为已排序序列。

02	02	02	02	02	02	02
06	06	06	06	06	06	06
21	21	21	21	16	08	08
35	35	25	16	08	16	16
49	25	16	08	21	21	21
25	16	08	25	25	25	25
16	08	35	35	35	35	35
08	49	49	49	49	49	49
初始关键字	第1趟排序	第2趟排序	第3趟排序	第4趟排序	第5趟排序	第6趟排序

图 8-4 冒泡排序过程

第 1 趟排序时,从前往后两两比较相邻记录关键字的大小,如果是逆序,则交换,最终得到关键字最大的记录 49 被交换到序列最后的位置。

第 2 趟排序时,除了最后一条记录外,从前往后两两比较相邻记录关键字的大小,如果是逆序,则交换,最终得到前 $n-1$ 条记录中,关键字最大的记录 35,被交换到序列倒数第 2 个位置。

第 3 趟排序时,除了最后 2 条记录外,从前往后两两比较相邻记录关键字的大小,如果是逆序,则交换,最终得到关键字最大的记录 25 被交换到序列倒数第 3 个位置。

以此类推。

在进行第 6 趟冒泡时,发现不再有记录进行交换,因此记录序列已经全部排序完毕。

3. 冒泡排序算法

【算法步骤】

① 初始化变量,排序次数 $m=$ 元素个数-1,冒泡排序的标志变量 flag,初值为 1。

② 当 $m>0$,并且 flag=1 时表示尚有元素未排序,重复以下过程:
- 标志单元 flag=0,假设下趟无须排序;
- 从 1 到第 m 个数据,重复执行以下操作:相邻两个记录进行比较,如果逆序则交换,并且 flag=1;

- $m=m-1$。

算法 8-4　冒泡排序

```
void BubbleSort(SqList &L)
{ //对顺序表做冒泡排序
    m=L.length-1;flag=1;         //flag用来标记某一趟排序是否发生交换
    while((m>0)&&(flag==1))
    {
        flag=0;                   //若本趟没有发生交换,则完成排序
        for(j=1;j<=m;j++)
            if(L.r[j].key>L.r[j+1].key)
            {
                flag=1;           //表示本次排序发生了交换
                t=L.r[j];
                L.r[j]=L.r[j+1];
                L.r[j+1]=t;       //交换前后两个记录
            }                     //if
        --m;
    }                             //while
}                                 //BubbleSort
```

4. 冒泡排序算法分析

1) 时间复杂度

冒泡排序是通过两两比较,如果逆序则交换的思想,如果在某趟排序过程中未发生交换,则没有记录逆序,说明排序提前终止,从而是一种时间效率与初始序列有关的排序方法。最好情况(初始序列为正序):只需进行一趟排序,在排序过程中进行 $n-1$ 次关键字间的比较,且不移动记录。

最坏情况(初始序列为逆序):需进行 $n-1$ 趟排序,第 i 趟时关键字比较 $n-i$ 次,每次交换都要移动 3 次记录,移动次数 $3(n-i)$,达到最大,分别为:

比较次数

$$\sum_{i=1}^{n-1}(n-i)=n(n-1)/2 \approx n^2/2$$

移动次数:

$$3\sum_{i=1}^{n-1}(n-i)=3n(n-1)/2 \approx 3n^2/2$$

所以,在平均情况下,冒泡排序关键字的比较次数和记录移动次数分别约为 $n^2/4$ 和 $3n^2/4$,时间复杂度为 $O(n^2)$。

2) 空间复杂度

冒泡排序需要一个辅助空间用做暂存记录,所以空间复杂度为 $O(1)$。

3) 稳定性

冒泡排序是稳定的排序方法。

8.3.2 快速排序

1. 快速排序基本思想

快速排序是对冒泡排序的改进,冒泡排序借助逆序记录的交换操作,逐趟将较小关键字的记录向前"冒",将较大关键字的记录向后"沉",每次得到该排序区间的最大(小)值。快速排序(Quick Sort)的基本思想是:从待排序记录中找出一个分隔元素(称为枢轴,开始通常取第一个元素)通过比较关键字、交换记录,将待排序列分成两部分。其中一部分所有记录的关键字大于或等于枢轴记录的关键字,另一部分所有记录的关键字小于枢轴记录的关键字,之后对各部分不断划分,直到整个序列按关键字有序。

2. 一次划分及其算法

将待排序列按关键字以枢轴记录分成两部分的过程,称为一次划分,当枢轴关键字处于左端时,从待排序记录的最右侧位置依次向左搜索,找到第一个关键字小于枢轴关键字 pivotkey 的记录,将其和枢轴位置交换,然后再从表的左侧位置,依次向右搜索找到第一个关键字大于 pivotkey 的记录和枢轴记录交换。重复上述过程,逐渐缩小待排序区间,直至只剩一条记录为止,此位置即为枢轴在此趟排序中的最终位置,原表被分成两个子表。凡其关键字小于枢轴的记录均移动至该记录之前,反之,凡关键字大于枢轴的记录均移动至该记录之后。

例如,对序列(49,38,65,97,76,13,27)以第 1 条记录为枢轴进行一次划分,确定了枢轴关键字的位置,以枢轴为界,凡其关键字小于枢轴的记录均移动至该记录之前,反之,凡关键字大于枢轴的记录均移动至该记录之后,如图 8-5 所示。

第 1 次交换,是从指针 high 开始从右向左扫描,由于 27<49,27 应该放在 49 的左边,所以二者进行交换,然后指针 low 加 1,指向 38,此时,枢轴在右端,指针 low 从左向右扫描,38<49,相对于枢轴位置正确,不进行移动,指针 low 右移,65>49,应该置于枢轴的后面,所以与枢轴交换;交换后 high 指针左移,从右向左扫描,找到第 1 个小于枢轴的关键字 13,再与枢轴交换,交换后指针 low 右移,找到第 1 个大于枢轴关键字的记录交换,重复上述过程,直到 low=high,此位置为枢轴所在的位置,一次划分之后将整个待排序记录分成两部分,前边的关键字都比它小,后面的都比它大。

【算法步骤】

① 选择待排序记录中的第 1 条记录作为枢轴,设枢轴关键字为 pivotkey,将枢轴记录暂存在 L.r[0] 的位置上。附设两个指针 low 和 high,初始时分别指向待排序记录的下界和上界(第 1 趟时,low=1,high=L.length);

② 当 low<high 时,若 high 所指记录的关键字大于或等于 pivotkey,则向左移动指针 high(- -high);否则将 high 所指记录移到 low 所指记录;

③ 当 low<high 时,若 low 所指记录的关键字小于或等于 pivotkey,则向右移动指针 low(++low);否则将 low 所指记录与枢轴记录交换;

④ 重复步骤②和③,直至 low 与 high 相等为止;

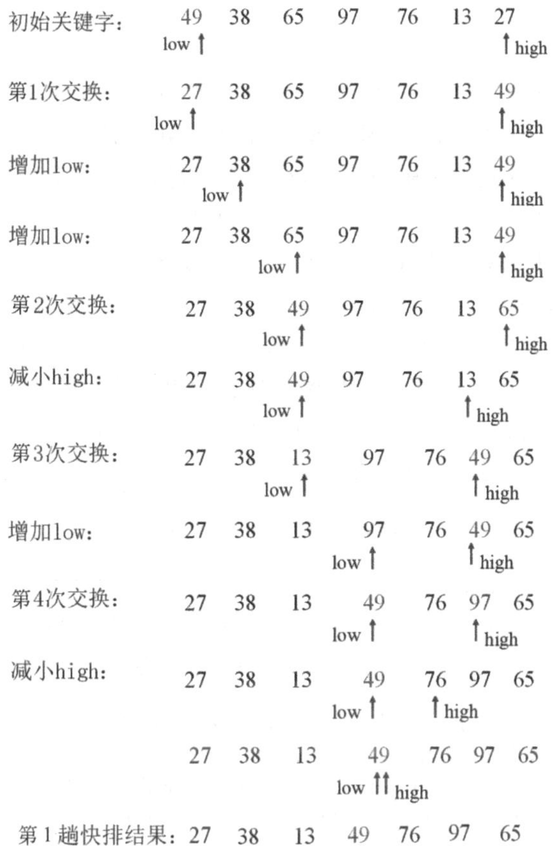

```
初始关键字:      49   38   65   97   76   13   27
              low↑                          ↑high

第1次交换:       27   38   65   97   76   13   49
              low↑                          ↑high

增加low:         27   38   65   97   76   13   49
                   low↑                       ↑high

增加low:         27   38   65   97   76   13   49
                        low↑                  ↑high

第2次交换:       27   38   49   97   76   13   65
                        low↑                  ↑high

减小high:        27   38   49   97   76   13   65
                        low↑             ↑high

第3次交换:       27   38   13   97   76   49   65
                        low↑             ↑high

增加low:         27   38   13   97   76   49   65
                             low↑        ↑high

第4次交换:       27   38   13   49   76   97   65
                             low↑        ↑high

减小high:        27   38   13   49   76   97   65
                             low↑   ↑high

                27   38   13   49   76   97   65
                                low↑↑high

第1趟快排结果:   27   38   13   49   76   97   65
```

图 8-5 快速排序的一次划分

⑤ L.r[low]＝L.r[0]，即为枢轴在此趟排序中的最终位置,原表被分成两个子表。

在上述过程中,记录的交换都是与枢轴之间发生,每次交换都要移动 3 次记录,可以先将枢轴记录暂存在 L.r[0]的位置上,排序过程中只移动要与枢轴交换的记录,即只做 L.r[low]或 L.r[high]的单向移动,直至一趟排序结束后再将枢轴记录移至正确位置上。

算法 8-5   一趟快速排序

```
int Partition(SqList &L, int low, int high)
{ //对顺序表 L 中的子表 r[low..high]进行一趟排序,返回枢轴位置
    L.r[0]=L.r[low];              //用子表的第一个记录做枢轴记录
    pivotkey=L.r[low].Key;        //枢轴记录关键字保存在 pivotkey 中
    while(low<high)               //从表的两端交替地向中间扫描
    {
        while(low<high&&L.r[high].key>=pivotkey)--high;
        L.r[low]=L.r[high];       //将比枢轴记录小的记录移到低端
        while(low<high&&L,r[low].key<=pivotkey)++low;
        L.r[high]=L.r[low];       //将比枢轴记录大的记录移到高端
    }                             //while
    L.r[low]=L.r[0];              //枢轴记录到位
    return low;                   //返回枢轴位置
}
```

3. 快速排序算法

算法 Partition 完成一趟快速排序,返回枢轴的位置。整个快速排序的过程可递归进行,算法实现如算法 8-6 所示。其中,若待排序序列长度大于 1(low＜high),算法 QuickSort 调用 Partition 获取枢轴位置,然后递归执行,分别对分割所得的两个子表进行排序。若待排序序列中只有一条记录,递归结束,排序完成。

【算法步骤】 如果 low＜high,说明每一子表不只有一条记录时,则

① 对本区间进行一次划分,得到枢轴的位置,此时经过一趟排序后,把所有关键字小于枢轴 pivotkey 的记录交换到前面,把所有关键字大于 pivotkey 的记录交换到后面,结果将待排序记录分成两个子表,最后将枢轴放置在分界处的位置;

② 快速排序左子表,对左子表重复上述过程;

③ 快速排序右子表,对右子表重复上述过程。

算法 8-6　快速排序

```
void QSort(SqList &L,int low,int high)
{ //调用前置初值:low=1;high=L.length;对顺序表 L 中的子序列 L.r[low..high]做快
  //速排序
    if(low<high)                           //长度大于 1
    { //将 L.r[low..high]一分为二,pivotloc 是枢轴位置
        pivotloc=Partition(L,low,high);
        QSort(L,low,pivotloc-1);           //对左子表递归排序
        QSort(L,pivotloc+1,high);          //对右子表递归排序
    }
}
void QuickSort(SqList &L)
{ //对顺序表 L 做快速排序
    QSort(L,1,L.length);
}
```

快速排序的过程如图 8-6 所示。

```
        初始关键字:    49  38  65  97  76  13  27
      完成一趟排序:  (27  38  13) 49  (76  97  65)
  分别进行快速排序:  (13) 27  (38) 49  (65) 76  (97)
      快速排序结束:   13  27  38  49  65  76  97
```

图 8-6　快速排序过程

4. 快速排序算法分析

1)时间复杂度

从快速排序算法的递归过程可知,快速排序的趟数取决于递归调用的深度。

最好情况：每一趟排序后都能将记录序列均匀地分割成两个长度大致相等的子表，类似折半查找，时间复杂度为 $O(n\log_2 n)$。

最坏情况：若每次所选择的枢轴都是当前区间关键字的最大值或最小值，即每次分隔的结果都仅比排序前的无序序列少一个，因此快速排序必须做 $n-1$ 趟，其递归树成为单支树，退化到简单排序，时间复杂度为 $O(n^2)$。

合理选择枢轴记录可避免这种最坏情况的出现，如利用"三者取中"的规则：比较当前表中第 1 条记录、最后一条记录和中间一条记录的关键字，取关键字居中的记录作为枢轴记录，事先调换到第 1 条记录的位置。

理论上可以证明，平均情况下，快速排序的时间复杂度为 $O(n\log_2 n)$。在所有同数量级的排序方法中，快速排序的平均性能最好。

2) 空间复杂度

快速排序是递归的，每层递归调用时的指针和参数均要用栈来存放，递归调用层次数与上述二叉树的高度一致。因而，存储开销在理想情况下为 $O(\log_2 n)$，即树的高度；在最坏情况下，即二叉树是一个单支树，为 $O(n)$。

3) 稳定性

快速排序中记录非顺次的移动导致排序方法是不稳定的。

8.4 选择排序

选择排序的基本思想是每一趟从待排序的记录中选出关键字最小的记录，按顺序放在已排序的记录序列的最后，直到全部排完为止。本节主要讲解简单选择排序方法和改进的选择排序方法——堆排序。

8.4.1 简单选择排序

1. 简单选择排序基本思想

简单选择排序(simple selection sort)，也称作直接选择排序，排序的基本思想如下：设待排序的记录存放在数组 L.r[1..n] 中。第 1 趟从 L.r[1] 开始，从所有的记录中选出关键字最小的记录，记为 L.r[k]，交换 L.r[1] 和 L.r[k]，得到最小记录，L.r[1] 有序；第 2 趟从 L.r[2] 开始，从剩余的 $n-1$ 个记录中选出关键字最小的记录，记为 L.r[k]，交换 L.r[2] 和 L.r[k]，前两个记录有序；……；第 i 趟从 L.r[i] 开始，它在后面 $n-i$ 个待排序记录中选出关键字最小的记录，作为有序序列中的第 i 个记录，前 i 个记录有序；……；经过 $n-1$ 趟，排序完成。

2. 简单选择排序算法

【算法步骤】 设待排序的记录存放在数组 L.r[1..n] 中，进行 $n-1$ 趟选择的过程，循环变量 i 从 1 至 $n-1$，当从小到大排序时，显然第 i 趟排序即找到排行第 i 的元素，放在数组的第 i 个位置上，循环进行的过程如下：

① k=i,设第 i 个位置的值是待排序记录的最小值;
② 在后面 n-i 个待排序记录中选出关键字最小的记录,用变量 k 标识;
③ 若 k<>i,即最小值实际位置与应该放入的位置不一致,则交换 L.r[i]和 L.r[k]。

设待排序记录的关键字序列为(49,38,65,97,76,13,27),如图 8-7 所示简单选择排序过程,其中括号中为已排好序记录的关键字。

```
初始关键字:  49   38   65   97   76   13   27
第1趟:     (13)  38   65   97   76   49   27
第2趟:     (13  27)  65   97   76   49   38
第3趟:     (13  27   38)  97   76   49   65
第4趟:     (13  27   38   49)  76   97   65
第5趟:     (13  27   38   49   65)  97   76
第6趟:     (13  27   38   49   65   76)  97

排序结果:   13   27   38   49   65   76   97
```

图 8-7 简单选择排序过程

算法 8-7 简单选择排序

```
void SelectSort(SqList &L)
{ //对顺序表 L 做简单选择排序
    for(i=1;i<L.length;++i)
    {      //在 L.r[i..L.length]中选择关键字最小的记录
        k=i;
        for(j=i+1;j<=L.length;++j)
            if(L.r[j].key<L.r[k].key) k=j;   //k 指向此趟排序中关键字最小的记录
        if(k!=i)
        {  t=L.r[i];L.r[i]=L.r[k];L.r[k]=t;}  //交换 L.r[i]与 L.r[k]
    }       //for
}
```

3. 简单选择排序算法分析

1) 时间复杂度

简单选择排序过程中,所需进行记录移动的次数较少。最好的情况是待排序记录正序时,不需要移动数据;最坏情况是待排序记录逆序时,每个元素都需要交换,共移动 $3(n-1)$ 次。然而,无论记录的初始排列如何,所需进行的关键字间的比较次数相同,均为:

$$KCN = \sum_{i=1}^{n-1} n-i = n(n-1)/2 \approx n^2/2$$

因此,简单选择排序的时间复杂度是 $O(n^2)$。

2) 空间复杂度

两个记录交换时需要一个辅助空间,所以空间复杂度为 $O(1)$。

3) 稳定性

算法 8-7 的简单选择排序方法是一种跳跃式的排序方法,因此是不稳定的排序方法。例如,若有待排序关键字序列(49,49,13),排序后的结果为(13,49,49)。

8.4.2 堆排序

简单选择排序中,为了从 L.r[1..n]中选出关键字值最小的记录,必须进行 $n-1$ 次比较,然后在 L.r[2..n]中选出关键字值最小的记录,又需要做 $n-2$ 次比较。事实上,后面的 $n-2$ 次比较中,有许多比较可

能在前面的 $n-1$ 次比较中已经做过,但由于前一趟排序时未保留这些比较结果,所以后一趟排序时又重复执行了这些比较操作。堆排序(heap sort)通过树状结构保存部分比较结果,从而减少比较次数,提高排序效率。

1. 堆

n 个元素的序列 $\{k_1, k_2, \cdots, k_n\}$ 称为堆,当且仅当满足以下条件时:

$$k_i \geq k_{2i} \text{ 且 } k_i \geq k_{2i+1}, \quad \text{或} \quad k_i \leq k_{2i} \text{ 且 } k_i \leq k_{2i+1} \quad (1 \leq i \leq [n/2])$$

若以一维数组存储一个堆,则堆对应一棵完全二叉树,k_{2i} 是 k_i 的左孩子,k_{2i+1} 是 k_i 的右孩子,该二叉树所有非叶子结点的值均不小于(或不大于)其孩子的值,完全二叉树的根(或堆顶元素)必为序列中 n 个元素的最大值(或最小值),称作大根堆或小根堆。

例如,关键字序列(96,73,27,38,21,19)和(12,26,28,65,47,40,53,97)分别满足以上两个条件,故它们均为堆,并且分别为大根堆和小根堆,对应的完全二叉树分别如图 8-8(a)和(b)所示。

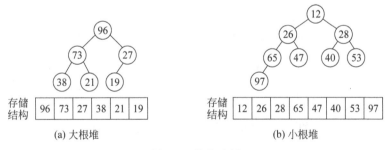

图 8-8 堆的示例

2. 堆排序

1) 堆排序的定义

堆排序是利用堆的特性对记录序列进行排序的一种方法,在排序过程中,将待排序的记录 L.r[1..n]看成是一棵完全二叉树的顺序存储结构,将无序序列建成一个堆,得到关键字最小(或最大)的记录;输出堆顶的最小(大)值后,使剩余的 $n-1$ 个元素又重建成一

个堆,则可得到 n 个元素的次小(大)值;重复执行,得到一个有序序列,这个过程叫堆排序。

堆排序利用了大根堆(或小根堆)堆顶记录的关键字最大(或最小)这一特征,使得当前无序的序列中选择关键字最大(或最小)的记录变得简单。由堆排序的定义可以看出,堆排序主要完成两部分工作:

① 建堆:如何将 n 个元素的序列按关键字建成堆?

② 调整:输出堆顶元素后,怎样调整剩余 $n-1$ 个元素,使其按关键字成为一个新堆?

显然,调整比建立初始堆更易实现,而且建堆要用到调整堆的操作,所以下面先讨论调整堆的实现。

2) 堆的调整

堆的调整是在输出堆顶元素之后,以堆中最后一个元素替代它,之后不断从堆顶元素到叶子进行"筛选"的过程。如图 8-9(a)所示的堆,将堆顶元素 13 和堆中最后一个元素 97 交换后,此时除根结点外,其余结点均满足堆的性质,由此仅需从根节点开始,自上至下按照堆的概念进行调整,如图 8-9(b)所示。

首先将堆顶元素 97 和其左、右子树根结点的值进行比较,由于右子树根结点的值小于左子树根结点的值且小于根结点的值,则将 97 和 27 交换,如图 8-9(c)所示。

由于 97 替代了 27 之后破坏了右子树的"堆",则需进行和上述相同的调整,直至叶子结点,调整后的状态,前 $n-1$ 个元素又成为一个堆,如图 8-9(d)所示。

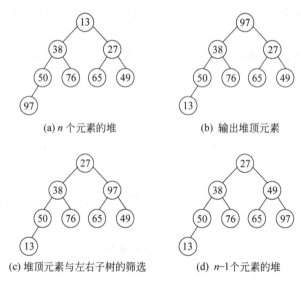

图 8-9 堆顶元素改变后调整堆的过程

上述过程就像过筛子一样,把较大的关键字逐层筛下去,而将较小的关键字逐层选上来。因此,称此方法为"筛选法"。

假设 L.r[s+1..m] 已经是堆的情况下,按"筛选法"将 L.r[s..m] 调整为以 L.r[s] 为根的堆,算法实现如下。

【算法步骤】 以 L.r[s]为根的堆,从左子树 L.r[2s]和右子树 L.r[2s+1]中选出关键字较小者,假设 L.r[2s]的关键字较小,比较 L.r[s]和 L.r[2s]的关键字。

① 若 L.r[s].key<=L.r[2s].key,说明以 L.r[s]为根的子树已经是堆,不必做任何调整。

② 若 L.r[s].key> L.r[2s].key,交换 L.r[s]和 L.r[2s]。交换后,以 L.r[2s+1]为根的子树没有改变仍是堆,如果以 L.r[2s]为根的子树不是堆,则重复上述过程,将以 L.r[2s]为根的子树调整为堆,直至进行到叶子结点为止。

算法 8-8　筛选法调整堆

```
void HeapAdjust(SqList &L,int s,int m)
{ //假设 r[s+1..m]已经是堆,将 r[s..m]调整为以 r[s]为根的小根堆
    rc=L.r[s];
    for(j=2*s;j<=m;j*=2)                //沿 key 较小的接子结点向下筛选
    {
        if(j<m&&L.r[j].key>L.r[j+1].key) ++j;   //j 为 key 较小的记录的下标
        if(rc.key<=L.r[j].key)break;    //rc 应插入在位置 s 上
        L.r[s]=L.r[j];s=j;
    }
    L.r[s]=rc;                          //插入
}
```

3) 建堆过程

要将一个无序序列调整为堆,先把这个无序序列看成一棵完全二叉树,将完全二叉树中以每一结点为根的子树都调整为堆。而在完全二叉树中,所有序号大于$\lfloor n/2 \rfloor$的结点都是叶子,只有一个结点的树必是堆,因此只需利用筛选法,从最后一个非叶子结点$\lfloor n/2 \rfloor$开始,依次将序号为$\lfloor n/2 \rfloor$,$\lfloor n/2 \rfloor-1$,…,1 的结点作为根的子树都调整为堆即可。

【算法步骤】 对于无序序列 L.r[1..n],从 $i=n/2$ 开始,反复调用筛选法 HeapAdjust(L,i,n),依次将以 L.r[i],L.r[i-1],…,L.r[1]为根的子树调整为堆。

算法 8-9　建堆

```
void CreatHeap(SqList &L)
{ //把无序序列 L.r[1..n]建成小根堆
    n=L.length;
    for(i=n/2;i>0;--i)              //从最后一个非叶子结点起,反复调用 HeapAdjust 筛选
        HeapAdjust(L,i,n);
}
```

设有含 8 个元素的无序序列:(49,38,65,97,76,13,27,50),用"筛选法"将其调整为一个小根堆的建堆过程,如图 8-10 所示。

建堆时是从无序序列的最后一个非终端结点开始筛选,直至根结点,因此本例中是从

第 4 个元素 97 开始,由于 97＞50,则需交换,从图 8-10(a)所示。

之后,由于第 3 个元素 65 大于其左、右子树根的值,需要交换,选择其左右子树中小者进行交换,如图 8-10(b)所示。

筛选第 2 个元素 38,38 比左右子树中小者还要小,此时不需要交换,如图 8-10(c)所示。

最后筛选根结点 49,依次在左右子树中选择小者交换,直至叶子结点,如图 8-10(d)所示。

筛选之后序列的状态如图 8-10(e)所示,为小根堆。

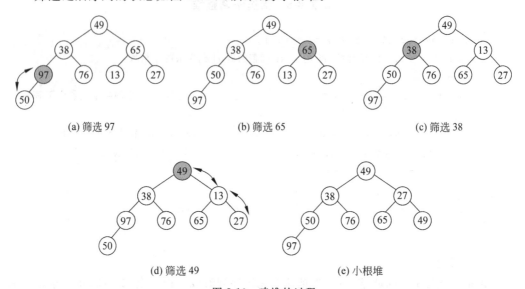

图 8-10 建堆的过程

4) 堆排序算法

根据前面筛选和建堆算法步骤的描述,可知堆排序就是将无序序列建成初堆以后,反复进行交换和堆调整。在建初堆和堆筛选算法实现的基础上,下面给出堆排序算法的实现。

算法 8-10 堆排序

```
void HeapSort(SqList &L)
{ //对顺序表 L 进行堆排序
    CreatHeap(L);              //把无序序列 L.r[1,..,n]建成大根堆
    for(i=L.length;i>1;--i)
    {
        x=L.r[1];L.r[1]=L.r[i];L.r[i]=x;
        //将堆顶记录和当前未经排序子序列 L.r[1..i]中最后一个记录互换
        HeapAdjust(L,1,i-1); //将 L.r[1,..,i-1]重新调整为大根堆
    }                           //for
}
```

3. 堆排序示例

设待排序记录的关键字序列为$\{49,38,65,97,76,13,27,50\}$，首先将无序序列建成初堆，在初始小根堆的基础上(图 8-10(e)所示)进行堆排序。其排序过程为：输出堆顶元素，它是待排序序列的最小记录，之后将堆顶记录 13 和堆的最后一个记录 97 交换，然后通过筛选过程重新建堆，完成第 1 趟排序，如图 8-11(a)和图 8-11(b)所示。

第 2 趟排序，此时的堆顶记录是前 $n-1$ 个记录的最小值，输出该堆顶元素，之后将堆顶元素 27 和当前堆的最后一个元素 97 交换，通过筛选过程重建堆，如图 8-11(c)和图 8-11(d)所示。

重复上述过程，对 n 个记录进行堆排序，需要进行 $n-1$ 次交换和筛选过程，直至最后得到一个有序序列，如图 8-11(e)至图 8-11(m)所示为用堆排序方法进行排序的过程。

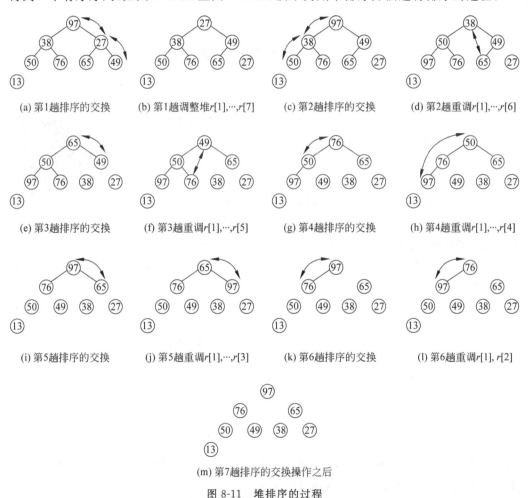

图 8-11 堆排序的过程

从上面的排序过程也可以看出，对于小根堆，排序的结果是按从小到大的顺序输出的，但在数组结构中的数据是从大到小排列的。大根堆的情况与此相反。

4. 堆排序算法分析

1) 时间复杂度

堆排序的运行时间主要耗费在建立初始堆和排序过程中对堆调整时进行的反复"筛选"上。

设有 n 个记录的初始序列，堆所对应的完全二叉树的深度为 h，在最坏的情况下，其时间复杂度为 $O(n\log_2 n)$，相对于快速排序而言，这是堆排序最大的优点。堆排序的平均时间性能接近最坏性能。

2) 空间复杂度

堆排序仅需要交换记录用的辅助存储空间，所以空间复杂度为 $O(1)$。

3) 稳定性

堆排序是不稳定排序的排序方法。

8.5 归并排序

归并排序（merging sort）就是将两个或两个以上的有序子序列合并成一个有序序列的过程。其中，将两个有序子序列合并成一个有序序列的过程称为二路归并，下面以二路归并为例，介绍归并排序算法。

1. 二路归并排序的基本思想

二路归并排序算法的思想是：假设初始序列含有 n 个记录，则可看成是 n 个有序的子序列，每个子序列的长度为 1，然后两两归并，得到 $\lceil n/2 \rceil$ 个长度为 2 或 1 的有序子序列；再两两归并，……，如此重复，直至得到一个长度为 n 的有序序列为止。

设待排序记录的关键字序列为 (49,38,65,97,76,13,27)。如图 8-12 所示为二路归并排序的过程。

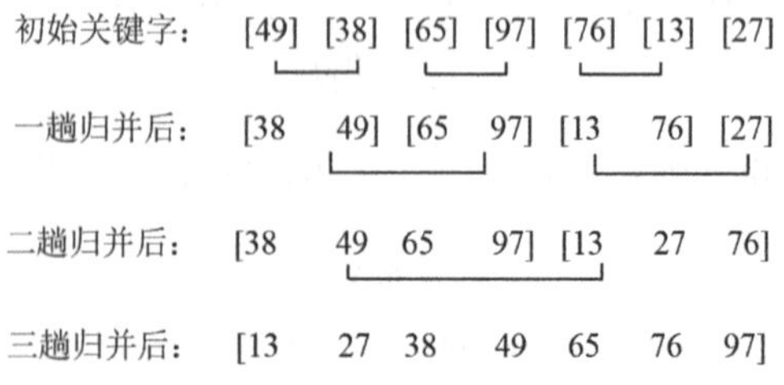

```
初始关键字：   [49] [38] [65] [97] [76] [13] [27]

一趟归并后：   [38  49] [65  97] [13  76] [27]

二趟归并后：   [38  49  65  97] [13  27  76]

三趟归并后：   [13  27  38  49  65  76  97]
```

图 8-12 二路归并排序过程

二路归并排序中的核心操作是，将待排序序列中前后相邻的两个有序序列归并为一个有序序列，其算法类似于第 2 章的算法 2-8。

2. 相邻两个有序子序列的归并

【算法步骤】 设两个有序表存放在同一数组 R 中相邻的位置上，下标区间分别为

⌊low,mid⌋和⌊mid+1,high⌋。

① 每次按从前向后的次序分别从两个表中取出一个记录进行关键字的比较,将较小者放入 T[low..high]中。

② 重复步骤①,直至其中一个表为空,然后将另一非空表中余下的部分直接复制到 T 中。

算法 8-11 相邻两个有序子序列的归并

```
void Merge(RedType R[],RedType &T[],int low,int mid,int high)
{ //将有序表 R[low..mid]和 R[mid+1..high]归并为有序表 T[low..high]
    i=low;j=mid+1;k=low;
    while(i<=mid&&j<=high)              //将 R 中记录由小到大地并入 T 中
    {
        if(R[i].key<=R[j].key) T[k++]=R[i++];
        else T[k++]=R[j++];
    }                                    //while
    while(i<=mid) T[k++]=R[i++];         //将剩余的 R[low..mid]复制到 T 中
    while(j<=high) T[k++]=R[j++];        //将剩余的 R[j..high]复制到 T 中
}
```

3. 二路归并排序算法

与快速排序类似,二路归并排序也可以利用划分为子序列的方法递归实现。设序列中共有 n 个记录,首先把整个待排序序列划分为两个长度大致相等的子序列,然后不断向下将原始序列划分为越来越多的子序列,直到子序列长度为 1,停止划分,此时共有 n 个长度为 1 的子序列。然后,进行第一轮归并,将长度为 1 的子序列归并为长度为 2 的子序列,再归并成长度为 4 的子序列,以此类推,最后再归并成一个长度为 n 的序列,得到最终结果。

【算法步骤】 二路归并排序将 R[low..high]中的记录归并排序后放入 T[low..high]中。当序列长度等于 1 时,递归结束,否则:

① 将当前序列一分为二,求出分裂点 mid=⌊(low+high)/2⌋;

② 对左子序列 R[low..mid]递归,进行归并排序,结果放入 S[low..mid]中;

③ 对右子序列 R[mid+1..high]递归,进行归并排序,结果放入 S[mid+1..high]中;

④ 调用算法 Merge,将有序的两个子序列 S[low..mid]和 S[mid+1..high]归并为一个有序的序列 T[low..high]。

算法 8-12 归并排序

```
void MSort(RedType R[],RedType &T[],int low,int high)
{ //R[low..high]归并排序后放入 T[low..high]中
    if(low==high)T[low]=R[low];
```

```
        else
        {
            mid= (low+high)/2;           //将当前序列一分为二,求出分裂点 mid
            MSort(R,S,low,mid);
            //对子序列 R[low..mid]递归归并排序,结果放入 S[low..mid]
            MSort(R,S,mid+1,high);
            //对子序列 R[mid+1..high]递归归并排序,结果放入 S[mid+1..high]
            Merge(S,T,low,mid,high);
            //将 S[low..mid]和 S[mid+1..high]归并到 T[low..high]
        }
}
void MergeSort(SqList &L)
{ //对顺序表 L 做归并排序
    MSort(L.r,L.r,1,L.length);
}
```

4. 二路归并算法分析

1) 时间复杂度

对 n 个记录的表,将这 n 个记录看作叶结点,若将两两归并生成的子表看作它们的父结点,则归并过程对应由叶向根生成一棵二叉树的过程。所以归并趟数约等于二叉树的高度减 1,即 $\lceil \log_2 n \rceil$,每趟归并需移动记录 n 次,故时间复杂度为 $O(n\log_2 n)$。

2) 空间复杂度

用顺序表实现归并排序时,需要和待排序记录个数相等的辅助数组空间,所以空间复杂度为 $O(n)$。

3) 稳定性

归并排序是稳定的排序方法。

8.6 基 数 排 序

基数排序(radix sort)是一种借助于多关键字排序的思想,将单关键字按基数分成多关键字进行排序的方法。若关键字为一个三位整数,前述各类排序方法都是建立在关键字比较的基础上,而基数排序可以视作是对组成关键字的各个数位,即百位、十位、个位上的数字进行排序。

8.6.1 多关键字的排序

先看一个扑克牌的例子,每张扑克牌有两个"关键字":花色和面值,假设有以下次序

- 花色(♣→♦→♥→♠)
- 面值(2→3→…→A)

如果"花色"的地位高于"面值",那么扑克牌中 52 张牌面的次序关系为:♣2→♣3→…→♣A→◆2→◆3→…→◆A→♥2→♥3→…→♥A→♠2→♠3→…→♠A。

即两张牌若花色不同,无论面值如何,花色低的那张牌小于花色高的,只有在同花色的情况下,大小关系才由面值决定,将花色和面值看成关键字,则扑克牌排序就是一种多关键字排序,为了得到排序结果,可以有如下两种方法。

(1) 最高位优先法:先按不同"花色"分成 4 组,每一组的牌均具有相同的"花色",然后分别对每一组按"面值"大小整理有序。

(2) 最低位优先法:先按不同"面值"分成 13 组,然后将这 13 组牌自小至大叠在一起(3 在 2 之上,4 在 3 之上,……,最上面的是 4 张 A),然后将每组按照面值的次序收集到一起。再重新对这些牌不同"花色"分成 4 组,最后将这 4 组牌按花色的次序再收集到一起(♣在最下面,♠在最上面),此时同样得到一副满足如上次序关系的牌。

一般情况下,设有 n 个记录的序列 $\{R_1, R_2, \cdots, R_n\}$,并且每个记录中含有 d 个关键字 $\{k_i^0, k_i^1, \cdots, k_i^{d-1}\}$,$k^0$ 被称为最主位关键字,k^{d-1} 被称为最次位关键字。对于序列中任意两个记录 R_i 和 R_j ($1 \leqslant i < j \leqslant n$) 都满足下列有序关系:$\{k_i^0, k_i^1, \cdots, k_i^{d-1}\} < \{k_j^0, k_j^1, \cdots, k_j^{d-1}\}$,则称对关键字 $\{k_i^0, k_i^1, \cdots, k_i^{d-1}\}$ 有序。

多关键字排序主要分最高位优先和最低位优先两种方法。

最高位优先(most significant digit first)法,简称 MSD 法。先按 k^0 排序分组,同一组中的记录,关键字 k^0 相等,再对各组按 k^1 排序分成子组,之后,对后面的关键字继续进行这样的排序分组,直到按最次位关键字 k^{d-1} 对各子组排序后,再将各组连接起来,便得到一个有序序列。扑克牌按花色分组再按面值排序就属于 MSD 法。

最低位优先(least significant digit first)法,简称 LSD 法。先从 k^{d-1} 开始排序,再对高一位的关键字 k^{d-2} 进行排序,依次重复,直到对 k^0 排序后便得到一个有序序列。扑克牌按面值排序、再按花色分组就属于 LSD 法。

LSD 法排序过程中不需要根据前一个关键字的排序结果,将记录序列分割成若干按前一个关键字不同的子序列,而是每趟排序时,都是对整个序列按照当前选择的关键字排序。显然,这样排序操作起来比 MSD 法要简单。

8.6.2 链式基数排序

1. 基数排序的基本思想

基数排序的思想类似于上述"最低位优先法"的洗牌过程,是借助"分配"和"收集"两种操作对单逻辑关键字进行排序的一种内部排序方法。

对于单关键字序列 $\{R_1, R_2, \cdots, R_n\}$,如果能够将其关键字 K 拆分为若干项 $\{k_i^0, k_i^1, \cdots, k_i^{d-1}\}$,每一项作为一个新的关键字,则对单关键字的排序可按多关键字排序方法进行。

例如,关键字为 4 位的整数时,可以按照每位对应一项子关键字,原来的 4 位整数关键字将拆分成 4 项子关键字;又如,关键字为由 5 个字符组成的字符串,可以将每个字符作为一个关键字。由于这样拆分后,每个关键字都在相同的范围内,对数字而言是 0~9,

对字符而言是 a~z,称这样的关键字可能出现的符号个数为基数。上述取数字为关键字的基数为 10,取字符为关键字的基数为 26。

采用基数排序方法,就是将单关键字拆分成 d 个基数为 n 的多关键字,从最低位(或最高位)关键字起,按关键字的不同值将序列中的记录分配到 n 个队列中,然后再收集。如此重复 d 次,即可得到排序结果。

2. 基数排序的基本过程

基数排序在具体实现时,一般采用链式存储结构,然后通过"分配"和"收集"操作来完成排序。先看一个具体例子。首先以链表存储 n 个待排记录(278,109,063,930,589,184,505,269,008,083),由于关键字为 3 位整数,可拆分成 3 个单关键字,通过 3 趟分配和收集完成排序,令表头指针指向第一个记录,如图 8-13(a)所示。

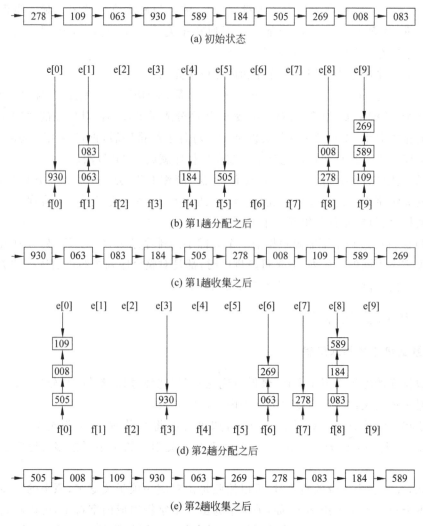

图 8-13 链式基数排序过程

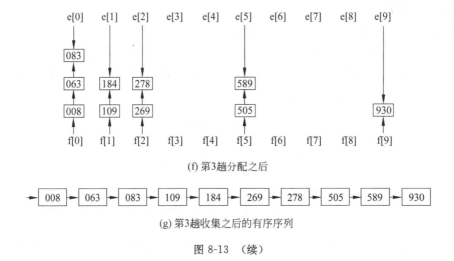

(f) 第3趟分配之后

(g) 第3趟收集之后的有序序列

图 8-13 （续）

第 1 趟分配对最低数位关键字(个位数)进行,改变记录的指针值将链表中的记录分配至 10 个链队列中去,每个队列中的记录关键字的个位数相等,例如,关键字 278 的个位数为 8,所以放到第 8 个队列中,930 的个位为 0,分配到 0 队列中去,如图 8-13(b)所示,其中 $f[i]$ 和 $e[i]$ 分别为第 i 个队列的头指针和尾指针;第 1 趟收集是改变所有非空队列的队尾记录的指针域,令其指向下一个非空队列的队头记录,重新将 10 个队列中的记录链成一个链表,如图 8-13(c)所示,第 1 趟收集的结果是所以关键字按照个位数排序。

第 2 趟分配和第 2 趟收集是对十位数字进行的,以排序记录序列式第 1 趟收集的结果作为初始值,其过程和个位数相同。分配和收集结果分别如图 8-13(d)和图 8-13(e)所示,第 2 趟收集的结果是关键字按照低两位数字排序。

第 3 趟分配和第 3 趟收集是对百位数字进行的,过程同上,分配和收集结果分别如图 8-13(f)和图 8-13(g)所示。至此排序完毕。

算法实现时采用静态链表,以便更有效地存储和重排记录。相关数据类型的定义如下:

```
#define MAXNUM_KEY 8            //关键字项数的最大值
#define RADIX 10                //关键字基数,此时是十进制整数的基数
#define MAX_SPACE 10000
typedef struct
{
    KeysType keys[MAXNUM_KEY];  //关键字
    InfoType otheritems;        //其他数据项
    int next;
}SLCell;                        //静态链表的结点类型
typedef struct
{
    SLCell r[MAX_SPACE];        //静态链表的可利用空间,r[0]为头结点
    int keynum;                 //记录的当前关键字个数
    int recnum;                 //静态链表的当前长度
}SLList;                        //静态链表类型
typedef int ArrType[RADIX];     //指针数组类型
```

【算法步骤】
① 待排序记录以指针相连,构成一个链表;
② 分配时,按当前关键字位的取值,将记录分配到不同的链队列中;
③ 收集时,按当前关键字位取值从小到大将各队列首尾相连形成一个链表;
④ 对每个关键字位均重复第②步和第③步。

算法 8-13　基数排序

```
void Distribute(SLCell &r,int i,ArrType &f,ArrType &e)
{
    //静态链表 L 的 r 域中记录已按(keys[0],…,keys[i-1])有序
    //本算法按第 i 个关键字 keys[i]建立 RADIX 个子表,使同一子表中记录的 keys[i]
    //相同
    //f[0..RADIX-1]和 e[0..RADIX-1]分别指向各子表中第一个和最后一个记录

    for(j=0;j<RADIX;++j) f[j]=0;    //各子表初始化为空表
    for(p=r[0].next;p;p=r[p].next)
        {
            j=ord(r[p].keys[i]);    //ord 将记录中第 i 个关键字映射到[0..RADIX-1]
            if(!f[j]) f[j]=p;
            else r[e[j]].next=p;
            e[j]=p;                 //将 p 所指的结点插入第 j 个子表中
        }                           //for
}

void Collect(SLCell &r,int i,ArrType f,ArrType e)
{
    //本算法按 keys[i]自小至大地将 f[0..RADIX-1]所指各子表依次链接成一个链表
    //e[0..RADIX-1]为各子表的尾指针
    for(j=0;!f[j];j=succ(j));       //找第一个非空子表,succ 为求后继函数
    r[0].next=f[j];t=e[j];          //r[0].next 指向第一个非空子表中第一个结点
    while(j<RADIX)
        {
            for(j=succ(j);j<RADIX-1 && !f[j];j=succ(j));    //找下一个非空子表
            if(f[j]) {r[t].next=f[j];t=e[j];}               //链接两个非空子表
        }  //while
    r[t].next=0;                    //t 指向最后一个非空子表中的最后一个结点
}

void RadixSort(SLList &L)
{
    //L 是采用静态链表表示的顺序表
    //对 L 做基数排序,使得 L 成为按关键字自小到大的有序静态链表,L.r[0]为头结点
```

```
for(i=0;i<L.recnum;++i)   L.r[i].next=i+1;
L.r[L.recnum].next=0;              //将 L 改造为静态链表
for(i=0;i<L.keynum;++i)
            //按最低位优先依次对各关键字进行分配和收集
{
    Distribute(L.r,i,f,e);    //第 i 趟分配
    Collect(L.r,i,f,e);       //第 i 趟收集
}                             //for
}
```

3. 基数排序算法分析

1) 时间复杂度

对于 n 个记录(假设每个记录含 d 个关键字,每个关键字的取值范围为 radix 个值)进行链式基数排序时,每一趟分配的时间复杂度为 $O(n)$,每一趟收集的时间复杂度为 $O(\mathrm{radix})$,整个排序需进行 d 趟分配和收集,所以时间复杂度为 $O(d\times(n+\mathrm{radix}))$。

2) 空间复杂度

所需辅助空间为 $2\times\mathrm{radix}$ 个队列指针,另外由于需用链表做存储结构,还增加了 n 个指针域的空间,所以空间复杂度为 $O(n+\mathrm{radix})$。

3) 稳定性

基数排序是稳定的排序。

8.7 内部排序方法比较

排序方法各有优缺点,没有十全十美的方法,应该根据具体情况选用,通常综合考虑以下几个方面。

1. 时间性能

按平均的时间性能来分,有 3 类内部排序方法:

(1) 时间复杂度为 $O(n^2)$:直接插入排序、冒泡排序和简单选择排序,一般只用于待排序记录长度 n 较小的情况,属于简单的排序方法,易于实现。

(2) 时间复杂度为 $O(n\log_2 n)$ 的方法:快速排序、堆排序和归并排序,属于改进的排序方法,实现相对复杂,待排序记录长度 n 越大,采用改进的排序方法越合适。就平均时间性能而言,快速排序是所有排序方法中最好的。

(3) 时间复杂度为 $O(n+\mathrm{radix})$:基数排序,特别适合待排序记录 n 值很大,而关键字"位数 d"较小的情况。

在极端情况下,当待排序记录序列按关键字顺序有序时,直接插入排序和冒泡排序能达到 $O(n)$ 的时间复杂度,而对于快速排序而言,这是最不好的情况,此时的时间性能退化

为 $O(n^2)$。

简单选择排序、堆排序和归并排序的时间性能不随记录序列中关键字的分布而改变。

2. 空间性能

空间复杂度指的是排序过程中所需的辅助空间的大小,具体有如下 4 种情况:

(1) 所有的简单排序方法(包括直接插入排序、冒泡排序、直接选择排序)和堆排序的空间复杂度为 $O(1)$。

(2) 快速排序的空间复杂度 $O(\log_2 n)$,主要用于递归执行过程中,为栈分配辅助空间。

(3) 归并排序的空间复杂度为 $O(n)$,所需辅助空间最多。

(4) 链式基数排序空间复杂度为 $O(radix)$,主要用于附设队列的首尾指针。

3. 排序方法的稳定性能

(1) 稳定的排序方法:直接插入排序、冒泡排序、归并排序和基数排序;

(2) 不稳定的排序方法:希尔排序、简单选择排序、快速排序和堆排序。

小　　结

排序是计算机应用中的一种重要操作,它将一组数据元素(或记录)的任意序列,重新排列成按关键字有序(递增或递减)序列的方法。排序的过程是一个不断扩大有序序列长度的过程,根据不断扩大有序序列基本原则的不同,分为插入排序、交换排序、选择排序、归并排序和基数排序,其中前 4 种基于关键字的比较,最后一种基数排序则借助多关键字排序的思想,利用关键字的分配和收集排序,本章主要介绍内部排序的概念、不同排序方法的基本思想、排序过程、实现算法及其效率分析。从本章讨论的各种排序算法中可知,各种方法各有其优点和缺点,适用于不同的环境。

习　　题

一、单项选择题

1. 若待排序记录已按关键字基本有序,以下排序方法中效率最高的是(　　)。
   A. 直接插入排序　　　　　　　　　　B. 简单选择排序
   C. 快速排序　　　　　　　　　　　　D. 归并排序

2. 对于关键字序列(49,76,57,34,41,88)进行一趟以 49 为枢轴的快速排序,结果为(　　)。
   A. 34,41,49,57,76,88　　　　　　　B. 41,34,49,76,57,88
   C. 41,34,49,57,76,88　　　　　　　D. 41,34,49,88,57,76

3. 对关键字序列(51,26,37,82,73,94,5,30,49,18)进行排序,每趟排序结果如下所示,可推断使用的排序方法为(   )。

  51,26,37,82,73,94,5,30,49,18
  51,5,30,49,18,94,26,37,82,73
  26,5,30,49,18,82,51,37,94,73
  5,18,26,30,37,49,51,73,82,94

  A. 快速排序 B. 基数排序 C. 希尔排序 D. 2-路归并排序

4. 对有 n 个记录进行快速排序,最坏情况下算法的时间复杂度是(   )。

  A. $O(n)$ B. $O(n^2)$ C. $O(n\log_2 n)$ D. $O(n^3)$

5. 对 n 个记录进行起泡排序,在下列情况中,(   )需要的比较次数最多。

  A. 正序 B. 逆序 C. 无序 D. 基本有序

6. 下列关键字序列中,(   )符合堆的定义。

  A. 16,72,31,23,94,53 B. 94,23,31,72,16,53
  C. 16,53,23,94,31,72 D. 16,23,53,31,94,72

7. 堆排序属于(   )类排序。

  A. 插入 B. 选择 C. 交换 D. 归并

8. 堆是一棵(   )。

  A. 二叉排序树 B. 满二叉树 C. 完全二叉树 D. 平衡二叉树

9. 在所有排序方法中,关键字比较的次数与记录的初始次序无关的是(   )。

  A. 希尔排序 B. 起泡排序 C. 插入排序 D. 选择排序

10. 设有 5000 个关键字无序的记录,若要求挑选出其中前 10 个关键字最大的记录,最快速的排序方法是(   )。

  A. 起泡排序 B. 简单选择排序 C. 堆排序 D. 基数排序

11. 对关键字序列(49,76,57,34,41,88)进行非递增排序,若采用堆排序方法,则建立的初始堆是(   )。

  A. 76,49,57,34,41,88 B. 88,76,57,34,41,49
  C. 88,76,57,49,41,34 D. 88,57,76,41,49,34

12. 下述排序方法中需要辅助空间容量最大的是(   )。

  A. 直接插入排序 B. 简单选择排序
  C. 快速排序 D. 2-路归并排序

13. 就排序算法所用的辅助空间而言,堆排序、快速排序、归并排序的关系是(   )。

  A. 堆排序＜快速排序＜归并排序 B. 堆排序＜归并排序＜快速排序
  C. 堆排序＞归并排序＞快速排序 D. 堆排序＞快速排序＞归并排序

二、简答与计算

1. 当待排序的 n 个记录的关键字序列初始为正序或逆序时,简单选择排序所需要进行的关键字比较次数分别是多少?在这两种情况下,简单选择排序算法的执行过程有何不同?

2. 若待排序记录的关键字序列初始为正序,什么排序方法需要进行的关键字比较次数最少?

3. 将两个长度为 n 的有序关键字序列归并为一个长度为 $2n$ 的有序关键字序列,最少需要比较多少次?最多需要比较多少次?举例说明这两种情况发生时两个被归并的有序序列有何特征。

4. 举例说明本章介绍的各排序方法中哪些是不稳定的。

5. 以关键字序列(239,328,765,139,928,874,785,641,052,446)为例,分别写出执行以下排序算法的各趟结束关键字序列的状态。

(1)直接插入排序;(2)希尔排序($d=\{5,3,1\}$);(3)起泡排序;(4)快速排序;(5)简单选择排序;(6)堆排序;(7)归并排序;(8)基数排序。

三、算法设计题

1. 试以单链表为存储结构,实现简单选择排序算法。

2. 有 n 个记录存储在带头结点的双向链表中,现用双向冒泡排序法对其按升序进行排序,请写出这种排序的算法。(注:双向冒泡排序即相邻两趟排序向相反方向冒泡)

3. 依据下述原则编写快速排序的非递归算法:

(1) 一趟排序之后,先对长度较短的子序列进行排序,且将另一子序列的上、下界入栈保存;

(2) 若待排记录数≤3,则不再进行分割,而是直接进行比较排序。

4. 有一种简单的排序算法,叫做计数排序。这种排序算法对一个待排序的表进行排序,并将排序结果存放到另一个新的表中。必须注意的是,表中所有待排序的关键字互不相同,计数排序算法针对表中的每个记录,扫描待排序的表一趟,统计表中有多少个记录的关键字比该记录的关键字小。假设针对某一个记录,统计出的计数值为 c,那么,这个记录在新的有序表中的合适的存放位置即为 c。

(1) 给出适用于计数排序的顺序表定义;

(2) 编写实现计数排序的算法;

(3) 对于有 n 个记录的表,关键字比较次数是多少?

(4) 与简单选择排序相比较,这种方法是否更好?为什么?

参 考 文 献

［1］ 严蔚敏,吴伟民. 数据结构(C语言版)[M]. 北京:科学出版社,2011.
［2］ 叶飞跃,朱广萍,柳益君,等. 数据结构[M]. 北京:清华大学出版社,2017.
［3］ 贾月乐,刘冬妮,石玉玲. 数据结构与算法[M]. 北京:中国水利水电出版社,2015.
［4］ 杨智明. 数据结构(C语言版)[M]. 北京:北京理工大学出版社,2016.
［5］ 耿国华,张德同,周明全. 数据结构——用C语言描述[M]. 北京:高等教育出版社,2011.
［6］ 魏振钢,汪桂兰. 数据结构[M]. 北京:高等教育出版社,2011.
［7］ 库波. 数据结构(C#语言描述)[M]. 北京:北京理工大学出版社,2016.
［8］ 王道论坛. 2019年数据结构考研复习指导[M]. 北京:电子工业出版社,2018.
［9］ 张铭,赵海燕,等. 数据结构与算法[M]. 北京:高等教育出版社,2005.
［10］ 殷人昆. 数据结构(C语言描述)[M]. 北京:机械工业出版社,2017.
［11］ 张建林,刘玉铭,申贵成. 数据结构[M]. 北京:机械工业出版社,2010.
［12］ 张珊靓,赵浩婕. 数据结构[M]. 长春:吉林大学出版社,2010.
［13］ 董萍萍,李冶,雷学锋. 数据结构[M]. 长春:吉林大学出版社,2017.